中国环境经济发展研究报告2016：

概览自然资源管理

宋马林　张　宁　编著

科学出版社

北　京

内 容 简 介

我国的社会经济可持续发展正面临着自然资源低效率利用和生态环境破坏的双重威胁。随着工业化和城镇化进程不断加快，资源短缺、低效利用和环境破坏的矛盾越发尖锐。因此，如何科学量化资源利用效率和评价环境保护状况，并给出行之有效的政策建议，是当下亟待解决的问题。本书首先详细分析我国自然资源管理状况及其制度建设，结合国外成功的案例探讨适合我国的管理方案；然后在全国层面上对土地资源、水资源、能源、森林资源和海洋资源的利用状况进行详细而科学的评价，并深入探究时间和空间上的差异，给出各地区资源利用效率的提升策略；最后以安徽省和江西省为例，探索不同地区在资源利用和环境保护过程中遇到的问题，并给出科学合理的解决途径。

本书适合资源和环境相关的政府部门人员、战略研究机构人员、科学研究院所的研究人员，以及大中专院校师生等阅读。

图书在版编目（CIP）数据

中国环境经济发展研究报告. 2016：概览自然资源管理/宋马林，张宁编著. —北京：科学出版社，2016

ISBN 978-7-03-047580-0

Ⅰ. ①中… Ⅱ. ①宋… ②张… Ⅲ. ①环境经济–经济发展–研究报告–中国–2015 ②自然资源–资源管理–研究报告–中国–2015 Ⅳ. ①X196 ②F124.5

中国版本图书馆 CIP 数据核字（2016）第 046605 号

责任编辑：马 跃 / 责任校对：彭珍珍
责任印制：霍 兵 / 封面设计：无极书装

科学出版社 出版
北京东黄城根北街 16 号
邮政编码：100717
http://www.sciencep.com

中国科学院印刷厂 印刷
科学出版社发行 各地新华书店经销
*
2016 年 4 月第 一 版 开本：787×1092 1/16
2016 年 4 月第一次印刷 印张：15 1/4
字数：362 000

定价：98.00 元

（如有印装质量问题，我社负责调换）

前　言

随着工业化和城镇化进程的不断深入，资源短缺状况也越发加剧。促进自然资源有效利用，是实现我国社会经济可持续发展和构建和谐社会的关键所在。我国地大物博、自然资源蕴藏量丰富，但由于我国人口众多，自然资源的人均资源占有量相对较少。加之长期以来，在开发利用过程中的不合理开采与利用，造成严重的资源浪费与环境污染现象，导致资源短缺和利用率低的矛盾十分明显。以我国现阶段“高消耗、高增长、高污染”的经济增长方式，想要实现我国在“十二五”期间对能源、资源和环境的各项规划目标，前景不容乐观。

现阶段我国的工业化和城镇化进程正处于历史发展的最快时期，在三十多年经济高速发展的繁华背后，隐藏了一系列能源、资源及环境问题。在能源利用方面，改革开放以来我国能源消费量年均增速高达6%以上，其中煤炭消费量占能源消费总量的七成以上。巨大的能源消费和较松的环境管制，使我国已经超越美国成为能源消费量和二氧化碳排放量最大的国家。在水资源利用方面，我国生产和生活使用的淡水消费量日益增长。与此同时，水资源浪费现象也十分严重，仅城市供水管道漏水就存在高达 50%的浪费。此外，全国七大水域都出现不同程度的污染，严重破坏了当地的生态环境，危及人民群众的生命和健康安全。在土地资源利用方面，由于全国性城市规模扩张和土地粗放式利用，许多地区耕地林地破坏和土地闲置的问题共同存在，已经对我国粮食安全供给和经济社会可持续发展形成威胁。在森林资源利用方面，也存在乱砍滥伐、过度消耗森林资源的问题，造成东北等主要林区出现了可采资源严重不足和质量不高并存的严峻现实，不仅难以满足我国社会和经济发展的巨大需求，也破坏了当地林区的生态平衡。在海洋资源利用方面的问题则集中在近海渔业资源捕捞过度使海洋生物资源、海洋生态系统遭到不同程度破坏；入海污染物总量逐年增加，致使某些海域环境污染加剧。可见资源有效利用问题已成为制约我国经济可持续发展的“瓶颈”，如何在考虑环境负面影响的条件下量化资源利用效率、探索相关影响因素对资源利用效率的影响机制并提炼出科学有效的政策建议，是实现我国经济可持续发展所亟须解决的问题。

本书基于评价自然资源利用效率和环境状况的视角，采用定量分析和定性分析相结合的研究方法，在考虑生产对环境负外部性的前提下，评价我国各地区水资源、土地资源、森林资源和矿产资源的实际利用情况，重点比较我国各地区自然资源利用效率的时空差异，分析提高效率的切实可行的策略。首先，详细分析我国自然资源管理制度的实施情况，并依托经济学理论和国外相关成功经验，提出适合我国国情的一系列自然资源科学管理办法。然后，分析我国能源利用的时间和空间上的差异，探索省域层面空间集聚效应与能源利用效率的关系。在此基础上，我们还选择一些经济、社会和人文等方面的相关因素，分析它们对资源利用效率的影响机制，并提出提升资源利用效率的对策建议。最后，把研究视角集中在江西和安徽两省，对淮河流域污染治理情况、蚌埠市土地资源利用情况、安徽省林业资源利用和管理状况，以及江西省的资源全要素生产率等多方面进行深入分析，并提出有建设性的政策建议。

本书编著者安徽财经大学宋马林教授是教育部哲学社会科学研究重大课题攻关项目“自然资源管理体制研究”（14JZD031）首席专家，暨南大学张宁教授也多年致力于中国环境经济和自然资源管理的研究。第 1 章由张宁和宋马林编写；第 2 章由宋马林和张宁及相关科研团队共同编写；第 3 章由安徽财经大学李盛国、张月和宋马林编写；第 4 章由安徽财经大学沈永昌、刘玲等共同完成；第 5 章由张宁、林一龙、余李璧，以及安徽财经大学姚成、张毅等共同完成；第 6 章由西南财经大学孙克雅与安徽财经大学李盛国、宋马林等编写；第 7 章由安徽财经大学张毅和西南财经大学王匀等完成。

当然，本书是对我国自然资源利用和环境状况进行系统评价的初步探索。由于时间紧迫，加之笔者水平有限，书中难免有疏漏之处，我们真诚地恳请各位读者和同行批评指正，和大家一起积极交流与学习。

宋马林　张　宁

2016 年 1 月

目　录

第1章　绪　　论

进入21世纪，中国经济的高速发展带来了严重的环境问题，自然资源管理和环境保护成为我国重点关注的问题。本书以资源资源管理的可持续发展为视角，对当前中国的自然资源和能源利用等问题进行现状分析，并给出各领域专家的政策建议。本书从自上而下的观点，先宏观把握世界各国资源管理的政策，比较分析出我国面临的问题。然后逐一分析我国各类自然资源的现状与存在的问题，最后通过案例分析，重点分析我国中部地区安徽和江西两省的资源与环境问题，从而给出相应的政策建议。

本书首先探讨自然资源管理体制现状的改进和完善。自然资源管理是指运用法律、行政、经济、技术等手段对自然资源的分配、开发、利用、调度和保护进行管理，以求可持续地满足社会经济发展和改善环境对自然资源的需求的各种活动的总称。自然资源的可持续发展是当今世界发展的主题，世界各国都在积极采取措施维护自然资源的可持续发展。本书也从多角度对比中外自然资源管理体制，借此分析本国实情。在此基础上，本书依次分析我国土地资源、水资源、矿产资源、森林资源的利用效率，以及我国沿海地区海洋经济发展与海洋环境质量。

本书以我国31个省份的建成区土地利用为研究对象，利用数据包络分析（data envelopment analysis，DEA）方法对各省份2010～2013年的城市土地利用效率进行评价分析。研究发现我国各省份城市土地利用效率水平有较大提高，部分省份仍存在不足之处，投入冗余与产出不足现象有待进一步改进，并提出集约用地、优化土地结构、控制用地总量、严格执行土地使用的相关规定，以提高我国城市土地利用效率。在水资源管理方面，主要分析水资源的可持续利用与经济、人口、资源及环境的协调发展的问题。利用系统动力学模型，将影响水资源可持续利用的宏观因素划分为五大子系统，即经济子系统、人口子系统、水资源供需子系统、土地资源子系统和水污染与治理子系统，构造出水资源可持续利用的系统动力学反馈回路及存流量图，模拟2005～2020年水资源的供需状况及未来水资源供需缺口的变化情况，结果表明，协调发展方案不仅能够实现经济的平稳增长、保证人口红利、保护耕地资源，还能够最大限度地实现污水的治理，并提高水资源的再次利用效率。

而后，本书以能源为例系统分析我国矿产利用情况，探索能源消耗强度地区差异与行业差异及其之间的关系，以期能为相关部门制定有效能源与经济的协调可持续发展等政策提供参考依据。能源利用消耗高、浪费大等问题在我国尤为突出，能源效率低将成为中国经济发展中亟待解决的问题之一。此外，中国幅员辽阔、地大物博，各个省份在地理条件、经济水平、行业特色等方面存在巨大的差异，各地区能源消费量和消费结构等方面相差巨大。

森林资源是自然界中物种最丰富、生产力最宏大的陆地生态系统。新中国成立以来我国的林业发展经历了从木材生产到生态建设为主的过程。本书基于20世纪70年代末以来我国陆续启动的防护林体系建设工程、天然林资源保护工程、退耕还林工程和京津风沙源治理工程等国家林业重点生态工程，对我国森林资源状况进行了回顾和分析。在国家一系列林业建设工程和措施的推行过程中，我国森林资源面积和森林覆盖率明显增加。目前，我国森林资源发展进入了数量增长、质量提升的稳步发展阶段，但森林资源状况仍然不容乐观，林业发展面临挑战。

本书还分析海洋经济与海洋环境保护的关系。近年来中国沿海区域海洋经济的快速发展确实给近海域的海洋环境造成了巨大的压力及影响，我国海洋资源的开发长期处于粗放式的状态，“无度、无序、无偿”用海的现象一直存在，海洋环境破坏严重。在这种情况下，对沿海经济发展及海洋环境变化的客观描述，以及正确分析我国海洋经济与海洋环境之间的关系就显得尤为重要，这些分析可以帮助我们找出相应对策并有效解决问题。

针对不同自然资源的管理，我们还进行案例分析。对于土地管理现状，本书以蚌埠市为例，通过收集大量数据，运用多元统计方法，分析蚌埠市土地资源利用的优点和存在的不足。针对近些年来蚌埠市土地资源利用过程中存在的问题，从蚌埠市面对的巨大经济发展机遇、保障合理利用土地资源和优化土地资源利用结构的不同角度出发，提出相应的对策建议并进行总结。针对淮河流域蚌埠段的水污染问题进行调查研究，通过抽取淮河流域蚌埠段工业企业较为密集的区域，对附近居民进行问卷调查及走访，从而了解淮河流域蚌埠段水污染的情况、原因，以及民众感知与治理现状。再结合蚌埠生活污水排放量工业污水排放量、生活垃圾清运量及农药化肥使用量等相关数据，运用统计方法，并结合我国水污染实际情况，阐述淮河流域蚌埠段水污染现状，以自然活动和经济活动为切入点，探究影响淮河水质变化的主要因素，并评价当前淮河工业水污染治理效率，为相关部门的水环境管理提出一些政策建议。

本书还以国家生态文明先行示范区——江西鄱阳湖生态经济区为例，测度该区域38个县市的资源环境全要素指数。鄱阳湖生态经济区成立以来经济高速发展，环境问题也日趋严重。主体功能区的划分也推动了鄱阳湖生态经济区的发展，为了更好地测度鄱阳湖生态经济区各县市的全要素生产率，我们提出全域共同前沿非径向卢恩伯格指数。

本书对安徽省林业利用情况进行定量分析。在查阅大量数据的基础上，运用灰色系统关联法，建立安徽省林业经济发展灰色系统关联模型和安徽省林业资源利用评价模型，分析安徽省林业状况、安徽省林业经济发展状况，并且对安徽省林业资源利用情况进行评价。针对安徽省林业经济发展及林业资源利用中存在的问题，从社会意义、经济发展、环境保护、生态效益四个角度出发，提出相应的建议与意见。

提高我国自然资源利用效率是当下社会经济发展的必然要求，也是可持续发展从理论走向实践的重要保证。本书以此切入，从实际出发，通过分析土地、水、矿产、森林、海洋等各种自然资源的利用现状，综合利用效率与节约路径，给出相应的案例，详细分析我国各种主要自然资源的利用状况并做出科学而具体的评价；并通过对国内外研究现状的梳理与归纳，借鉴一些成功的案例，提出了切实可行的政策建议。今后，仍要推进主体功能区的科学开发利用，推行节能减排量、投入排污权和水权交易，开展自然资源产权改革，鼓励社会参与自然资源和生态环境保护与投资，盘活自然资源和生态资产，最终使青山绿水变成金山银山。

第 2 章　自然资源管理体制现状

本章主要包括五个部分：世界主要国家的自然资源管理现状、管理体制及发展趋势；中国自然资源管理现状与挑战；自然资源管理的经济学分析视角；自然资源管理的制度安排；自然资源管理中的实证分析方法。自然资源管理体制研究现状分析框架如图 2-1 所示。

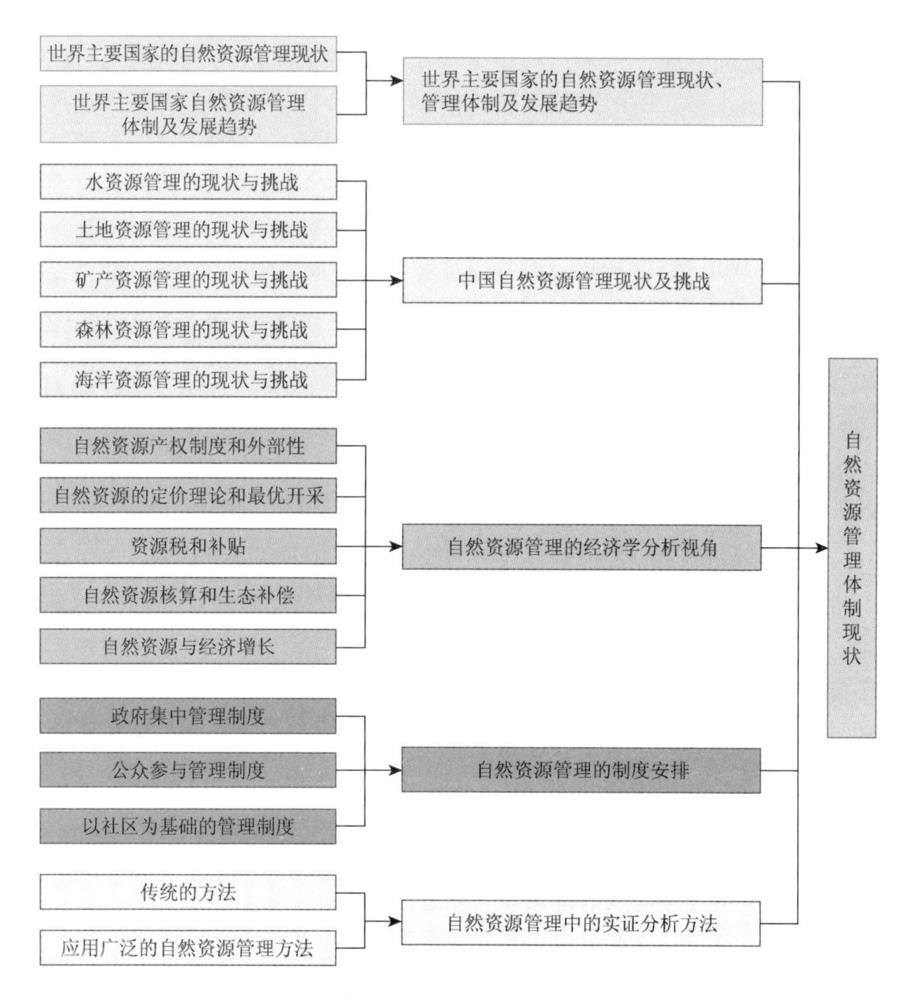

图 2-1　自然资源管理体制现状分析框架

2.1　世界主要国家的自然资源管理现状、管理体制及发展趋势

自然资源管理是指运用法律、行政、经济、技术等手段对自然资源的分配、开发、利

用、调度和保护进行管理，以求可持续地满足社会经济发展和改善环境对自然资源的需求的各种活动的总称。自然资源的可持续发展是当今世界发展的主题，世界各国都在积极采取措施维护自然资源的可持续发展。

2.1.1 世界主要国家的自然资源管理现状

1. 美国自然资源管理现状

1）水资源管理现状

St Germain等（2008）在回顾纽约市几件重大水资源事件（如劳埃德暂停事件）之后，分析了新泽西州正在试用的水资源管理模式（proactive ground-water management）的优势。该管理模式利用地下水水流模型来平衡地下水的抽取量，利用水力模型来平衡流入自来水总管道的水量，在水资源紧缺时能够为大多数的水供应商提供充足的水供应量，还有可能防止海水对饮用水的入侵。Sophocleous（2010）通过分析美国高地平原蓄水层周围几个州的地下水管理体制，认为各州水法体系之间的差异加大了蓄水层水资源统一管理的难度，虽然周围八个州已经在水资源管理方面做出了一定的创新，但并不足以维持该蓄水层的长期可持续利用，因此设立州与州之间的州际水资源管理委员会就显得非常重要。Gupta等（2011）提出利用旱涝指数来反映美国缅因州水资源的长期变化情况，认为在水资源变化越来越不稳定的情况下，水资源管理政策面临着更大的挑战，政策的级联效应越来越大，一项政策的实施可能带来其他潜在的或者无法预料的结果，因此适应性管理（adaptive management）方法更有利于管理当局根据水资源的变化来制定一系列的管理政策。

2）草原管理现状

Davenport等（2007）通过对Midewin国家高草大草原的管理研究，发现许多政府机构在做决策时通常会综合考虑公众的观点和意见，然而这种做法的结果并不理想，甚至遭到反对，其中一个最重要的阻碍便是当地社区与公众之间存在信任问题，这种信任的建立受到诸多因素的限制，如价值观差异、知识缺口、有限的社区参与以及员工的流动率。解决这一问题的关键在于政府应该融入公众之中，鼓励公众参与到草原管理的每个阶段之中。

3）海洋及渔业管理现状

Singleton（2000）选取了一个较为极端的案例——西北太平洋沿岸的渔业资源管理进行研究，认为在建立以社区为基础或者共同管理的自然资源管理体制时，国家政府部门的参与能够有效提高该体制成功建立的概率，另外，虽然目前国家与社区之间的关系较为紧张，自然资源管理模式较为粗放，但是设立共同管理式自然资源管理体制，并不应完全推翻已有的管理模式后再重新设立，而应是在现有机制的基础上逐步改进，在这一过程中，社会互信起着重要作用。

Borja等（2010）、Fulton等（2011）认为，美国是实行集中与分散相结合管理体制的典型国家。美国的海洋事务管理分布于联邦政府的有关部门，而海上执法则由一个部门集中管理。美国的州政府负责管理3海里领海范围内的海洋资源，联邦政府则负责管理 3～200 海里内的海洋资源。联邦政府制定的法律和规划，按职能由各联邦行政机构分别执行。

Sutton-Grier 等（2014）从蓝碳（coastal blue carbon）资源的角度研究三个保护海岸带及海洋栖息地的法案——《清洁水案法》《海岸带管理法》《油污染法案》，发现联邦政府部门已经将部分生态系统的功能和服务融入现有的资源监管和减少污染的实践中，因此若将对碳资源的监管作为一种额外的生态系统服务融入现有的监管体制中，从法律角度上看并不存在立法障碍，只是需要依赖于能够更为准确地测量蓝碳在不同环境、不同海洋栖息地之间的移动和排放速率等的先进科学技术。

4）森林资源管理现状

目前美国森林资源管理中经常被援用的一个较为重要的管理理念是韧性思想或弹性理论（resilience theory），该理念已被相对广泛地应用于美国政府部门的自然资源管理实践中，其中比较具有代表性的是美国林务局。Benson 和 Garmestani（2011）认为在实际应用过程中，林务局仍然面临诸多挑战，主要包括受制于管理当局和无法同时考虑社会和生态两个系统等。

5）矿产资源管理现状

魏铁军（2005）、何金祥和宋国明（2003）、何金祥（2006）认为，美国模式强调资源产权管理与生态管理相结合。这种模式对资源产业的管控较少，强调自由市场配置矿产资源的作用，看重矿产资源的合理利用、环境保护和生态平衡。就管理手段而言，自 20 世纪八九十年代以来，环境和生态问题受到美国国民的关注，要求改革原有主张自由发展的 1872 矿业法的呼声不断。进入 21 世纪，在美国总统和内政部、能源部各级官员的讲话中，都开始强调保护环境的重要性和长远奋斗目标。为了不断促进生态和环境保护，主管矿产资源相关环保问题的美国内政部采取了大量实质性的行动，主要手段包括矿权出租出让（公共土地）、环保审批制度、复垦保证金制度（公共土地）和权利金征收管理制度（公共土地）。

2. 澳大利亚自然资源管理现状

1）水资源管理现状

目前澳大利亚正在运用的水资源管理制度之一是含水层补给管理（managed aquifer recharge，MAR）。这种水资源管理制度已经被多个发达国家采用，如法国、美国等，澳大利亚还处于探索阶段，虽然尚没有形成一套整合的政策措施，但为实现这一水资源改革，Ward 和 Dillon（2012）认为政府部门已经制定出详细的条款及时间安排，以便充分利用社会、经济、环境资源促进城市和农村的蓄水层和地下水的管理。

2）土地资源管理现状

农业在澳大利亚的经济发展中占据着重要地位，因此其土地资源管理及农业环境政策的制定显得尤为重要。Tennent 和 Lockie（2013）表示近二十年以来，澳大利亚农业环境政策关注的重点是社区土地保护小组的维系及相关制度体系的完善，虽然取得了较为有效的成果，但是由于资金的缺乏及制度结构的安排等原因，社区土地保护小组甚至是局部土地保护网络的生存受到威胁，土地资源的保护也面临着新的挑战。澳大利亚目前的土地资源实行私有制管理，即土地归个人所有，但是土地资源的管理并不是仅仅依靠土地拥有者自身来完成，同样也需要其他组织及政府的支持。Meadows 等（2014）认为，许多土地拥有者并未意识到土地资源管理的重要性，因此，政府部门需要促进并协助土地拥有者建立可持续的土地管理体系，土地管理相关的专业人员、相关的社区网络及特殊利益团体等也都应加入到土地的合作式管理中，此外，房地产经纪商也应尽力向新的业主传播自然资源管理理念。

3）森林管理现状

澳大利亚的植被资源管理一直都是州政府的职责，近年来基于20世纪80年代开始的全国森林资源清查项目，州政府建立了全国植被信息系统框架，该框架整合了来自多种渠道的植被信息数据，展现了植被覆盖的整体状况，这些信息中既包括本地数据，也包括非本地数据；既包括植被覆盖信息，也包括非植被覆盖信息。Thackway 等（2007）认为传统的地图编绘方法主要通过反复拍照来反映植被的变化，但是无法区分某种变化是由拍照技术引起的，还是真实的植被状况发生了变化，森林资源测绘亦是如此，而全国森林资源清查和全国植被信息系统的建立则通过基于现场监控的遥感技术解决了这一问题。

4）海洋及渔业资源管理现状

Clarke（2006）提出，澳大利亚于1995～2002年实行的海岸带保护项目（coastcare program）反映了其海岸带管理的现状，该项目是以社区为基础的海岸带综合管理项目，其最初目标是让社区参与到海岸带管理中，从而改进社区和政府部门之间的合作关系，虽然该项目缺少不同层次的评估程序，但从结果来看，仍然取得了巨大的成功，已经被澳大利亚七个州和行政管辖区所采纳，并融入各自不同的立法和管理体系中。世界文化遗产之一的澳大利亚大堡礁是世界上最大的珊瑚礁群，大堡礁海洋公园作为其中的一部分，其管理实践较为成功，就得益于海洋公园与昆士兰州政府之间的密切合作，Day 和 Dobbs（2013）认为这种合作有效地解决了其中的海洋、海岸带及岛屿之间复杂的、相互关联的问题纠纷，并对整个大堡礁的生态系统及来自外部的各种问题实施统一的、整体的管理。

3. 其他国家自然资源管理现状

1）水资源管理现状

加拿大的水资源管理同样遵循多层级管理及综合管理理念。Cohen 等（2006）研究表明加拿大奥肯那根地区的水资源管理涉及多个联邦政府级和省级的水资源管理体系，有的为其提供技术援助，有的作为区域间的桥梁，同时当地政府部门与研究人员共享当地生态系统的相关知识，共同促进奥肯那根地区的水资源管理。关于水资源质量的管理方面，加拿大的管理经验也值得借鉴。从法律角度讲，废水的排放中磷的含量不得超过一定的标准，O’Grady（2011）的研究指出，在此基础上，加拿大南方民族流域提出了一个水质交易项目（water quality trading project），即污染源处的污水排放者通过向污水排入口处的土地拥有者购买信用积分来排放污水，而这些信用积分需要通过贡献污染源治理措施得到。水质交易项目的成功得益于社区的合作、立法的支持、信用及成本的确定及法律责任的保护等诸多重要条件。

2）森林资源管理现状

在发达国家，信息技术是自然资源管理的主要工具之一，加拿大森林资源的管理主要依靠几大信息系统的辅助。Lee 等（2002）指出，目前加拿大林务局主要运用四大信息系统来加强森林资源的管理：属于非空间系统的森林火险评级系统（Canadian forest fire danger rating system，CFFDRS）、空间消防管理系统（sector field mass spectrometer，SFMS）、加拿大荒地消防信息系统（Canadian wild-land fire information system，CWFIS）及消防 M3 系统（消防监控、绘图和建模系统，Fire M3），它们的主要用途是预防、管理森林火灾。

3）土地资源管理现状

德国从第二次世界大战后至今对土地利用和农业发展提出过四个目标：一是第二次世界大战后初期的经济恢复阶段，提出的目标是提高产量，满足人民的食品需求；二是在生产高速发展的机械化阶段，提出的目标是通过专业化和现代化生产，增加产量，降低生产成本，生产廉价产品；三是在经济发达阶段，提出的目标是改良品种、追求丰产和优质；四是在农产品过剩时期，提出的目标是保护环境和资源。戴从法（2001）认为前三个阶段的农业发展目标是由当时的供需状况决定的，虽未提出“保护环境和资源”的字眼，但是保持土壤肥力、求得持续丰产的观念在人们思想意识中已牢牢树立。“保护环境和资源”的目标提出后，农业不再仅用高产或高效来衡量，而是把“高产、高效、优质、保护环境和资源永续利用”作为控制目标。

德国空间规划的目标之一是改善居住区环境，保护开敞空间及发展文化景观。德国土地规划专门划出了 580 个天然林保护区（占国土面积的 4.5%）、12 个生物圈保护区（占国土面积的 3.2%）、12 个国家公园和 5171 个自然保护区（占国土面积的 3.8%）、85 个自然公园（占国土面积的 16%以上），各州也利用土地规划发挥土地的生态功能，如柏林州在其土地规划中明确要求自然保护区的比例应该从占城市面积的 1.6%提高到 3%，景观保护区域的比例从 11%提高到 20%。

荷兰第五次空间规划提出要尽可能满足空间需求和保证空间质量的协调统一，兼顾经济增长与环境保护的平衡发展。Lefcoe（1977）、Achterman 和 Fairfax（1979）、Muys（1979）、Zacharias 等（2011）指出，荷兰通过维持红线（城市）、绿线和蓝线（以水为基础）土地利用之间的平衡，来保证居民有足够的绿色和蓝色空间，同时保护具有国家和世界重要价值的自然景观和文化遗产，在《国家空间战略》中确定了 12 个具有国际重要意义的大规模生态区国家公园，并拟建 12 个生态廊道。

4）矿产资源管理现状

Durucan 等（2006）研究了矿山的生命周期管理，法国针对矿山闭坑过程中出现的问题，于 1999 年专门颁布了法律，规定了严格的矿山闭坑程序，并要求在闭坑前进行复垦和巷道保护及地下水保护等工作，而且要求监督矿山关闭以后的情况，追究由不恰当的处理措施而造成环境污染和生态退化等责任。与此同时，法国制定了矿山闭坑保证金制度，规定业主在进行矿山开发前，要根据经审查认定的开采方式、投资额度向国家交纳一定数额的矿山闭坑保证金，用于保证矿山闭坑后的公众安全和环境恢复。此外，该国还制定了提高能源和资源效率的一些措施，包括使用替代资源、削减二氧化碳排放、土地恢复、开发土地的生物多样性和地质多样性等相关措施。

5）海洋资源管理现状

法国在 1981 年设立了海洋部，海洋部下设海洋渔业和水产养殖管理局、海洋油气及其他矿物资源管理局、海洋再生能源管理局，各沿海大区和省、市也相应地设立了海洋资源管理机构，从而形成了典型的海洋资源集中管理体制。

英国是实行海洋管理分散制的典型国家，其外交部海事、航空与环境组负责协调政府各部的涉外海洋政策和法律，交通部负责海上交通安全管理、海洋环境保护和海上救生，农业食品部负责 200 海里渔区管理和渔业资源保护，能源部负责管理大陆架油气资源开发，土地委员会负责管理海底和海滩砂矿开采，煤炭局负责管理海底煤炭开发等。

2.1.2 世界主要国家的自然资源管理体制及发展趋势

1. 世界主要国家的自然资源管理体制

1）美国

总体来说，合作式（collaborative）的自然资源管理是美国目前主流的自然资源管理机制（Genskow，2009），在二十几年的发展过程中，政府部门所扮演的角色不容忽视，通过分析美国威斯康星州的合作式自然资源管理实践，可以看出政府部门的参与及响应有利于促进其他利益相关者的参与，有利于加强对额外资源的利用，政府部门在流域管理中发挥着指导作用，由政府部门发起的合作式自然资源管理能够制定具体的目标，并专注于特定的问题和领域。

2）澳大利亚

目前澳大利亚主流的自然资源管理范式是综合自然资源管理（integrated natural resource management，INRM）。与单一的管理策略相比，综合自然资源管理范式具有诸多优势，因此其应用也越来越广。Bellamy 和 Johnson（2000）将可持续的概念融入综合自然资源管理的概念中，并尝试将其应用到澳大利亚的农业可持续系统中。不过 Bellamy 和 Johnson 也指出，这无论是对农村社区还是政府部门来说都是一项重大的挑战，但是如果能够识别出综合自然资源管理的本质特征，将有助于社区和政府部门更好地实现资源可持续管理。与综合自然资源管理紧密联系的另外一个概念是以社区为基础的自然资源管理（community-based natural resource management，CBNRM），这种管理模式可以被看作是综合自然资源管理理念的具体表现形式，在澳大利亚的各种自然资源管理实践中已得到广泛应用。然而，并不是所有的管理实践都产生了效果，甚至很多管理实践以失败告终，究其原因，Measham 和 Lumbasi（2013）认为主要有以下几点：由上至下的发起方式，使当地居民缺乏积极主动性，缺少自主权和经济激励。以社区为基础的自然资源管理成功案例则表明，产权私有化是该种管理机制成功的关键，管理部门所起到的作用应是侧重于外部支援的支持性作用，如提供资金支持及邀请专家提供专门的知识和技术支持，但在当地社区的管理项目设计方面应该做到既不干涉也不强制。流域综合管理（integrated catchment management，ICM）是在综合自然资源管理范式基础上兴起的一种自然资源管理范式，由西澳大利亚州政府部门于 1988 年提出。Mitchell 和 Hollick（1993）认为该体制的提出是为了解决土地资源的退化和水资源的衰竭问题，与综合自然资源管理范式相比，该体制将自然资源的综合管理限定在了流域范围内，但是两者的基本理念是一致的，也有学者将其看作是两个相同的概念。除此之外，澳大利亚的多层次管理体制（multi-level governance）也是目前的主要管理模式之一。Lockwood 等（2009）在分析了澳大利亚区域化的自然资源管理机制的成效和不足后，指出政府部门的职能应是支持社区和利益相关者，并在管理体系中建立起信任机制，从而使放权式的管理更加有效，也更有利于建立合作式的自然资源管理机制；另外，有效的多层次管理体制还需要有多个横向层次组织的积极有效参与，共同促进管理系统的不断完善。

3）加拿大

加拿大也广泛应用了综合自然资源管理的理念。McLain 和 Lee（1996）表明要实现这一理念，需要诸多实践工具，其中适应性管理（adaptive management）是最重要的一种。传统的适应性管理方法声称能够增加知识的获取，加强信息流在政策扮演者之间的流动，并为共享资源创造机会。但是来自加拿大新不伦瑞克省、不列颠哥伦比亚省的实践表明，传统的适应性管理方法并不能达到预期的效果，要发挥其有效性，适应性管理方法应该从多种渠道获取知识、利用多种系统模型，并促进利益相关者之间新型的合作模式。

4）德国

德国 1998 年通过了《联邦土壤保护法》，2002 年通过了《联邦自然保护和景观规划法》。Lebert 等（2007）在其著作中表示《联邦土壤保护法》填补了德国环境保护法的空白，为土地保护、整理废弃土地及德国政府有效管理土地提供了法律基础。该部法律旨在预防保护土地和对受到损害的土地进行生态重建，并把土地作为环境的一个组成要素进行保护，强调保护土地的生态功能。《联邦土地规划法》规定，要把对地区在社会和经济上的要求与生态功能协调起来；同时德国各州也通过立法措施维护土地生态功能。

5）英国

该国在 1990 年颁布的《环境保护法》中确立了整体化的污染控制方案，强调集中控制产生污染的工业生产过程，引入了“谁污染谁治理”原则，责成企业采用“不附带额外成本的最佳实用技术”来减少各种生产过程所造成的污染。英国除了通过基本法手段，还借助土地使用规划法律架构来实现出于保护公众利益的土地高效使用，并调解基于发展需要的竞争性使用和环境保护二者之间的关系，促进可持续发展。大多数矿产开采和相关活动在开发前都需要得到规划许可。

6）俄罗斯

俄罗斯的资源管理模式是尽可能多的横向拓宽和尽可能少的纵向延伸模式（Moe and Kryukov，1998）。俄罗斯最初对国土资源实行联邦与主体（州、边区、自治共和国等）两级管理，1996 年在原环境保护和自然资源部、水利委员会及地质和矿产资源利用委员会的基础上，组建了俄罗斯联邦自然资源部；2000 年 4 月，又将国家林业局和国家环境保护委员会并入自然资源部。同年，俄罗斯在全国设置七个联邦区，自然资源部开始实行三级（联邦—联邦区—主体）垂直统一管理模式，在各联邦区设立自然资源司作为自然资源部的派出机构，对所在联邦区的各主体的自然资源和环境进行直接管理，主体一级则设立自然资源和环境保护总局。从自然资源和环境保护计划的综合信息方面来看，自然资源部对各类自然资源已经执行比较全面的统一管理。另外，从国家和联邦区年度自然环境状况报告来看，内容也极为广泛，包括各类自然资源和环境方面的综合信息，并对其进行了综合分析。此外，俄罗斯联邦政府中尚有 10 个与资源、环境相关的部、局独立存在。就管理手段而言，在资源管理与产业管理的关系上，俄罗斯自然资源部已明确表示要分开管理，但从联邦区一级来看，在森林和矿产资源方面，政企尚未分开，体制转型还处于初级阶段，计划经济的惯性在建立市场经济过程中的影响还会持续。

7）印度

印度采用的是分散的资源管理模式（distributed resource management mode），即资源与产业管理密切结合，但资源管理方面是按照自然资源不同的属性，将各种资源进行分门别类管理（Royster，1993；Jhingran，1997）。这种模式有利于单种资源的专业化管理，但缺点是各种自然资源管理之间联系较为松散，对于原本联系密切的资源，如土地和矿产，将其划归多头管理，可能无法充分发挥资源的综合效益。在涉及土地、矿产、能源、水、森林和海洋六大门类的国土资源中，印度共设立了乡村发展部、矿山部、石油天然气部、煤炭部、水资源部、森林与环境部和海洋开发部等七个政府行政部门分别管理这些国土资源。在产业管理方面，印度实行的是资源与产业的一体化管理，如钢铁部负责黑色金属业的管理，化工制品和肥料部负责石油化工和化肥业管理。Otto（1997）指出，就管理手段而言，印度各资源管理部门除进行指导性管理（如规划和税费、许可证等手段）外，还直接介入产业经营，印度各资源管理部门一般都拥有几个到几十个国有公司，由其具体负责实施国家一些重大工程、项目和计划，部分公司还被赋予行政管理职权，如煤炭总局的印度煤炭有限公司等。

2. 各国自然资源管理体制比较

除了以国家为维度进行分析外，也有不少学者关注于各国的自然资源管理体制的比较。最常见的是比较分析其中两个或多个国家的自然资源法律制度、管理体制、管理工具等。胡德胜和王涛（2013）比较了美国和澳大利亚的水资源管理考核中的责任制度，发现美国的水质管理和水资源管理项目非常严格，对政府部门的监督及考核也较为严厉，澳大利亚的水资源管理制度更注重预防功能，注重水资源的一体化管理，同时也对政府部门实行责任考核；在水资源管理主体方面，美国实行的是联邦政府干预下的州政府管理机制，澳大利亚原则上实行无联邦政府干预的州政府管理机制，但为促进水资源的统一管理，也逐渐在州与州之间实现统一的水资源管理模式。

还有一些研究是从全球范围出发，分析不同国家的自然资源管理法律制度、管理体制或者管理方式的差异。Benvenisti（1996）从国际水法的角度，探讨了集体行为对共享淡水资源最佳利用模式的影响，认为长期的区域合作对淡水资源的利用至关重要，但是近水国家的居民所拥有的自身利益不尽相同，各国的内部限制条件及内部矛盾也多种多样，这使得国际水法的制定面临一系列重大挑战。国际范围内淡水资源的管理，实质上是在特定的社会、经济、环境、物质等制约之下对水资源的重新配置，在制定国际水法时，应将不同国家的限制因素考虑在内，尽可能将其转化为有利于水资源管理，甚至能够反过来改变这些限制因素的法律条文。Dellapenna 和 Gupta（2008）认为全球的水资源危机与水资源法律的制定密不可分，因此需要分别从国家层面和国际层面分析水资源法规的建立及健全过程。通过水资源及水资源法规的历史分析，发现尽管绝大部分的水源都来自于地下水，但是关于地下水的国际公法几乎没有。国际水法对国际范围内的水资源管理政策具有指导性意义，其对共享淡水资源的规定遵循公平、合理、合作、互利的基本原则，以最大限度保护淡水资源，各国在国际水法的基础上，结合本国国情，修订并完善国家层面的水法，更好地实现水资源的合理利用。Branalesz（2005）在借鉴澳大利亚的水资源配置系统、美国加利福尼亚州的联合水资源管理及法国的当地各部门和政府辅助式的水资源管理制度之后，认为加拿大目前的水资源管理体制更多的是为了应对局部的水资源危机而制定，过于注重短期的政策效果，水资源的配置过程忽视了水库的功能。

3. 国际自然资源管理体制的发展趋势

总体而言，目前世界上主要国家的自然资源管理体制各具特点，各有其适用条件，代表了当前自然资源管理体制的发展方向。无论是发达国家还是发展中国家，在确定本国的资源管理体制时，能充分考虑本国的实际情况，如资源禀赋、资源管理水平、经济发展水平和生态压力等状况，将自然资源管理与产业和生态管理相结合，以适度性为原则，不盲目扩张贪大求全。同时，各发达国家的自然资源管理越来越注重贯彻协同、合作、综合或者统一的管理理念。以整体的自然资源为管理对象，以不同门类自然资源的共性为基础，以不同门类自然资源之间的相互关系为协调的纽带，利用一体化的、综合的运行机制将不同门类的资源统一管理。资源的综合管理不是简单的机构合并，而是各资源管理机构之间的相互协调和相互牵制；机构合并后，可以大幅度地提高管理系统的整体运行效率，而不是一加一等于二的关系。综合管理的效果集中体现在制度效率的提高和交易成本的降低。不同门类的自然资源具有内在的经济与法律关系，在横向上拓展，即把那些彼此具有一定内在经济和法律关系的资源放在一起进行综合管理，这也是当前国际自然资源管理体制的发展趋势之一。

2.2　中国自然资源管理现状与挑战

现阶段，对中国自然资源管理整体状况的研究不多，多数学者是针对性研究自然资源某一子资源管理情况（如水资源、森林资源、矿产资源等），以下将从各子资源管理角度分别进行文献梳理，并对现行的中国自然资源管理制度进行述评。

2.2.1　水资源管理的现状与挑战

水资源短缺是世界面临的共同危机，水资源的可持续利用已经成为经济社会可持续发展的基础性和战略性问题。Jiang 等（2010）提出中国是世界上的人口大国，尽管水资源总量居世界第六位，但受庞大人口基数影响，人均可利用水资源仍十分有限，随着经济的发展，中国水资源短缺形势愈发严峻，如何解决由水资源短缺和水污染引发的一系列问题越来越受到政府的重视，学术界也开始逐渐更加关注水资源管理理论的探讨和框架体系的构建。

Zhang（2001）提出随着经济和城市人口及农业的快速增长，中国对有限水资源的需求日益增大，这是对中国水资源可持续发展的致命性打击，尤其是中国的北方。World Bank（1993）表明除了农业部门现有的灌溉水供应方面的压力，中国政府已经表示农业用户将不会获得其他来源水上的优先权。Huang 等（1997）也认为，水资源方面的问题将会极大地影响中国未来在主要农作物市场的贸易位置及农业部门的收入。

Wang 等（2007a）提到尽管中国面临着严重的水资源问题，但中国政府对解决日益增长的水资源短缺问题的反应却很迟缓。在中国，有很多法律法规规定农村水资源的使用和管理，但是这些措施却很少能被有效地执行。Blanke 等（2007）研究发现，尽管最早在 20 世纪 90 年代国家就鼓励人民采用节约用水技术，可是即使在水资源稀缺的地区也很少有人去采用。Huang 等（2008）也提到在农业方面执行的水价形成机制同样很不理想。

中国现行的水资源管理体制是由 1988 年《水法》与 2002 年实施的新《水法》共同确定的。王渊和马治国（2008）介绍新《水法》的管理模式是，确立流域管理与区域管理相结合，两者并重；统一管理与分部门管理相结合，监督管理与具体管理相分离的新型管理体制。现阶段，中国水资源管理机构包括水利部、国家环保局、建设部、农业部、林业局等，冯彦和杨志峰（2003）介绍了各机构的管理内容，并对其职能进行了评析。Jiang 等（2006）的研究表明，为解决高度综合且复杂的水问题，中国水资源管理机构对水资源进行了多维度的综合管理，具体包括：建立流域管理制度及行政区域管理的立法基础，强调环境和生态用水、水需求管理及节约用水的重要性，初步建立国家或流域综合管理制度等。

关于中国水资源管理现状，成金华等（2006）认为，长期以来，中国水资源管理实践一直在传统水资源管理思路的指导下进行，即以工程水利为指导，强调人改造自然、战胜自然，管理方式以“供给管理”（supply management）、“分割管理”（delegated administration）为主，重在水资源的开发利用。

虽然对于中国现行水资源管理体制的认识有所不同，但绝大多数学者就中国自然资源管理仍存在的问题这一观点达成了共识。贾绍凤和张杰（2011）认为，尽管在确立以流域管理和区域管理相结合的综合管理体制，建立以水量分配、取水许可、水资源论证为主要内容的水权管理制度和以全成本核算为原则的水价管理制度等方面成绩显著，但水资源管理中仍存在水资源权属不清、水环境权得不到保障、政府管理缺失等问题。张天曾（1992）提出，目前中国水资源管理亟须解决的问题包括：不断完善和切实执行水法、强化管理机构、制定可行的水资源规划、建立合理的水资源价格体系、全面评价水资源开发效益、调整水资源开发的投资政策等多个方面。齐佳音和陆新元（2000）认为，中国自然资源管理的问题分为三大方面，即水资源管理体制不顺，水资源管理责、权、利界定不清，水资源管理的法律体系不健全。

除了存在以上主要问题外，中国水资源管理也面临着许多挑战。Boxer（2001）认为水资源管理的矛盾及其所面临的挑战有四大方面：一是经济措施与 1988 年水法相关的法律约束间的协调问题。二是为支持水资源的可持续发展，从强调水利公司结构工程解决方案向资源水利概念的转变问题。三是尽管水政策在制定中已经越来越多地借鉴西方基于市场化的各种工具，但仍需兼顾传统文化与马克思主义的理论视角。四是在建立新的水知识体系的过程中，仍需适应本土水科学工程问题。成金华等（2006）则认为，中国水资源管理所面临的挑战将主要在社会结构转型与区域差异两大方面。

近些年来，有一些文献论证了用水户协会（Water User Association，WUA）对农民收入的混合影响，如 Zhang（2001）和 Nian（2001）认为 WUA 是成功的模式，对农民收入具有正向影响；而 Wang 等（2005）则认为，WUA 对节约用水和提高农民收入方面是无效的；Park 和 Rozelle（1998）提出，承包河渠方式对个体户管理和节约用水方面是非常有效的。

2.2.2　土地资源管理的现状与挑战

吴次芳和靳相木（2009）的研究表明，伴随着改革开放的进程，经济高增长带来对土地资源的巨大需求，最初表现为对耕地大量占用，当宝贵的耕地被大量占用时，土地资源的稀缺性开始为人们所初步认识。张林山（2011）认为多部门分割分散管理，导致全国土地资源开发利用与保护缺乏统一的规划与管理，造成土地资源的严重不合理利用和浪费。

城镇化的加快，使土地利用发生巨大的变化，房地产行业迅速发展，地价房价持续攀升。Baskent 和 Kadiogullari（2007）、Serneels 和 Lambin（2001）、Serra 等（2008）对城镇化和土地用途改变都做了相应的研究。近年来，城市用地增长率远远高于城市非农业人口增长率。开发建设中盲目批地，土地征而未用现象严重，造成土地大量闲置。农村土地使用也存在人均用地远远超过国家规定标准等许多问题。同时，土地改革政策也引发了城市土地利用效率低、园地和耕地面积损失等严重问题。Zhang（2000）、Liu 和 Jiang（2005）、Jiang 和 Liu（2008）也对上述问题做了相应的阐述。

2.2.3　矿产资源管理的现状与挑战

矿产资源属于储量有限的非可再生资源。按其特点和用途，通常分为金属矿产、非金属矿产和能源矿产三大类。矿产资源是重要的自然资源，对其合理开发利用和保护直接关系到国家社会、经济的可持续发展。自 1986 年《中华人民共和国矿产资源法》（本书简称《矿产资源法》）颁布施行以来，围绕着如何合理利用和保护中国的矿产资源，实践部门不断探索，《矿产资源法》先后经过 1996 年和 2003 年两次修改，但其中仍存在需要改进的地方。张兴和王凌云（2011）提出，《矿产资源法》的主要立法指导思想仍带有强烈的计划经济色彩，明显落后于 21 世纪中国矿业市场的快速发展。李显冬和杨城（2013）认为，矿业权出让环节的法律规制多有争议，对矿业权流转限制过多从而导致市场化程度不高，矿业权被侵害、非法剥夺的事件时有发生，公权严重制约着私权的享有和行使，与新颁布的《物权法》《行政许可法》等法律法规衔接不够，等等。

现行的矿产资源管理体制体现了国家对矿产资源的绝对所有权，但至今尚没有真正走出公共所有、政府管制的计划供给模式，已不能适应中国经济的发展，该种制度安排对矿产资源的配置效率也逐渐降低。徐英华（2005）的研究表明，作为矿产资源所有者的国家，其权利地位已被模糊和弱化，无法保障自身的行权收益，特别是在以政府行政权代替国家所有权的管理体制下，矿产资源的产权归属反而成为管理部门权力寻租的工具。中国正面临全社会在短期利益驱使下，对矿产资源的掠夺性和破坏性开采，造成了极大的资源浪费和环境污染，使资源成为制约中国现代化建设和国民经济可持续发展的瓶颈。仲丛生（2005）分析指出，不区分资源等级的按量计税会脱离市场机制的约束，减少矿产资源的开采成本，等于变相鼓励过量开采矿产资源，无形中造成国家资源的流失。

汪小英和成金华（2011）对中国矿产产权约束进行分析，他们认为矿产资源管理还存在产权管理混乱、市场与行政错位、部门之间条块分割、资源补偿不合理、政策法规不配套等问题，从而导致矿产资源市场配置方式单一，配置程度和综合效益低下。蔡国华（2011）也指出，中国矿产资源管理存在矿产资源管理体制不健全、矿产资源管理机制不合理、矿产资源管理法制不完善、矿产资源管理手段不先进等问题。

2.2.4 森林资源管理的现状与挑战

森林资源是自然资源的一个重要组成部分，是陆地生态系统的主体，是进行各项林业生产经营的基本要素，承担着林产品供给与生态建设的重要任务。Hong 等（2006）介绍在中国森林的分权管理中，广为人知的是森林所有权从村集体过渡到农民个人的林权制度改革（reform of forestry property right system），而改革分阶段的执行，能让人们更加容易接受并且避免了分权造成的缺陷。Yang 和 Ming（2006）表明，新的林权制度改革于 2003 年采用，旨在鼓励农民以更加负责任的态度经营和管理他们的土地，同时 Wang 等（2007b）提出林权制度改革具有一系列的机制的支持，其中包括林权证书的颁发和引进林业产权市场。

刘震等（2010）认为中国国有林区资源管理存在以下问题：第一，中国国有林区的资源由中央政府设立的森工企业无偿使用并代行监督管理的制度，致使森林资源的管理者和经营者身份重叠，难以对自身进行有效监督；第二，在现行的林业管理体制中占据核心地位的采伐限额政策限制了林业生产者最大化获取利润的能力，但其实施效果很差。此外，在林业系统内，国有林业企业管理者有向上级缴纳分成利润（及税收）的经济职责，政府部门则通过制定采伐限额并要求企业进行迹地更新、火灾防治来管制国有林业企业；利润上缴和采伐限额两个激励之间存在的矛盾对国有森林资源的可持续经营构成了挑战。

现阶段中国森林资源管理研究多以区域为例进行针对性的分析。李华润和刘炳英

（2000）以山东省为例，指出现阶段山东省实行森林资源监测管理、森林采伐更新管理制度与林地征占用管理制度，同时形成了以企业调查及统计资料为主的森林资源档案，虽取得一定成果，但仍有很多尚未解决的问题，包括：监测体系不健全、监测技术和设备落后、缺乏规范的森林资源档案管理制度、森林资源审计核查监督不到位、管理制度和机制不能满足资源管理工作的需要等。Chen 和 Innes（2013）以中国南部地区的福建省永安市及江西省铜鼓市为例，进行了比较研究，总结出制约中国森林资源可持续管理及森林认证的因素有八项，即不发达的基础设施及运输系统、有限的资金、不安全的林期、不合理的森林政策、较低的意识、非法的森林管理、缺少与地方组织合作、知识技术传播的不足。Yu 等（2011）以中国东北地区为例进行研究，发现随着高产量的木材生产，现阶段中国存在大面积的低质次生林，如何选定有效的管理模式和政策以保护和恢复次生林是中国政府和研究人员在森林资源管理上面临的最主要的挑战。

2.2.5　海洋资源管理的现状与挑战

中国海域辽阔，北至渤海北岸，南到曾母暗沙，拥有渤海、黄海、东海和南海四大海域。中国海洋资源管理依据有关政策、法律法规，按照行业和部门规章制度开展。涉及的领域主要包括渔业资源管理、海洋矿物资源管理、海洋空间资源管理、海洋旅游资源管理和海盐资源管理。目前已有很多文献对海洋资源的经济效益进行研究和分析，如 Song 等（2013）、Zhao 等（2014）分别对中国过去的海洋经济的发展情况进行了详细的定量研究。张秋明（2008）的研究提出，与发达国家相比，中国海洋资源开发和利用的总体水平还比较落后，在思想意识、技术装备、经济效益和科学管理等方面都还存在着较大的差距和不足，这已成为中国海洋资源进一步开发利用的阻力。

李允武（2008）、方平等（2010）介绍了中国颁布的《全国海洋功能区划》《全国海洋经济发展规划纲要》《中国海洋 21 世纪议程》等一系列法律法规。但从整体上看，目前中国仍缺乏统一、完整、清晰的可指导海洋事业各方面协调发展的国家海洋总体政策，缺乏从整体上对中国海洋工作进行统筹规划的能力。长期以来，中国海洋资源管理主要采取由政府多个部门同时负责，缺乏强有力的综合管理部门，极易导致各管理部门仅以局部利益为中心，当资源开发和管理法规发生矛盾时，往往以牺牲资源管理来服从资源开发，不能充分发挥管理部门的职能，严重影响着资源管理工作正常有效地开展，甚至可能造成对海洋资源管理失控。面对海洋资源行政管理体制存在的交叉和空白，努力建立科学合理的海洋资源管理体系是当务之急。

综上所述，中国自然资源管理现状并不乐观。现行的自然资源管理体制（模式）可概括为大部分集中、个别分散的管理模式，即将土地、矿产、海洋等大部分国土资源集中统一由国土资源部管理，而水、石油天然气、森林、动物等其他自然资源则分部门管理，且实行的是中央与地方分级管理。钱丽苏（2004）认为这一管理模式的优点是，有利于发挥自然资源的整体功能，提高其利用效率，逐步与国际接轨，实现中国自然资源管理国际化，但该管理模式不能满足自然资源实行集中化的统一管理，而中国作为一个集权管理体制的国家，这又是必然要求。同时，唐茂林和李齐放（2004）从管理学的角度，分析了中国自然资源宏观管理（国家层面）和微观管理（企业层面）存在的问题，认为从宏观管理角度来讲，中国总体能源效率低、污染问题严重、资源生产消费结构与能源企业市场结构不合理、能源工业管理体制改革滞后；从企业层面看，中国资源型企业竞争力差、社会负担繁重、企业组织结构不合理，这些都是亟待解决的问题。周觅（2012）也指出，中国自然资源缺乏宏观管理，权力十分分散，相关法律法规亦不健全，缺乏资源保护意识问题严重。

2.3　自然资源管理的经济学分析视角

自然资源经济学的思想，可以追溯到 17 世纪。最初是将自然资源学与经济学结合，更多的是从纯经济学角度研究自然资源的优化配置问题。Ricardo（1971）、蔡宁和郭斌（1996）、杨昌明等（2002）研究了经济与自然资源的关系，认为自然资源的稀缺可以通过市场的价格机制得到解决。兰德尔和施以正（1989）在《资源经济学》一书中给出的自然资源经济学的定义是：自然资源经济学是微观经济学的一个分支，是研究自然资源和环境政策的一门应用经济学，利用经济学理论和定量分析的方法来揭示、分析、评价和指导制定关于自然资源和环境方面的政策。相对来说，中国资源经济学研究起步则相对较晚。

2.3.1　自然资源产权制度和外部性

在没有交易成本的情况下，产权转让大都通过私下交易完成（Coase，1960），而私有制使个人能够实现其投资回报（Demsetz，1967）。国外关于自然产权制度的研究历史悠久，Gordon（1954）意识到，在静态的框架下缺乏渔业的产权会导致租金的浪费。Chichilnisky（1994）认为，一个国家如果不能保障自然资源产权，可导致相对环境资源的过度使用。Cole（2002）指出，公有制的系统内嵌套的私有制是典型的自然资源产权形式。Fernandez（2006）在自给自足的农业框架下，根据不同的产权制度对印度尼西亚森林资源和土壤质量退化进行实证分析，结果显示两种制度产生相同的作用。Brandt（2007）提出了一种计量经济学方法来评价使用流通的产权进行环境监管的效果。Costello 和 Kaffine（2008）研究了产权无保障（低保障）情况下，可再生资源的动态收获奖励。Irimie 和 Essmann（2009）分析了罗马尼亚森林资源产权与政策经济主体行为之间的相互关系及其相互作用的结果，他通过内容集成分析方法和矩阵分析方法得出结论，森林资源产权制度决定资源使用与管理的成果，土地改革效率与公平理念不仅推动利益流的改变，而且严重影响资源股的情形等结论。Coleman（2011）主要研究公共财产权作为一种制度的适应能力，对 13 个国际森林机构国家的 326 个森林资源用户群体进行统计分析，用概率模型分析森林资源状况的用户排名，结果表明具有完整产权的用户全体更有可能完好维持森林资源状况，然而产权的影响还取决于其他形式的适应能力，如用户的组织能力和敌对群体的数量等。Lambini 和 Nguyen（2014）在产权和新制度经济学框架下，研究加纳和越南跨国背景下森林产权的有效性，可持续生计框架可以解释森林产权制度对森林生计和管理产生的影响，同时表明森林产权制度对森林维护与管理有着重要作用。

外部性的存在使利益主体的边际成本与边际收益不相等，完全依靠市场机制已经不能够实现资源配置的帕累托最优，进而导致资源的浪费和效率的缺失。赵新宇（2008）的研究认为，不可再生资源利用的外部性，不仅存在于代际，同样存在于代际内部的不同发展阶段；不仅影响社会生产过程，同样影响社会再生产过程；不仅体现在消费关系中，也体现在分配关系中，进一步看，其经济意义在于构成经济可持续发展的充要条件和内生要素。Martinet 和 Blanchard（2009）发现，一方面法国圭亚那地区的渔业对海洋生物的多样性有负外部性，另一方面渔业对当地及海鸟保护地区的经济有正外部性，他通过建立生物经济系统动态模型，来权衡渔业活动的盈利性及海洋生物数量的关系，并提出解决两者之间的关系的可行性方案。王迪等（2012）认为，耕地资源外部性一般可以分为负外部性与正外部性两种，前者是由于耕地利用过程中使其他相关方利益减损而又无法向其收费的情况；耕地资源的正外部性源于耕地保护生态价值和社会价值的外溢，使其他相关方免费享受耕地保护主体所提供的效用输出。靳利华（2014）认为，自然界外部性（natural externality）是指在缺乏相关交易情况下，自然界对人类生存发展所带来的有利或有害的影响，也即外部性的正负影响。因此，自然界外部性分为正负两类，自然界正外部性（positive natural externality）是指对人类生存发展有利的影响要素，包括充足的阳光、干净的空气和水、肥沃的土壤、丰富的资源等；自然界负外部性（negative natural externality）是指自然界给人类带来的灾难和恶劣的生存环境，包括极端天气、洪涝灾害、地震、火山、海啸等。

2.3.2 自然资源的定价理论和最优开采

自然资源的价值属性及其价格决定，为自然资源的有偿使用提供了量化的依据。研究自然资源定价主要是根据价格理论确定自然资源价格。Chettri 和 Venkatesan（1983）考察了水资源，并试图得出一个运作上可行和符合社会期望的价格结构的定价政策。李金昌（1994）在综合效用论、劳动价值论和地租论的基础上，建立了有特色的自然资源的定价模型。姜文来（1998）的研究表明，由于同一资源在不同地区边际使用者成本、边际外部成本的计算的内容和方法不同，边际机会成本缺乏可比性，难以进行时空分析和从宏观上把握资源价格的变化。王舒曼和王玉栋（2000）利用自然资源的影子价格理论，对资源价格进行了测算。Mokhatab 和 Poe（2006）、Atewamba 和 Gaudet（2014）在自然资源定价研究中，采用了资本资产定价（capital asset pricing）方法，主要集中在天然气资源等与居民生活息息相关的自然资源。Zhao 和 Chen（2008）提出了一个多准则模糊评价模型（multicriteria fuzzy evaluation model），用以寻找合理的水资源定价制度。在许多城市，由于日益恶化的水资源短缺和急剧增加的水资源需求，水供给与水需求的矛盾日益严重，中国开始实施分级水价，然而这种措施实施的效果由于没有理论支持而难以预测。针对这一现象，Chen 和 Yang（2009）建立扩展性线性支出系统（extended linear expenditure system）来模拟分级水价与水资源需求量之间的关系，并模拟了在分级水价下北京居民的水资源需求量；他还指出政策制定者要特别注意分级水价下对水的基本需求，水价如何分级尤其重要。肖文海（2011）的研究指出，在自然资源的定价中，不仅要考虑开采、生产和销售的成本，而且要考虑勘探、修复及因资源减少对未来造成的成本代价（如资源枯竭后的转产成本）；在环境的定价中，不仅要考虑环境的直接治理成本，而且要考虑生态环境遭受破坏而引致的人类健康损害成本和迁徙成本及生物多样性的恢复成本等。

还有部分学者关注资源价值构成的研究。王俊（2007）认为，完整的自然资源价值应包括资源的开采价值、环境价值和可持续利用价值。李国平和华晓龙（2008）提出，非再生资源价格应由三部分构成，即资源成本、生产成本和环境（生态）成本。王迪等（2012）则指出，耕地资源的价值核算通常包括其经济价值核算、生态价值核算与社会价值核算三个部分。李香菊和祝玉坤（2012）认为，矿产资源价值主要包括两大部分，即经济价值和生态环境价值。

最优开采量是指实现资源利用效率最大的开采数量。于立等（2006）在 Hotelling 传统模型的基础上，分析了存在多个资源消费市场时的垄断者开采问题，分析结果显示，当资源的垄断开采者面向多个市场时，价格歧视因素可能会导致对最优开采路径的偏离。Hassan 等（2009）采用最优控制模型分析了苏丹森林资源的采伐情况，结果表明，目前的森林资源租金的回收和再造林工作速率还远不够理想；除了最佳的价格和更多的植树造林，推进燃料替代品的可用性和加大木材能源转换效率的投资能够有效制止苏丹毁林问题。孙大超等（2010）通过建立煤炭资源最优开采的动态优化模型，分析了影响煤炭资源利用率和回收率的因素，提出根据不同煤矿的煤矿储量和品位及价格因素，征收不同级别的级差税方案；他指出只有通过改变征收方式，才能有效发挥资源税费的调节作用，最大可能地促使企业加大煤炭资源的利用率。曹明和魏晓平（2012）利用资源开采跨期模型，从理论上分析了技术进步分别通过调整资源可采储量、提升资源利用效率、促进资源替代及降低资源开采成本等途径对资源最优开采路径的影响，发现除了不断增加可采资源储量之外，不存在某类的技术进步可以既增加社会福利又有利于资源的可持续利用。朱桑桑（2012）使用数学方法推导资源的动态效率，表示两时期实现资源高效率配置的核心问题是，第一期使用的最后一个单位资源的边际净效益现值等于第二期使用的最初一个单位资源的边际净效益现值；在多时期中，由于考虑到边际使用者成本的变化应达到最优，必须满足每一期资源开发的边际净效益现值等于边际使用者成本的现值，资源总量等于各期开发的资源量。魏晓平等（2013）运用逆向思维及计量经济学的方法进行实证检验，发现中国能源矿产供给与价格指数相关性不显著，与可耗竭资源最优配置理论假设相悖；中国能源矿产供给尚未到达峰值的事实，与可耗竭资源最优配置目标相悖。

2.3.3 资源税和补贴

资源性产品（resource products）主要包括水、能源、矿产、土地等基础自然资源，资源税是以上述各种应税自然资源为课税对象，为了调节资源级差收入并体现国有资源有偿使用而征收的一种税。

Groth 和 Schou（2007）在内生增长模型下，将不可再生资源税收的影响与传统资本税和投资补贴的影响进行比较，证明不可再生资源是最终生长的不可缺少的组成部分，利息收入税收和投资补贴不再影响长期增长率，但资源税是增长的决定性工具。孟凡强和赵媛（2009）在对自然资源开采行业开征资源税和资源补偿费背景下，研究了从价税和从量税对资源开采厂商行为的影响，发现从动态效率的意义上说，从价税的效果会好一些，而且征收从价税会使寡占厂商的开采行为朝完全竞争时的效率方向改进。Vásquez Cordano 和 Balistreri（2010）通过建立可计算一般均衡（computable general equilibrium，CGE）估计秘鲁公共基金的边际成本，反映秘鲁的矿产和能源税的效率影响，结果显示，边际能源消费税和自然资源税在公共基金边际成本中可能产生更多的波动变化。能源消费税税率边际增加，以及能源和矿物的中间流税收率相对于其他税收变化，将产生更高的失真性。Daubanes（2011）的研究认为，一个标准的单一商品垄断者通过一种静态诱导方式实施的有效税收政策就是一种补贴，当这种垄断是一个消耗约束时，相同的静态补贴也是一个最优策略，甚至能通过严格的税收政策增加积极税收。李香菊和祝玉坤（2012）根据标准的动态霍特林模型（Hotelling model），对税收与资源价格之间的关系进行理论分析，研究发现在同一竞争性均衡条件下，矿产资源从价税所产生的税收收入比从量税高，对矿产资源征收从价税不仅能够提高税收收入水平，而且能够增加社会福利，这为中国资源税计征方式改革提供了理论依据。2010 年中国以新疆作为试点区进行资源税改革。高洪成和徐晓亮（2012）在资源税改革中引入资源价值补偿机制（value compensative mechanism of resource），并构建资源环境 CGE 模型，模拟分析资源价值补偿机制的影响，研究显示资源价值补偿机制对经济系统的总体影响程度不大，对开采业、工业和能源业等基础性行业的影响较明显，其中开采部门受资源价值补偿率和资源回采系数等综合因素影响较明显。Zhang 等（2013）根据 2007 年新疆社会核算矩阵，建立 CGE 模型和社会核算矩阵价格模型，从区域的角度测算中国资源税改革的影响程度，结果表明，这次税收改革的重要性在于提升地区政府的财政收入而不是节省能源和减少碳排放。

2.3.4 自然资源核算和生态补偿

如何将自然资源纳入国民经济核算体系，已成为资源经济学领域研究的热点。近 10 年来，发达国家和发展中国家先后开展了改革现行国民核算体系的研究。Hambira（2007）以博茨瓦那地区为例，进行了水资源核算。Alfsen 和 Greaker（2007）从自然资源核算的角度，提炼出衡量可持续发展的指标体系。Cai 等（2009）的研究阐明了水资源作为重要的自然资源之一，已被纳入全国规模的社会核算框架。Åkerman 和 Peltola（2012）探讨了自然资源核算的作用，通过对芬兰当地的能源资源生产决策分析，主张计算的合理性有助于自然资源政策的制定。

中国在资源核算方面也积极进行了探索，并取得了一定的研究成果。其中，国务院发展研究中心组织国内有关单位，与世界资源研究所开展的《自然资源核算及其纳入国民经济核算体系》课题研究，具有代表性。

生态补偿机制是以保护生态环境、促进人与自然和谐为目的，根据生态系统服务价值、生态保护成本、发展机会成本，综合运用行政和市场手段，调整生态环境保护和建设相关各方之间利益关系的环境经济政策。它主要针对区域性生态保护和环境污染防治领域，是一项具有经济激励作用、与“污染者付费”原则并存、基于“受益者付费和破坏者付费”原则的环境经济政策。中国的生态补偿机制开始于 1990 年，主要用来补偿森林生态效益。苑全治等（2010）以经济外部性理论为依据，以潍坊市为例，建立了区域耕地保护补偿机制的理论模型和经验模型，理论模型重点模拟区域耕地保护外部性的影响及对策，而经验模型则探讨了补偿的主体、补偿标准的计算、补偿方式、制度保障和机构设置；结果表明，在耕地保护外部效益得到补偿后，保护区的土地利用效益得到提升，其保护耕地的积极性也将随之提高，区域耕地保护外部性带来的耕地资源浪费和耕地保护效率缺失问题得到有效解决。牛海鹏（2011）在对耕地保护经济补偿机制内涵界定的基础上，提出了“农业保险+社会保障+实物技术货币一体化的区内经济补偿机制”和“基于上级政府调控和财政转移支付的耕地保护区际经济补偿协商机制”。Xie 等（2013）对江苏省水质进行简易测定，并对三个可能的生态补偿方案进行讨论，提出河流网络生态补偿方法，为经济快速发展和生态保护之间的平衡关系提供一个良好的示范。Chang 等（2014a）评估了中国目前生态补偿机制实施状况和存在的问题，总结了几个大型生态工程并审查了八大生态补偿机制试点单位，为提升生态补偿机制现状及其存在的问题提供了建设性的意见。

2.3.5 自然资源与经济增长

在理论上，自然资源的发现会增加社会财富的其他来源。根据 Solow（1956）、Manzano 和 Rigobon（2001）、Abadie 等（2011）的研究表明，在标准的经济增长模型中，自然资源的新发现会在相当长的时期内提高收入的水平。Mansoorian（1991）观察到资源丰富的国家往往积累着巨额债务，Sachs 和 Warner（1995）首先在这一方面做了实证研究；Manzano 和 Rigobon（2001）则为这种现象提出了一种启发性的证据；Sachs 和 Warner（2001）的实证研究表明，这种负面影响确实是实际存在的事实；Hausmann 和 Rigobon（2003）、Sala-i-Martin 和 Subramanian（2004）的研究，反映了石油和其他矿物资源对经济增长产生负面影响。Fearon（2005）对不同国家的研究显示，自然资源收入和当地武装冲突间存在正相关关系。Sachs（2007）认为，石油可以成为促进经济发展的重要资源。Weitzman（2009）把自然资源作为财富纳入综合国民收入核算。Sala-i-Martin 等（2004）发现国内生产总值（gross domestic product，GDP）的增长同自然资源的开采呈现出强烈的正相关关系，这一结果与 Brunnschweiler 和 Bulte（2008）、Alexeev 和 Conrad（2009）的实证研究结果一致。Papyrakis 和 Gerlagh（2007）在更深层次的研究中发现，美国资源丰富的州和资源相对匮乏的州之间，在经济发展上存在相当的差异。James 和 Aadland（2011）调查了美国的县级地区之间是否存在资源的负面影响。

综上，中国自然资源经济理论的产生背景是经济体制转型，在其发展的初期，研究内容、研究工具等都体现了其特殊性。然而，随着市场经济体制的日益完善和资源经济理论的进一步发展，以市场经济为基本假定的现代西方资源经济理论研究的前沿问题必然会在中国的资源经济中出现，从而成为中国资源经济研究的领域。同时，针对中国自然资源的实际国情及不完全的市场经济体制，自然资源市场化管理已成为中国资源经济理论研究的重点，并将继续发展下去。要形成完善的自然资源产权市场体系，还需要从政府规制、企业制度改革、市场交易制度完善及市场制度的两大支撑——法律制度建设和生态伦理建设上全面进行制度建设，许多理论问题还有待深入研究和解决。另外，作为中国资源经济研究的延续，在自然资源价值理论、资源安全和制度经济分析方面各有一些不同层次的问题尚需进一步研究。

2.4 自然资源管理的制度安排

自然资源管理是可持续发展概念中的核心问题之一，它是指国家对包括自然资源开发、利用和保护在内的经济活动的宏观管理，以实现资源和经济的协调发展。自然资源管理制度（正规和非正规的）的安排，在塑造人们与自然环境的互动关系及在自然资源管理的谈判进程中具有关键作用。钱丽苏（2004）的研究表明，尽管自然资源管理的总体目标倾向于减少资源开发利用过程中的负面影响，实现自然资源有效、持续的利用，但对于不同类型的资源，其内涵和目标也各有不同的侧重点。Poteete 和 Ostrom（2008）也指出，自然资源管理已成为资源经济学的一个重要的研究课题。中国作为正在崛起的新兴大国，面临着自然资源严重短缺、匮乏的现实。因此，学习和借鉴世界上其他发达国家的先进经验，有效经营、管理和利用好国家自然资源意义重大。Scoones 和 Graham（1994）认为，对自然资源管理利用模式包括开放式利用、协商共同利用和排他式利用三种。董海荣（2005）在对前人的研究中分析总结出四种资源管理制度：开放进入、国家集权管理制度、资源私有化管理制度和社区管理制度。

通过对上述文献进行综合分析，目前对于资源管理制度安排主要分为以下几类：政府集中管理制度、公众参与管理制度（市场、私有管理等）和以社区为基础的管理制度。

2.4.1 政府集中管理制度

蔡守秋（2006）研究表明，就政府集中管理的方法和手段而言，政府集中管理自然资源普遍采用的是运用法律、行政、经济等手段，对本国的各种自然资源及其开发利用活动进行管理。其目的是合理、有序地开发利用各种自然资源，充分发挥自然资源的社会、经济、资源和环境效益，同时协调和平衡各方面的长远和当前利益，以保护本国经济社会的可持续发展。Holmes-Watts 和 Watts（2008）表明从法律方法和手段来看，任何一个市场经济发达的国家，都有一套不断完善、内容全面、条文严谨、数量繁多、行之有效的各种自然资源法规体系；从行政方法和手段看，通过国家行政权力机关制定并颁布执行的各种自然资源的政策、决定、指令、规划、区划等文件，发挥着直接协调管理自然资源的作用；从经济方法和手段看，主要是通过一些经济手段，如税费、资助、补贴、信贷、价格评估、经济制裁等，按照经济规律调控与管理自然资源的开发利用活动。自 1998 年中国政府新一轮机构改革后，组建了国土资源部，集中统一履行土地、矿产、海洋等自然资源的规划、管理、保护与合理利用管理职能。至此，中国从陆地到海洋、从土地到矿产实行了集中统一管理。Fang 等（2010）的研究指出，这种资源管理模式的特点是将若干种联系较紧密的国土资源归到一个行政部门进行统一管理，以寻求在管理过程中，达到资源管理和利用的最优配置，达到综合效益最佳。张晓妮（2012）提出，各国在其政府中都设有专门的自然资源管理行政机构，同时制定一整套的政策法规，对自然资源进行强有力的、全面的管理。当然，由于各国的国情不同，自然资源的条件不一，自然资源管理部门从形式到内容均有各自的特色。徐生钰（2013）认为，自然资源政府集中管理制度是指由政府集中统一调配、管理、规划和使用自然资源。Dukhovny 等（2013）的研究表明，当今世界几个发达的资源大国基本侧重于在中央政府设立综合的资源管理部门，统一综合协调管理全国的自然资源；如美国、加拿大、澳大利亚、俄罗斯，这四个国家都是自然资源大国，政体上都实行联邦制，体制上基本实行资本主义市场经济，并且工业发达、科技先进。因此，王化楠（2013）指出，这些政府中自然资源管理机构的职能主要侧重于宏观上的综合协调、政策诱导、信息支持和市场调控，而具体的管理事务则分散给各州（省、区域）政府专业管理部门。

这种政府集中统一管理模式的优点是减少办事程序、提高办事效率、发挥资源开发利用综合效益。以美国为例，美国内政部不仅被赋予管理公共土地资源的基本职能，而且被赋予管理公共土地上的矿产资源，以及管理部分能源资源、森林资源、水资源和野生动物资源等职能。这就为美国合理开发利用国土资源、统筹规划、维护资源利用与生态和环境的平衡创造了条件。缺点是在某些特定时期，有可能对单种自然资源的充分发挥造成不利影响。

2.4.2 公众参与管理制度

随着世界经济的高速发展，市场与政府的调控机制已经无法发挥最优协调作用，因而公众参与作为一种合法参与决策、实施行为逐渐得到重视。早在 1979 年，美国环保署就在其颁布的法规中指出公众参与公共决策的重要性，并就公众会议咨询小组、许可证实施细则、财政资助协议等做出相应规定；2003 年美国环保署制定了公众参与政策，就促进公众参与提出了一系列要求。国内外学者，如 Smith 等（1999）、Enserink 和 Monnikhof（2003）在对森林资源、水资源、能源、矿产资源及再生资源的管理研究中，指出公众参与作为一种学习交流过程，有助于决策制定者更好的理解参与过程，有利于管理信息的搜集和共享，促进利益相关者直接参与计划和决策的制定。Wondolleck 等（1996）的研究提出，公众参与有利于提高自然资源管理决策制定的科学性和公平性，近年来政策制定者、专家或者利益代表者，开始逐渐在资源管理、规划等方面的公众决策中共同发挥着合作决策的作用。公众参与自然资源管理过程，体现出公众对自然资源的保护意识，参与式管理有助于培养公众可持续利用资源的价值观，使公众在参与过程中自觉意识到自然资源的稀缺性和保护资源的必要性。Friend 和 Coutts（2006）的研究指出，澳大利亚的 Grampians Wimmera Mallee 委员会致力于利用公共咨询给公众提供服务时，使公众获得参与决策的机会，然后自觉地参与循环用水战略的实施过程。Newig 等（2008）的研究表明，在奥地利圣珀尔腾，通过对女性参与者进行访谈来搜集有关利益相关者的动机和行为信息，逐渐改进原制定的公众参与水资源管理过程；通过焦点小组内的参与性讨论和情景工作团队的参与决策，使各利益相关者将公众参与讨论过程看作自愿参与过程，从而有利于水资源管理。Webler 等（2001）指出，管理委员会模式是西方国家在自然资源管理中经常采用的公众参与模式，管委会在公众参与过程中会提供顾问支持，公众通过参与管委会组织的论坛活动，将自己对自然资源管理的具体建议和想法呈交给管委会。

目前，发达国家公众参与自然资源管理模式呈现出参与行为的法律化、参与主导的非政府化、参与意识的增强化及参与主体的广泛化等特点；相比之下，发展中国家公众参与自然资源管理的模式则呈现出参与主导的政府化、参与意识的淡薄化和参与途径的单一化等特点。依据发起组织参与的主体不同，公众参与自然资源管理的具体模式和过程分为政府主导型参与、非政府主导型参与和公众自觉型参与。政府主导发起型参与模式，适用于关系到国家经济发展的大型资源的管理；非政府主导发起型参与模式，适用于公众多渠道多角度参与资源管理；公众自觉发起型参与模式，适用于生活资源管理。公众参与自然资源管理的模式是按照参与者对自然资源管理认知的重要性逐渐延伸，沿着政府主导发起型参与、非政府主导发起型参与、公众自觉发起型参与这一路径不断演进。

2.4.3　以社区为基础的管理制度

介于政府集中管理和以市场为导向的私人管理之间的第三条道路，是 CBNRM。传统的 CBNRM 是人们依靠传统的制度来管理自然资源。左停和苟天来（2005）的研究表明，由于受历史上的殖民化、政府的集权化、传统权威的弱化、人口增长和战争等的影响，传统的 CBNRM 已经缺乏有效的管理好资源的社区权威；现代的 CBNRM 则强调社区在管理自然资源中的重要性，并试图重新建立能够有效管理资源的条件。

以社区为基础的管理体系在管理的有效性、增加社区的影响、维护公平、发展生计、取得更好的管理效果、保护生物多样性、降低成本、取得更好的适应性、实现更有效的治理、推进采取更多公共管理措施等方面有着诸多优势；同时，社区集体行动能促进社区的信息交流、增强其抗风险能力、解决劳动力短缺问题，并能够帮助发展穷人的生计。Rai（2007）、Phuthego 和 Chanda（2004）认为，参与式资源保护过程主要有两种实践方法：一种是消极的参与式方法，也就是社区资源保护，这是把保护社区资源放在第一位；另一种是积极的参与式方法，把社区成员需求放在第一位，如董海荣等（2004）建立了农户参与森林资源管理影响因素的概念模型，包括农民的参与感知、当地的民主情况、地方认同感、参与态度、参与能力、参与行为等六个变量，并提出了对社区赋权、建立沟通的平台和渠道、能力建设等提高农民参与森林资源管理的相关建议。王建萍和凡得·郝斯特（2011）在以社区为主体的自然资源利用和环境保护模式下，以充足的社会资本、清晰的奖惩制度和强有力的执行机制为基础建立了一套透明、公开、民主和灵活的地方制度。Lin 和 Chang（2011）、Hibbard 和 Lurie（2012）、Tennent 和 Lockie（2013）分别对模型进行了实证分析和验证，对激发成员有效参与集体环境保护、解决地方层面的资源冲突和促进可持续的自然资源管理有重要意义。

社区资源保护强调的是保护区的完整性和野生动物及其栖息地的保护。Suich（2013）指出，这可以为社区居民在一定程度上提供新的收入方式，如通过生态旅游获取收入，或者允许当地人利用其中一些自然资源，但是这种保护模式通常是牺牲社区利益，而且实施成本很高。

与社区资源保护相比较而言，积极的参与式方法，即 CBNRM，旨在将大多数决策权和对重要资源的控制权转交给社区。Ogbaharyaa 和 Tecle（2010）认为，CBNRM 强调当地资源使用者在社区自然资源的管理和利用上应该扮演主要角色；从原则上来看，CBNRM 是基于一种民主理念，即认为利益会受到决策影响的人都应该参与决策过程，这也是诸多研究者和实践者认同它的基础。Thomas 等（1993）、Lauber 等（2008）都表明，在实践中，当地社区在识别资源、明确社区发展的优先权、选择采用适当的技术和实施管理方面应扮演主要角色。从目标来看，CBNRM 的实施可能有不同的针对性，但主要都是以自然资源的可持续利用、促进社会公正和减贫为目标，如在南非实施 CBNRM 就有两条出发主线：一是在实施野生动物保护和其他生物资源的保护过程中，因为非法猎取较多，于是采用 CBNRM 来促进当地社区居民与野生动物和谐共处，并参与阻止非法猎取行为；二是源于社会平等，大多数参与发展工作的人都属于 CBNRM 的支持者。Kamoto 等（2013）指出，其首要目的是要改变在资源获取当中的不公正以及农村贫困问题。

从上述的文献综述中可以看出，自然资源管理的制度安排具有多样性，各种管理制度都能够在自身适应的环境下，对自然资源的使用进行有效的控制和管理，但是其各有缺点。没有一种单纯的或国家或市场或社区的管理制度，能解决所有地区、所有自然资源的可持续管理问题。成功的自然资源可持续管理制度，都建立在与当地特殊的社会、经济、文化背景相适应的基础上，其制度选择是在“混合”环境知识（当地管理、政策经验与科学知识结合）指导下的三种制度模式的综合，或者选择性地偏重某一种制度模式，并特别强调其多样性、与当地制度（特别是非正式制度）的相互关联性、灵活性和动态适应性。

2.5　自然资源管理中的实证分析方法

事实上，自然资源的管理是人类一直以来都在参与和进行的一项社会活动。人类的生产活动都会或多或少地涉及自然资源的管理。进一步地，随着社会工业化进程的不断深入，各类资源问题也日益凸显，人类彼此间为了争夺资源而爆发的争端也层出不穷。因此在有限的资源背景下，为取得更好的社会建设成果，为人类社会的不断发展和进步做出更大的贡献，实行可持续发展的策略刻不容缓。肖笃宁和王连平（1993）、郝永志（1992）的研究提出，为了实现可持续发展，必须依托先进的科学知识，对自然资源进行科学而有效的管理。事实上，近年来邱建军和王道龙（2002）、周海林（2000）、朱连奇和高原（2009）、余江和叶林（2006）、孟维华等（2008）、孙慧（2009）都积极开展科学管理自然资源的研究，并且取得了一系列的丰硕成果。

2.5.1 传统的方法

自然资源管理通常会借助于自身领域或其他领域已有的较为成熟的先进方法作为自然资源管理的分析手段。

1. 条件价值评估方法

条件价值评估方法（contingent valuation method，CVM）最早由 Ciriacy-Wantrup（1947）提出，并且在 20 世纪 60 年代由于其契合不使用公式的理念而成为资源管理的主流方法之一，Venkatachalam（2004）对此方法进行了综述。近年来基于该方法成功解决了自然资源管理中的一些问题，如 Tyrvainen（2001）、Jim 和 Chen（2006）研究的城市空间绿化问题，Bateman 等（2006）的城市河流质量问题，Fosgerau 和 Bjørner（2006）的路面噪声问题，Atkins 和 Burdon（2006）的水质问题，Christie 等（2006）的生物多样性问题，Habbani 等（2006）、Johannesson 等（1996）、Mataria 等（2006）研究的健康问题，Dutta 等（2007）、Thompson 等（2002）的文化问题，以及 Stair 等（2006）的教育问题。

Venkatachalam（2004）通过回顾文献指出，条件价值评估方法的正确性和可靠性，已经开始受到各方质疑，其中，核心是条件价值评估方法的正确性问题。Brookshire 和 Coursey（1987）、Coursey 等（1987）、Hanemann（1991）的研究表明，支付意愿（willingness to pay，WTP）和受偿意愿（willingness to accept，WTA）之间的差距可能会非常巨大，并且 WTA 的价值总是高于 WTP。由于条件价值评估方法的理论基础表明，无论是通过 WTP 还是 WTA 都可以获得我们所需求的经济偏好，一些研究者指出，可以通过只研究利用 WTP 得到的偏好，来避免条件价值方法过程中 WTA 带来的偏差。然而，很多情境下如此简单化处理问题都是不恰当的。其他一些可能会影响到条件价值评估方法正确性的因素还有：隐含的物品或服务（即以其他的物品来作为衡量 WTP 和 WTA 的中介单位，这显然会影响到条件价值评估方法的准确度）、问卷问题的先后顺序、信息的充分程度、问题设计的角度、先验假设及调查策略所导致的偏差等。由上述内容可知，受访者提供信息的层级，对于依靠条件价值评估方法获取正确而积极的研究结果影响很大。然而尽管相关研究给出了一些确定最优信息水平的方法，但是其结论往往含糊不清甚至彼此矛盾。例如，Blomquist 和 Whitehead（1998）的研究认为，设计问题时提供充分而完整的信息有利于降低评价的不确定性。而对于条件价值评估方法可信度的争论，则主要集中在条件价值评估方法的研究结果是否能够得到预期的推广，以及能推广的程度。Kirchhoff 等（1997）认为，如果可以将条件价值评估方法的结果应用于实际环境问题中的预测与评价，那么将会极大地节约资源，从而创造出更多的财富。然而，即便是某些特定的最佳状态下，这种推广依然是无法令人信服。大多数条件价值评估方法的支持者认为，上述的问题主要是由于调研过程存在问题，并且可以通过优化调研结构而避免，如 Bateman 和 Turner（1993）就此给出了自己的建议。更进一步，MacMillan 等（2002，

2006）指出，单项、小规模的调研无法完整刻画不同环境的物品价值，因此建议将问卷调查同小组内问题讨论结合起来，并且应当让受访者在一定程度上参与到问卷设计中来，只有这样才能得到相对准确的结果。然而，对于一项小规模的研究项目而言，如果调研开始前需要综合考虑各种优化调研结构的建议，不仅将会大大增加研究成本，也未必能够相应的提高其研究结果的可信度。

进一步地，Heinzerling 和 Ackerman（2002）对条件价值评估方法的思想内涵提出了新的质疑。条件价值评估方法中的受访者，是假设自己是产品的消费者，继而给出他们关于被调查物品的偏好。该方法的第二个潜在假设是受访者在给出偏好时应当是完全独立，显然这也是不能够完全保证的。

2. 可持续经济福利指数

Daly 和 Cobb（1989）提出的可持续经济福利指数（index of sustainable economic welfare）、Progress（1995）提出的真实发展指数（genuine progress indicator）及 Lawn 和 Sanders（1999）提出的可持续净效益指数（sustainable net benefit index），均建立在 Nordhaus 和 Tobin（1972）、Zolåotas（1981）的研究工作基础之上。这三个可持续发展的计量工具框架，均是期望给出可持续经济福利的一个近似估计，从而替代 GDP 等不能很好体现人类真实福利水平的计算指标。这三个可持续发展的计量工具，通常基于国家层面进行测算，如 Clarke 和 Islam（2005）、Castañeda（1999）、Hamilton（1999）、Lawn 和 Sanders（1999）的研究，不过也有小部分研究是在城市、区域等较小规模层面上进行，如 Costanza 等（2004）、Pulselli 等（2006）、Progress（1995）的研究。考虑到这三种工具的相似性，将只对可持续经济福利指数进行相关的综述与总结。

测度可持续经济福利指数理论的方法是，首先在给定的一个收入不均衡的人口数量之下，权衡个人的支出水平；然后在特定人口数量下，依据事先给定的某些影响整体环境福利状态相关因素的货币价值，对第一步中得到的支出值进行或正或负的修改，以期望可以达到一个较为准确的数值。Daly 和 Cobb（1989）的研究总结了一系列影响整体社会福利状态的因素，包括耐用品消费量、环境污染、社会压力、业余时间、公共交通、失业率、犯罪率等社会、经济、环境因素等。正向增长的可持续经济福利指数，意味着整体的社会福利是向上发展的，表明社会在进步，文明在发展；而在资源利用方面，则表明该项资源利用手段是可持续发展的。然而，Dietz 和 Neumayer（2006）指出，由于数据计算手段、处理方式及考虑因素的不同，即便是同一个国家或地区的社会福利指数，在经由可持续经济福利指数计算后，也几乎不可能得到相似的结果。也就是说，极度的数据依赖性是可持续经济福利指数所存在极大的问题，如果研究者无法获取真实数据，那么最终的计算结果将很可能南辕北辙。因此，可持续经济福利指数只适用于基于国家层面进行计算。

3. 成本-效益分析

Ando 等（1998）的研究认为，通常情况下，实现某个特定的管理目标，需要很多个体或不同方面的共同努力，也因此会存在多个不同的实现手段，这些手段最终带来的成本也必然不同。进一步的，这种成本差异使得通过成本-效率（cost-effectiveness）分析所带来的成本有效提升的潜力也有所不同。Carlson 等（2000）的研究表明，若美国政府在二氧化硫的减排过程中加入排放许可权的交易以及相关补贴政策的话，相比只设立单一减排标准，可以节约 7 亿～8 亿美元的社会成本。

Strijker 等（2000）的研究阐明，所谓产品成本是指在实际的资源管理过程中为了达到某一管理目标而所需要付出的成本。Johst 等（2002）的研究表明，对于不同区域的牧场上的牧草，割草的时间不同，成本上会有差异，同时对于生态环境也有着不同概率的影响。另外，Varian 和 Repcheck（2010）、Van Kooten 和 Bulte（2000）认为，导致不同资源管理手段在资源管理涉及领域成本上存在空间差异性的重要原因，是实现管理过程所需要的管理资源的机会成本的差异性。Drechsler 和 Wätzold（2003）的研究指出，不同管理手段及涉及领域的成本和利益也会随着时间的变化而变化。资源管理成本的时间差异性变化，可能是由实现资源管理所需要的资源类型的机会成本的变化所致。Birner 和 Wittmer（2004）提出了一个资源及环境管理中成本-效益分析的基本框架。他们最初的工作是为了完成发展中国家政府在自然资源管理过程中的成本-效益分析的架构。Costello 和 Polasky（2004）的研究说明，土地作为商业用途的利润在过去远低于现在。其他导致时间差异性的原因还有劳动力机会成本的时间差异性，以及伴随某一管理手段的随时间变化的经济损失。Wätzold 和 Schwerdtner（2005）提出，在资源管理及管理政策的制定过程中，成本-效益问题还没得到应有的关注，其研究表明，管理资源过程中所需资源的机会成本差异性，是由资源的成本自适应于经济发展所致，其他导致资源管理手段成本空间差异性的因素还包括劳动力的机会成本差异及资源管理装备的有效性差异。

决策制定过程中的成本-效益优化，在制度经济学领域受到了一定的关注。Williamson（1998，1999）指出，尽管与决策过程成本-效率相关的部分概念已经得到很好的研究与发展，但其分析依然缺乏一个复合的整体框架。Birner 和 Wittmer（2004）指出，如果确立某个特殊的资源管理手段需要用到可能产生成本的信息，就产生了决策制定成本，如相关自然资源的科学研究、可能会成为实现既定资源管理目标障碍的隐含付费信息等。Kolstad（2000）提出，当监管部门希望对某一污染物制定排污标准时，生产者有极大的动机夸大该污染物治理成本，从而左右监管部门，使之制定一个较为松弛的排污标准。进一步地，Birner 和 Wittmer（2004）认为，在制定决策时，还应当充分考虑到由各种不可控外生因素导致决策不能完美执行所带来的“失效决策”潜在损失。

然而，即便成本-效率分析有着上述种种优势，在一些研究者看来，它依然存在很多不足。针对成本-效率分析的批评主要集中于成本-效率分析的评价体系、贴现理论及聚合比较体系。这些问题都极有可能导致基于成本-效率分析方法的自然资源管理实证研究结果产生偏差。

2.5.2 应用广泛的自然资源管理方法

1. 生命周期评价

Nilsson（2013）指出为了应对近年来气候的变化及其他一系列环境威胁和资源危机

日益凸显所带来的对可持续发展的威胁，所有的商业、个人、公共事务的管理及政策制定者，都必须将环境及资源的因素积极地整合纳入到其制定政策和进行管理的过程中去。为了实现目的，就需要搜集有关资源环境方面的各种各样的信息，由此各个领域的科研人员拓展了很多用于评价不同系统环境下环境影响及资源利用的工具，如 Finnveden 和 Moberg（2005）、Ness 等（2007）所做的研究。其中，生命周期评价方法（life cycle assessment，LCA）是一种同时考虑自然环境、人类健康与资源利用的复合评价方法，有着较为广泛的应用，其特点是从产品的全生命周期视角入手，而且其复合角度有效地避免了生命周期评价过程的问题迁移对评价结果的影响。当有关生命评价周期方法的论文，如 Guinée 等（1993）的研究成果在 20 世纪 90 年代第一次发表之后，生命周期评价方法迅速引起了相关科研人员的兴趣。然而尽管在当时生命周期评价方法被人们寄予了很高的期望，但是其早期的一些实证研究结果却总是遭到一些研究人员的批评。随着世界可持续发展理事会（World Business Council for Sustainable Development，WBCSD）等组织对生命周期评价方法的不断推广，以及相关科研从业人员的不断努力，如 Wenzel 等（1997）、Guinée 等（2002）的相关研究，生命周期评价的相关理论不断地完善，才得到了更为广泛的应用。

进一步地，Elkington（1998）认为资源的可持续利用同社会的可持续发展一样包含社会、经济、生态这三个维度。不论是在哪个维度考察资源利用问题，生命周期评价方法都可以有效地解决问题迁移而导致的困难，也正因此，在联合国环境规划署（United Nations Environment Programme，UNEP）等组织的指导下，社会-生命周期评价（Social-LCA）方法也逐渐地发展起来，其中比较有代表性的成果是 Jørgensen 等（2008）的研究。更进一步，Hunkeler 等（2008）的关于环境生命周期成本（environmental life cycle costing，Environmental LCC）的专著，系统介绍了环境生命周期成本法及其应用，使 Environmental LCC 也逐渐发展成为一个独立的指导资源管理的有效方法。随着资源管理人员对生命周期成本方法应用的深入探讨，他们也日益体会到生命周期成本方法在资源管理方面带来的好处。Vlek（2000）的研究表明，在资源管理过程中，运用生命周期成本方法可以有效解决复杂环境所带来的管理信息匮乏等问题。事实上，在一个资源管理的系统中，有很多信息并不是集中在系统的两端，全生命周期系统理论方法通过实现对管理系统缜密而细致的阶段分析，可以充分把握每一个阶段流入和流出管理系统的信息，进而实现资源管理及相关研究的优化，从而尽可能地保证研究结果的正确性与无偏性。

2. 数据包络分析

数据包络分析自 1978 年提出至今已有 30 多年的历史，它把单输入、单输出的工程效率的概念推广到多输入、多输出的同类决策单元的有效性评价中去，各个领域的研究人员很快注意到数据包络分析是一个分析数据特征的有效方法。由于数据包络分析无需任何权重假设等特性，其在较短的时期内就得到了广泛的应用，如 Charnes 等（1989）的城市经济状况分析等。事实上，数据包络分析的原型可以追溯到 1957 年 Farrell 在对英国农业生产力经行分析时提出的包络思想。此后，在运用和发展运筹学理论与实践的基础上，逐渐形成了主要依赖于线性规划技术，并常常用于经济定量分析的非参数方法。通过美国著名运筹学家 Charnes 等（1978）的努力，非参数方法以数据包络分析的形式在 20 世纪 80 年代初流行起来。因此数据包络分析有时也称为非参数方法或者 Farrell 型有效性分析法。

特别地，数据包络分析在应用于研究多输入、多输出的生产函数理论时，由于不需要预先估计参数，在避免主观因素和简化算法、减少误差等方面有着不可低估的优越性。作为一种理想的多目标决策方法，数据包络分析甚至大大丰富了微观经济中的生产函数理论及其应用技术，使得研究生产函数理论的主要技术手段由以参数方法为主发展到参数与非参数方法并重。

近年来，由于数据包络分析理论的不断完善，数据包络分析在越来越多的领域得到了广泛的运用，其中包括 Beasley（2003）、Lozano 和 Villa（2004）、Thanassoulis（1996）、Lozano 等（2011）的相关研究涉及的领域。特别地，随着人们逐渐意识到效率评价的实质有利于帮助资源管理者实现资源的优化配置，数据包络分析在资源管理领域也得到了进一步的运用，主要成果有 Asmild 等（2009）、Lozano 和 Villa（2005）、Amirteimoori 和 Tabar（2010）、Bi 等（2011）在资源管理领域的相关应用研究。总体来说，自然资源管理领域的数据包络分析相关研究主要有两个方面：一个方面假设决策单元的效率是不变的，如 Amirteimoori 和 Shafiei（2006）的相关文献；另一个方面则是假设决策单元的效率是变化的，包括 Beasley（2003）、Lozano 等（2009）的相关研究。特别地，Hadi-Vencheh 等（2008）还提出了一个逆向数据包络分析模型。Karabati 等（2001）则通过运用最小-最大求和目标函数，实现了对于离散资源配置问题的研究。而 Korhonen 和 Syrjänen（2004）通过效率分析与数据包络分析相结合的方法，完成了资源配置问题的研究。

国内的赵晨等（2013）选取农业用水量、工业用水量、生活用水量、化学需氧量（chemical oxygen demand，COD）排放总量、固定资产投资总额和从业人员数作为投入指标，GDP 和粮食产量作为产出指标，运用数据包络分析对江苏省的水资源利用效率进行了评价。其研究结果表明，在 DEA 无效年份中存在冗余，存在资源浪费和污染高排放的情况，可以通过 DEA 投影结果对其进行改进，实现资源的最优配置。罗慧等（2011）将数据包络分析法应用于陕西气象资源效率评估，计算了全省气象行业 2007～2009 年运行的综合效率值、技术效率值和规模效率值，得出综合效率和规模效率有所下降，而技术效率有所上升的结论。同时，他们也构造了基于面板数据的气象计量经济模型，对各影响效率的因素进行计量分析，得出气象服务用户群及公众满意度指数、农业产出 GDP 值占区域 GDP 总值的比重和资金投入强度与气象部门产出的综合效率值呈正相关关系，学术论文发表数量与综合效率值呈反向关系等结论，并据此提出了提升资源效率有效性的对策。魏楚和沈满洪（2007）运用 DEA 方法，构建出一个相对前沿的能源效率指标，与传统的能源生产率指标进行了比较，并结合中国省级层面 1995～2004 年的数据计算了各省份能源效率和四个区域（东北老工业基地、东部沿海地区、中部地区和西部地区）的地区能源效率。其研究表明，地区之间的能源效率差异基本上是逐渐减少的，其能源效率存在一定的趋同性。但是由于受模型限制，其研究无法分解出规模效率及能源效率的影响，也没有考虑人力资本和技术进步等因素。

在设定操作目标以实现经济、环境及自然资源可持续发展的过程中，潜在的节能与潜在 CO_2 减排的评估变得极其重要。这一评估可以通过数据包络分析来进行，基于不同决策单元的能源效率进行评价。非化石能源是中国能源消费的一个重要组成部分，其对能源效率和能源相关的二氧化碳排放有很大的影响。Bian 等（2013）提出了一种非径向的 DEA 模型来评价中国区域能源的效率，在这一模型中，非化石能源作为一个固定的输入，并且在此模型的基础上提出了一种测量潜在节能和提高 CO_2 减排效率的方法。此外，他们使用中国的一个区域数据实证研究了所提出的这一方法。

Alsharif 和 Fouad（2012）采用数据包络分析方法，比较湖泊在土地利用分类和水质上的不同。其研究结果发现，位于较小流域的湖泊，存在运输污染物的可能性较小，因此 DEA 在绩效评估方面表现较好。总的来说，DEA 作为一种评估工具，比较适用于以集水区土地利用为基础来比较湖泊环境。此外，Kanellopoulos 等（2012）认为只有考虑了农业管理和技术创新的影响，在气候变化、自然资源利用和粮食安全的背景下对农业的评估才是有效的。他们提出一种基于数据包络分析的方法，从大量可能的替代品中识别出可控的具有代表性的替代活动，该方法是对现有的、旨在为政策评估或用于未来研究识别和量化可选择活动的方法的补充。

数据包络分析法的优势在于：可以处理多指标的输入和输出，可以对无法价格化及难以确定权重的指标进行分析，无需事先假设生产函数的关系表达式从而避免了参数估计的问题，有助于揭示在其他方法中隐藏的关系，进而分析并量化每个评估单元低效率的根源。此外，宋马林等（2012a）的研究还认为，数据包络分析作为评估决策单元相对有效性的一种行之有效的非参数方法，也不需考虑投入与产出之间的函数关系，不需预先估计参数，甚至许多情况下不需设置任何权重假设，能够有效避免主观因素造成的误差。

但同时，数据包络分析法也有其不足之处。一方面，Zhang 等（2008）认为 DEA 测度需要大量的数据，因为它是在一个让数据“自己说话”的通用框架中对可比单元的相对效率进行评估，所以数据必须相对准确可靠，样本量也必须足够大。另一方面，数据包络分析的最大优势——对于不同环境压力的权重不需要任何先验信息，也是它的劣势之一。Kuosmanen 和 Kortelainen（2005）研究表明，许多情况下，最优的 DEA 权重会产生不合理的值：次要环境影响会被赋予大的权重，使那些通常被认为是可以忽略或者零权重的影响变得重要，在这种情况下，一些活动可能表现得有效率，尽管它们只是在单一的、相对不那么重要的准则里才表现良好。此外，Song 等（2012）指出，数据包络分析也没有考虑数据的不确定性，它不能对自然资源价值的分析结果进行统计推断，也不能给出统计意义上显著的评估价值。

3. CGE 模型

CGE 模型的设计思想是：在一组给定的价格下，根据生产者行为和生产要素的供给量，得到生产要素的价格及其在各个部门间的分配，从而决定各个部门的总产量，形成总供给。与此同时，就业量、价格等又决定了各种收入，形成对各部门产品的各种需求，构成总需求。高峰（1987）指出，模型的目标之一就是求出一组价格，使得产品总供给和总需求达到平衡。

CGE 模型包括三个显著特征，首先它是“一般的”，即对经济主体行为做了外在设定，这些经济主体遵循追求效用最大化或者成本最小化的决策原则；其次它是“均衡的”，模型中的许多价格由供求双方决定，价格变动最终使市场供给和需求实现均衡；最后，它是“可计算的”，即分析是可量化的。

Reid 等（2008）利用 CGE 模型对纳米比亚（Namibia）1988～2008 年的气候状况进行模拟，发现由于气候变化对自然资源本身的影响，纳米比亚地区每年的经济损失高达 GDP 的 5%。Banerjee 和 Alavalapati（2009）用静态的 CGE 模型来评估巴西亚马逊森林实施让步所产生的短期社会经济和环境影响，结果表明，家庭收入和私人消费随着森林让步而增加。高洪成和徐晓亮（2012）在资源税改革中引入资源价值补偿机制，并构建资源环境 CGE 模型，研究引入资源价值补偿对资源和环境的影响情况。通过模拟结果分析表明，在合理的资源价值补偿标准和政策下，引入资源价值补偿后能有效改善资源和环境状况，促进社会经济和环境资源的可持续发展。庞军和邹骥（2005）认为 CGE 模型是进行环境政策分析的理想工具，CGE 模型也是目前唯一有可能精确评估环境政策社会成本的分析手段，并指出 CGE 模型在分析环境政策社会成本的同时也应该考虑这些政策的社会效益，分析环境政策的分配效应，加强区域 CGE 模型在环境政策分析中的应用。

4. 基于其他方法的实证研究

除了上述回顾的自然资源管理研究方法外，相关科研人员还运用了其他一系列方法对自然资源管理进行了实证研究。例如，《贵州山区社区自然资源管理》课题组（1999）利用在农村资源研究中较为常用的农村快速评估法，系统地研究了贵州山区土地资源可持续利用的情况。而周景博（1999）、王凤春（1999）则利用比较分析法，系统研究了中国及美国不同的社会经济制度和政府手段对自然资源管理造成的影响。而舒基元和姜学民（1999）着重分析了资源代际管理对于自然资源管理的影响。

贝叶斯分析方法提供了一种计算假设概率的方法，这种方法是基于假设的先验概率、给定假设下观察到不同数据的概率及观察到的数据本身而得出的。具体为，将关于未知参数的先验信息与样本信息综合，再根据贝叶斯公式，得出后验信息，然后根据后验信息去推断未知参数。Hart 等（2006）认为，在对污染物流域进行管理时，最有效的方法是使用贝叶斯方法，该方法可以将基于现有过程的模型及基于良好数据的实证关系结合起来，使生态风险分析更加可靠、一致并且可重复。

Hayati 等（2009）通过多元回归分析的结果显示：年龄、家庭规模、与政府自然资源中心的距离、对环境的态度及扩展自然资源保护项目的需要等因素，直接影响自然资源保护项目的农民参与度，而诸如保护性知识和行为的因素，则对农民参与度产生间接影响，研究影响农民参与自然资源保护项目的因素，对环境决策的成功制定提供了重要的参考价值。

Gázquez-Abad 等（2011）运用 Logistic 回归分析了影响西班牙家庭节水行为的主要因素。Martínez-Fernández 等（2013）运用动态系统模型分析了地中海灌溉农业景观的可持续性。Matta 和 Alavalapati（2006）基于对印度泰米尔纳德邦的联合森林管理计划的实证分析，探讨了社区成员之间的集体行动观念的变化，并分析了影响其行为的因素。

由上述文献回顾可见，单纯地依托某一种自然资源管理研究方法往往很难得到令人满意的结果。事实上，所有的自然资源管理研究方法，其理论核心都是某一种数学建模。数学建模的过程，其实就是利用相关的数学知识在去掉影响程度较低的杂项后，在理想的假设环境下进行分析的过程。也就是说，任何现行的具有一定普遍意义的管理方法，都有其事实上的适用范围和局限性，所以应当另辟蹊径，尝试多种方法的复合，探寻一套行之有效，且颇具发展前景与潜力的方法。特别地，一些理论方法的相互结合已经在实践中发挥了作用，如 Vázquez-Rowe 等（2012）的相关研究。Iribarren 等（2010）的研究也进一步指出了生命周期评价方法同数据包络分析方法相结合的发展潜力。因此，我们认为在未来的自然资源管理的实证研究中，应当更多运用复合的理论方法，只有这样才能够更加准确地分析出自然资源管理过程中的得失，从而实现自然资源的优化利用和人类社会的可持续发展。

2.6 主要结论

通过对国际自然资源管理经验的研究，我们发现：①发达国家的资源管理模式各自具有不同的特点，其中资源产权管理、产业管理和生态管理结合的管理模式代表了未来的发展趋势。虽然具体表现不同，但在本质上具有一定的相通性，即越来越注重于协同、合作、综合或者统一的管理理念。②不少发展中国家和经济转轨国家，在确定本国的资源管理体制时，主要依据自己的国情和资源状况、生态压力等，以适度性为原则，不盲目扩张贪大求全。③完善的法律体系保障了资源综合管理的需求。依法制定和实施资源质量生态保护法律法规是发达国家实行资源数量质量和生态综合管理的共同做法。这些都告诉我们，中国的自然资源管理体制一方面必须立足于中国国情，但另一方面也需要向国际发展趋势方向前进。

自然资源管理作为中国可持续发展战略中重要的环节，正越来越得到重视。①众多研究表明，对于中国这样的人均资源占有率低的人口大国，长期依靠投资和出口拉动的经济增长方式消耗了大量的自然资源，对中国的自然资源系统构成了巨大的压力，使得实现自然资源高效管理显得尤为关键。②目前对中国自然资源管理整体状况的研究并不多，多数学者仅仅针对性研究自然资源某一子资源管理情况进行的研究。综合学者们的研究，可以认为，现行的自然资源管理体制可概括为大部分集中、个别分散的管理模式。这一管理模式不能满足自然资源实行集中统一管理的现实要求，亟须改革。

自然资源不仅要满足我们当代人的需求，还要满足未来人类的需要，这就要求我们对自然资源从经济学视角进行合理管理。自然资源管理中产权与外部性、定价和最优开采量、自然资源核算和生态补偿、资源税和补贴、自然资源与经济增长等都与经济学有着密切的联系。研究表明：①对于产权边界模糊而难以界定、外部性很大的自然资源，应继续以公共产权主体为所有者，但需要改变目前多部门分散管理的所有权结构，由统一的政府机构组织作为单一的所有者来管理，以减少相互危害的外部性。②自然资源定价就是根据价格理论确定自然资源价格，定价模型主要包括影子价格模型、边际机会成本模型、均衡价格模型、效益换算定价模型等。确定最优开采量不仅可以增大资源使用效率，还可以较少资源浪费，实现自然资源的可持续发展。③资源税的合理设置非常重要，资源税的征收，总的来说可以调节资源的级差收益，促进资源的合理开发，使资源产品的成本和价格能反映出其稀缺性，维护代际公平。一定范围内的补贴也将有助于帮助政府实现其政策目标。④如何将自然资源纳入国民经济核算体系，是目前资源经济学领域研究的重要问题之一。生态补偿是一项具有经济激励作用的环境经济政策，但在实际应用中存在一定的问题。⑤在标准的经济增长模型中，自然资源的新发现会在相当长的时期内提高收入的水平，且实证研究表明结果并不唯一。以上研究都说明，在自然资源利用和管理领域，经济学的分析手段是非常必要的。

自然资源的管理制度非常重要，一套适合当地资源情况的资源管理制度能够有效促进资源的可持续发展，而反过来一套不适合的资源管理体制则可能导致资源的快速耗竭。总结目前研究我们发现，对于资源管理制度安排主要分为以下几类：政府集中管理制度、基于市场管理制度和以社区为基础的管理制度。具体的研究表明：①政府集中管理模式的优点是减少办事程序、提高办事效率、发挥资源开发利用综合效益。②基于市场管理制度有助于决策制定者更好地理解参与过程，有利于管理信息的搜集和共享，促进利益相关者直接参与计划和决策的制定。③以社区为基础的管理制度有很多的优点，表现在管理的有效性、维护公平、降低成本、取得更好的适应性、实现更有效的治理、推进采取更多公共管理措施等方面。我们需要在前人研究的基础上，提出一套适合中国国情的自然资源管理体制。

为了能够实现经济的可持续发展，我们必须依托先进的经济学方法，对自然资源进行科学而有效的管理。研究表明，传统的方法具有一定的效果，但也存在缺陷。比如，CVM 法应用范围很广，但评估方法的正确性和可靠性受到质疑。可持续经济福利指数可以给出福利的一个近似估计，从而替代如 GDP 等不能够很好体现人类真实福利水平的度量标准，但其在扩大范围区域计算时显得不够精确。成本-效益分析是经济学中最基本的分析手段之一，但在自然资源管理上应用时需要许多相关的生态学、经济学、管理学及其他一些学科的知识，这种跨学科的应用制约了其发展。文献也表明，新的研究方法正在蓬勃发展。随着人们逐渐意识到效率评价的实质有利于帮助资源管理者实现资源的优化配置，数据包络分析在资源管理领域得到了进一步的运用。可计算一般均衡模型是进行环境政策分析的理想工具，也是有可能精确评估环境政策社会成本的一种分析手段。随着计量经济学模型的发展，也产生了一系列可以用于自然资源领域的工具。我们将根据适用性，利用传统和现代的各种经济学分析方法，对自然资源管理体制改革进行评价和实证研究。

第3章　中国土地资源利用效率分析

土地资源是人类赖以生存和发展的基本生产资料和劳动对象，主要供农业、林业、牧业及其他生产活动。我国土地资源总量较大，占世界陆地面积的1/15左右，位居世界第三，但人均占有量少，人地矛盾将是今后发展中的关注重点。新中国成立后的土地改革运动，施行农民土地私有制，调动了农民的积极性，极大地解放了农业生产力，使当时的社会经济得到了快速的恢复与发展。但是，由于生产技术的落后，土地资源的开发利用尚未完善，使用效率相对较低。改革开放后，经济的快速发展加大了对土地资源的需求量，耕地占用问题严重，土地资源状况不是十分乐观，土地发展规划问题面临着新时期的又一挑战。

3.1　中国土地资源概况

土地资源是一个国家经济发展的基本要素，对土地结构的现实情况的了解，有助于国家对土地进行合理规划，提高土地利用效率，迎合新时代可持续发展的要求。我国国土总面积960万平方千米，土地资源的分类主要有两种：一种是按具体的地形对土地资源进行分类，展示了土地利用的自然基础，可将其分为山地、高原、盆地、平原、丘陵五类。其中，山地比较适合发展林牧业，平原和盆地则比较适合发展耕作业，而丘陵地区由于其地形崎岖不平，特别是靠近山地和平原的丘陵地区，水源充沛，适合种植各种经济树木以及果树的栽培，这样就可以克服地形、气候的影响，是地区经济得到较好的发展。另一种是按土地利用的特征来分，主要可以将其分为耕地、林地、草地、内陆水域面积和其他类利用地。表3-1为我国不同类型土地资源的具体情况。

表3-1　我国不同类型土地资源状况

分类依据		面积	占比/%
按地形分/万平方千米	山地	320	33.33
	高原	250	26.04
	盆地	180	18.75
	平原	115	11.98
	丘陵	95	9.9
按特征分/万公顷	耕地	12 172	12.68
	林地	30 590	31.86
	草地	39 283	40.92
	内陆水域面积	1 747	1.82
	其他	12 208	12.72

从图 3-1 看出，我国的国土资源主要以山地、高原为主，二者面积达到总面积的59.37%，这两类地区的地形和气候对地区经济的发展有所限制，另外，适合发展果林业的丘陵地区占总面积的 9.9%，适合发展耕作业盆地和平原分别占总面积 18.75%和11.98%，共达 30.73%。由此看来，地形条件一定程度上决定了地区经济发展的速度与进程，合理规划土地、提高土地质量才能放大土地利用效益。

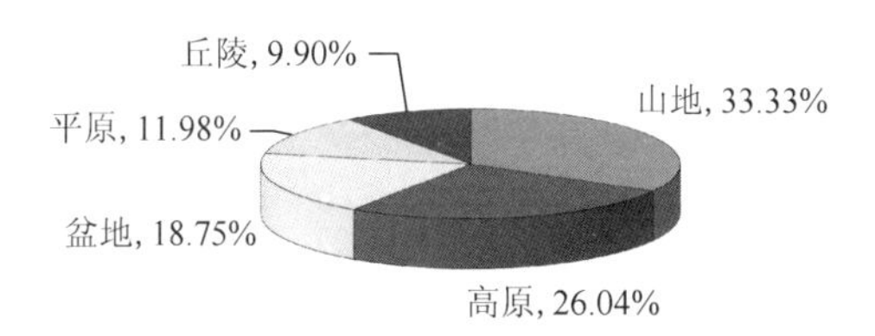

图 3-1 按地形分中国国土资源分布情况

从图 3-2 同样可以看出，我国耕地面积并不是太富裕，仅占总面积 12.68%，近年来工业化、城镇化的发展不仅占用耕地面积，而且破坏了土地质量，这将影响到我国作物的产量，而我国是一个人口大国，这必将影响到我国的粮食安全问题。发展是一个长期的过程，应注重发展的可持续性，因此，耕地面积占用问题亟待解决，土地整治工作需进一步加强。另外，土地的不可替代性与有限性更加突显出气资源的宝贵性，为保障土地市场的平稳运行，必须加强对全国土地利用情况的监控分析工作。

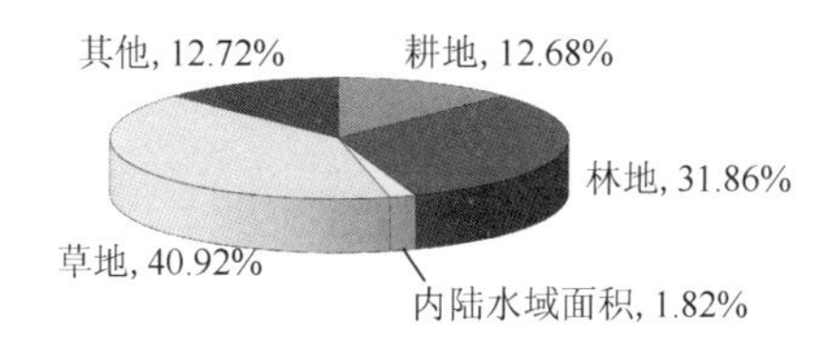

图 3-2 按特征分中国国土资源分布情况

根据查阅到的资料，截至 2013 年年底，全国共有农用地 64 616.84 万公顷，占总面积的 68.1%，包括的主要农用地耕地 13 516.34 万公顷、园地 1445.46 万公顷、林地 25 325.39 万公顷、牧草地 21 951.39 万公顷；建设用地 3745.64 万公顷，占总面积的 4%，建设用地中城镇村及工矿用地达到 3060.73 万公顷；另外，未利用土地率达到 27.9%。图 3-3 是我国 2013 年土地利用分布情况，图中直观地反映了各类用地情况，可以看出：农用地在我国土地利用中占了 2/3 左右，这与我国的基本国情相符，我国是一个人口大国、农业大国，在推进土地整治的过程中，仍应严守 18 亿亩[①]耕地红线，这对我国的粮食安全问题至关重要；建设用地占总面积的 4%，较上年 3.9%有所增长，与近年来城镇化工作的推进相吻合；未利用地占总面积 27.9%，说明我国应积极土地利用规划工作，实施土地整治管理，以提高土地利用效率。

① 1 亩≈666.7 平方米。

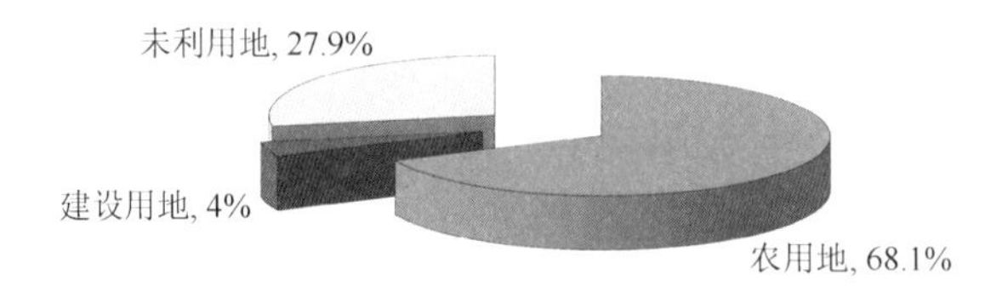

图 3-3　2013 年中国土地利用分布情况

资源短缺是 21 世纪经济发展面临的一项重大挑战。土地资源是稀缺的，土地利用效率研究对我国可持续发展的实现具有重大的现实意义。首先，它与集约型社会建设的目标相一致，都是在相对较少的资源消耗前提下以更大的经济产出和社会产出，提高资源的利用效率，保护、集约合理利用资源；其次，“三农”问题归根结底是农业用地的问题，通过研究土地利用效率有助于“三农”问题解决，是构建社会主义和谐社会的重要举措，是构建社会主义和谐社会的关键所在；最后，借助于对土地利用效率评价研究得到的结论，可以为我国土地资源管理部门提供相关的依据，有助于土地政策的完善，提高土地资源利用效率。

土地资源是保障经济发展社会进步的基础资源。随着社会经济的不断发展，城市化进程的快速推进，城市规模的逐步扩大必然会导致农业用地非农化的发展趋势，而且对土地资源的需求也会日益增加，因此，积极响应国家建设集约型社会的号召，坚持科学发展观，建立合理的用地管理决策体系，促进我国土地资源的合理利用和管理，转变粗放的土地利用方式，力图使用有限的土地资源创造出最大的经济产出及社会产出，由此可见关于土地利用效率评价的研究是十分必要的。

3.2　中国城市土地利用分析

本节围绕城市土地利用效率，以中国 31 个省份的建成区土地利用为研究对象，利用数据包络分析方法对各省份 2010～2013 年的城市土地利用效率进行评价分析。研究发现我国各省份城市土地利用效率水平有较大提高，部分省份仍存在不足之处，投入冗余与产出不足现象有待进一步改进，并提出集约用地、优化土地结构、控制用地总量、严格执行土地使用的相关规定，以提高我国城市土地利用效率，有效协调好我国经济发展与土地资源保护之间的关系。

3.2.1　引言

土地资源作为农业生产和的社会生产基本生产资料，是一切生产的源泉。一方面，土地是农业生产的物质基础，自古以来我国便是一个农业大国，截至目前，我国农民占比依然过半，中国农业的未来和发展对中国的未来和发展仍有着不可忽视的影响力，但我国大部分地区的农业生产技术仍然比较落后，土地产出效率不高，农业现代化的实现是提高农用地效率的有效途径。另一方面，城镇化进程地不断推进促进了我国的经济发展，特别是改革开放后，城镇化进入了高速发展阶段，吸收了大量的农村剩余劳动力，带动农村发展，提高整体发展水平，但这种全国范围内的城市改造建设消耗了大量的土地，使我国资源短缺问题愈发紧张，并且很多地区出现过度占用农用耕地进行城建及建成区房屋空置现象，加剧了耕地资源非农化的转移速度，引起土地资源的严重浪费。此外，土地规划利用的不合理加剧了水土流失等问题，这对我国生态环境现状又将施加一份压力。

土地资源的有限性制约着经济的发展，如何提高土地利用效率成为未来经济发展中的热点问题。改革开放以来，我国在土地评价方面已做出了大量的研究工作，在评价理论、方法和应用上都去的了一定的成果。传统的土地评价主要围绕农林牧业用地方面的评价，在土地资源潜力评价与土地资源适用性评价等方面取得一定的成果，但是日益恶化的环境问题使得土地资源退化加剧，传统的土地评价无法满足我国可持续发展的理念，要全面考虑土地资源的自然因素、经济因素和社会因素，深入土地资源可持续利用评价，重视土地资源保护问题。近年来随着我国工业化和城镇化的快速推进，土地资源对经济发展的制约日益突出，更要求我们同时从质和量两个方面进行城市土地资源的优化配置，提高土地利用的集约程度。

土地资源制约着中国经济的未来发展，在城市建设中提高土地利用效率的是解决这一问题的有效途径。本章首先分析土地资源的利用现状及土地利用评价的尚且存在的问题；然后，通过城市土地利用效率的相关理论成果进行研究分析，针对其中的不足之处，考虑土地利用的经济产出、社会产出和环境产出，构建投入产出评价指标体系进行综合评价，进而建立起中国省级城市土地利用效率评价模型，根据各省份测算出的效率指标从空间和时间上分别进行土地利用的整体评价，并对其中的典型城市进行重点分析；最后，对前文进行分析总结，并根据相关结论提出可行的建议，以提高土地资源的利用效率，实现土地的可持续利用。

3.2.2　文献回顾

资源问题是现阶段人类社会面临的重要挑战，近年来，土地利用研究主要集中于土地利用效率的评价以实现土地资源结构的优化、配置、集约利用等。其中，Sui（1998）认为土地的集约利用及土地利用结构的不断优化能够有效提高城市土地的利用效率；Chafer 和 Wright（1994）等分析了地价、政策等因素对土地利用的影响情况，为土地利用的优化配置提供相关政策建议。

土地适宜性的研究在土地利用评价中相对较早，适宜性评价包括农民主导的土地适宜性评价和专家主导的土地适宜性评价，这两个系统都存在各自的优缺点，Kalogirou（2002）、Cools 等（2003）将农民与土地资源专家两个体系整合在一个地理信息系统（geogracphic information system，GIS）中参与土地评估，以实现土地适宜性评价模型，使原有的两种评价系统得到互补，促进了新的土地管理建议与土地利用制度的产生。Malczewski（2004）基于 GIS 分析了土地利用的适宜性问题，并认为 GIS 在土地利用方面具有较好的规划发展作用。随后，Malczewski（2006）在地理信息系统理论基础上加入有序加权平均（ordered weighted averaging，OWA）算子继续对土地利用的适宜性进行分析，通过改变 OWA-GIS 模型中的参数可以有效生成各种决策和方案。

土地是社会经济发展的空间载体，土地利用对经济发展有着十分重要的作用。但如今，经济发展给资源环境造成的威胁已经成为全人类都十分关注的话题，对土地利用评价的研究也越来越多。Fang 等（2013）基于数据包络分析方法通过人口规模和地理位置因素研究城市土地利用效率，结果表明在高密度人口的城市群由于产业集聚的原因其经济增长也相对较快，然而对生态环境所造成的威胁也是十分显著的，He 和 Huo（2012）的研究中也指出适度的扩大城镇规模才能有助于加强集聚经济效应，提高土地利用效率，而在近年来的城市建设中，用地空置和低效用地的现象屡见不鲜，这对土地利用产生了非常大的负面影响。Chen 等（2016）在对中国 336 个城市建设用地的效率的研究中发现，大部分城市的建设用地投入产出效率都比较低，一半以上城市出现建设用地投入过多，造成资源的浪费。此外，城市化进程的快速推进引起了人口频繁流动，促使城市土地利用空间更广泛，Luo 和 Wu（2015）在对浙江省 69 个县的相关研究中发现，流动人口偏移并没有随人均 GDP 呈线性发展趋势，从而使各县城市土地利用产生差异，今后的发展要平衡城市人口与城市用地扩张。

此外，还有很多学者通过不同的方法评价了土地利用效率，为土地规划管理提供了有效的政策。例如，Verburg 等（2002）基于区域尺度的 clue-s 模型解决了土地利用方式，实现土地利用布局的整体优化，并以菲律宾和马来西亚为例对该模型进行了验证，提出土地利用对环境变化起着至关重要的作用。Pauleit 等（2005）、Braimoh 和 Onishi（2007）利用遥感技术对城市土地利用、覆盖变化进行相关分析，并做出解释。Cui 和 Wang（2015）通过典型相关分析（canonical correlation analysis，CCA）探讨土地利用变化社会代谢流之间的关系，为城市规划和土地管理提供新的思路和方法。Mosadeghi 等（2015）通过层次分析法（analytic hierarchy process，AHP）和模糊 AHP 研究了土地适宜性问题。Wang 和 Zhang（2013）采用多元线性回归模型和主成分分析方法来研究了河南省耕地资源利用效率。Zhou（2015）对模糊机会约束规划下的土地使用分配进行研究，为不同污染物环境容量系统的土地使用政策制定提供帮助。Beames 等（2015）利用生命周期评价的方法考虑土地利用的生态影响评价。Miao 和 Zhu（2013）用 DEA-BCC 模型和 Malmquist 指数衡量中国的土地利用效率。Xie 和 Wang（2015）基于疏松变量测度（slacks-based measure，SBM）模型首先分析了城市工业用地利用效率的空间差异性，然后，使用 Malmquist 生产率指数的做法考察了城市工业用地的全要素生产率。

通过数据包络分析方法来研究土地利用效率，其考虑了系统中其他投入要素共同作用及要素间的相互影响，更加全面地分析了土地利用效率，有利于合理、准确地做出评价。本章立足于我国各省份在城市化进程中城市土地利用的基本情况，分析各省份的城市土地利用效率，得出我国各省份的城市土地资源利用效率的总体评价，并找出影响因素，提出相关的建议政策，实现我国城市化持续健康发展。

3.2.3　中国城市土地利用效率分析

1. 指标选取与数据来源

本章以我国 31 个省份为研究对象，分析各省份的城市建设土地利用效率，结合当前我国经济发展的阶段与土地利用方面的实际情况，并考虑到指标选取的合理性、可得性，投入指标将从土地、劳动、资本三个要素出发，而产出指标除考虑经济产出外还将考虑环境产出。对于投入指标中的土地要素投入用城市建设面积来表示，反映了我国在城市建设中的土地投入总量；劳动力投入用第二、第三产业从业人员人数来表示，考虑到本章主要是对城市土地利用效率的研究，而第一产业主要为农林牧渔业，所以在这里排除第一产业从业人员数；资本投入选取固定资产投资和财政支出两个指标来衡量，固定资产投资能够反映各阶段经济活动中建造和购置的情况，借以综合地反映城市土地利用中固定资产投入的规模、速度、比例和使用方向。对于产出指标，选取第二、第三产业产值及人均 GDP 和财政收入表示经济产出，因为在城市建设中，主要是以工业和服务业发展为主，选择第二、第三产业产值更能反映城市的经济发展水平与经济实力，人均 GDP 则客观地衡量了各个城市的经济发展状况，反映城市建设各阶段的居民生活水平，而财政收入的主要来源是通过税收这一渠道，从而能够较好地反映各城市的行业发展状况；环境产出选用城市绿地面积来反映，城市绿面积包括园林和绿化的各种绿地面积，该指标能较好地反映城市的总体规划情况。另外，本章所有的数据均来自 2010～2013 年的《中国统计年鉴》和《中国城市建设统计年鉴》。

2. 效率测算

1）研究方法

DEA 是 Charnes，Cooper 和 Rhodes 在 1978 年最先提出的一种用于评价经济系统生产前沿面相对有效性的非参数方法，该方法在相对效率概念的基础上，根据多项输入指标和多项输出指标，利用凸分析和线形规划，对决策单元的相对有效性和相对效益进行评价，并使用 DEA 进行效率评价。该方法对研究对象的多个相关指标进行考虑并计算出其综合效率，有利于客观而有效地对事物进行评价，又由于在现实生活中并不能保证每一经济主体都在固定的规模报酬下生产经营，本章采用 DEA 方法中的规模报酬可变的 BCC 模型对中国城市土地利用效率进行测度。

DEA 方法中的 BCC 模型将规模报酬因素考虑到模型中，将技术效率分解成纯技术效率和规模效率，分别从是否 DEA 有效和是否规模有效两个角度研究各个城市的城市土地利用效率，基本模型见式（3-1）。

$$
\min \eta
$$

$$
\text{s.t.}\begin{cases}
\sum\limits_{j=1}^{n} \lambda_i x_i + s^- = \eta x_0 \\
\sum\limits_{j=1}^{n} \lambda_i y_i - s^+ = y_0 \\
\lambda_i \geqslant 0, s^+ \geqslant 0, s^- \geqslant 0 \\
\sum\limits_{i=1}^{n} \lambda_i = 1
\end{cases} \tag{3-1}
$$

2）中国各省份城市土地利用效率分析

以中国 31 个省份 2009～2013 年的数据为研究对象，利用 DEAP2.1 软件中的 CCR 模型分析各省份土地利用效率的有效性，得到历年城市建设土地利用的综合效率值，结果见表 3-2。

表 3-2　各省份城市建设土地利用技术效率

地区	2010 年	2011 年	2012 年	2013 年	地区	2010 年	2011 年	2012 年	2013 年
北京	0.972	1	0.811	0.819	湖北	1	1	1	1
天津	1	1	1	1	湖南	1	0.973	0.983	1
河北	1	0.966	0.975	1	广东	1	1	1	1
山西	1	1	0.967	0.966	广西	1	1	1	0.955
内蒙古	0.823	0.833	0.773	0.827	海南	0.885	0.899	0.83	0.842
辽宁	0.925	0.961	0.902	0.899	重庆	0.971	1	1	1
吉林	1	0.908	0.911	1	四川	1	1	1	1
黑龙江	1	1	1	1	贵州	0.751	0.991	0.959	1
上海	0.856	0.987	0.961	0.958	云南	0.94	0.973	0.916	0.904
江苏	0.834	0.812	0.809	0.823	西藏	1	1	1	1
浙江	0.95	0.892	0.764	0.739	陕西	1	1	1	1
安徽	1	1	1	1	甘肃	1	1	1	1
福建	0.857	0.975	0.842	0.787	青海	1	1	0.967	1
江西	1	0.946	0.965	1	宁夏	1	1	1	1
山东	1	1	1	1	新疆	1	1	1	1
河南	1	1	1	1					

通过表 3-2 测算的效率发现，在 2010～2013 年中国城市土地利用综合效率的整体水平较高。31 个省份中，天津、黑龙江、安徽等在内的 13 个省份的效率值在近几年里均为 1，说明其城市建设土地利用较其他省份相对 DEA 有效，而浙江的城市土地利用效率在这几年中逐年下降，2013 年的效率值为 0.739，达到近几年浙江城市建设用地效率最低，也是在 31 个省份中最低，这可能受其城镇化发展的影响，城镇化给当地经济带来增长的同时也带来了许多问题，“城中村”就是其城镇化推进中引发的新问题，这使得城镇化过程中的土地开发利用集聚不足、土地利用粗放，造成土地资源流失，效益低下。目前，我国土地集聚较为集中的主要是珠三角、长三角、京津冀这三个区域，通过对比分析也可以看出，隶属于长江三角洲的上海、江苏、浙江的城市建设土地效率较另两个地区低，在今后的城市建设中，长三角地区应该更加注重土地开发的集中程度，切合地区实际情况，提高土地利用效率。

3）规模报酬可变的土地利用效率分析

为具体分析各省份城市土地利用是否有效，本节将利用规模报酬可变的 BCC 模型对我国 31 个省份的效率进行测算，所用到的数据为 2013 年各省份的截面数据，选取的指标依然沿用上节所使用的指标，得到各省份的综合技术效率（TE）、纯技术效率（PTE）、规模效率（SE）及各省份投入产出的冗余情况，便于提出改进情况，以便于改进该省份城市建设土地的使用效率。这里，笔者根据计算出的结果进行归纳整理，列示了非 DEA 有效省份的松弛变量情况及其规模状态，DEA 有效的省份将不予列出，结果见表 3-3。

表 3-3　城市土地利用效率的 BCC 模型结果

地区	山西	内蒙古	浙江	福建	广西	海南	云南
TE	0.97	0.83	0.74	0.79	0.96	0.84	0.90
PTE	0.97	0.91	0.84	0.80	0.98	0.85	0.98
SE	0.99	0.91	0.88	0.98	0.97	1.00	0.92
s_1^-	−1 153.11	−4 252.27	−20 226.46	−11 352.86	−26 365.76	−2 662.77	−572.21
s_2^-	−375.26	−1 313.01	−5 657.77	−3 906.26	−200.09	−368.63	−1 125.79
s_3^-	−1 104.44	−36 553.89	−30 691.65	−20 439.19	−3 213.30	−7 862.38	−411.18
s_4^-	−2 256 138.03	−1 334 419.90	−10 207 019.94	−4 761 406.71	−168 103.04	−237 885.91	−1 130 718.33
s_1^+	0	0	0	0	35.46	0	0.72
s_2^+	0	277.68	0	0	92.60	2.23	20.48
s_3^-	5 468 979.14	0	41 581 151.10	0	0	0	30 986 634.64
s_4^-	303 035.02	1 622 873.59	6 967 419.50	5 107 564.04	0	1 124 971.22	0
规模状态	—	drs	drs	drs	drs	irs	irs

注：TE=PTE×SE。drs：decreasing return scale，规模报酬递减。irs：increasing return scale，规模报酬递增

在表 3-3 中，我们了解到山西、内蒙古、浙江、福建、广西、海南和云南这 7 个省份的土地利用的技术效率和规模效率都小于 1，均为非有效状态，且大部分生风处于规模报酬递减阶段，要提高这些省份的土地利用效率必须同时考虑到要素的投入比重和投入规模。从松弛变量来看，这 7 个省份的投入均存在不同程度的冗余，说明其城市建设的速度过快，与该城市的经济发展不协调，过快的城市化怕破坏了产业结构，降低了资源配置的效率。此外，这 7 个省份的各项产出也并没有达到理想目标值，人均 GDP 与财政收入这两个指标的产出不足较为严重，尤其是财政收入。所以，将资源进行合理配置，使得收益最大化，提高建设用地利用效率是今后城市建设的重中之重。

3.2.4　结论和建议

快速推进城镇化加剧了土地资源供应不足的现象，城市土地利用效率的提高直接影响

到中国可持续发展战略目标的实现。本节通过对中国 31 个省份城市土地利用效率的实证分析，并认为中国 31 个省份的城市土地利用效率的整体水平已经有很大提高，个别省份仍需合理规划，提高土地利用效率。例如，长三角地区的上海、江苏、浙江，城镇化速度在全国范围内都处于领先行列，城市规模的扩张与经济发展较快，但近年来其城市土地利用效率有所下降，特别是浙江省，其城镇化发展过程中出现的“城中村”现象，给当地经济的发展带来一系列的问题。另外，2013 年中国 31 个省份城市土地利用的 BCC 模型结果表明，在 7 个非 DEA 有效的省份中，存在投入冗余和产出不足情况，对各指标进行适当的改进，有利于土地利用效率的进一步提高，在之后的经济发展中，要更加注重资源的合理配置，提高利用效率。

针对近年来我国城市建设中土地利用的实际情况，本书认为，今后的土地利用应注意的地方有以下几方面。

第一，合理规划建设，土地集中利用。土地资源是城市建设的关键要素，而在我国城镇化推进过程中，土地开发集聚不足的问题十分明显，且土地利用粗放，导致经济效益低下，资源严重浪费。因此，要提高城市土地利用效率，必须合理规划城市建设，建设紧凑型城市，提高土地集约度，避免土地破坏与闲置。

第二，控制城市建设用地，开发潜在资源。我国在城市建设中占用了大量的耕地，一旦粮食供应出现问题，将严重影响到我国的粮食安全与社会稳定。因此，我们要控制城市建设用地，保障基本农业耕地面积，开发地下潜在资源，实现城市用地科学使用。

第三，制定用地标准，实现科学建设。土地资源是人类生存发展的根本，宽松的土地政策法规使得土地资源浪费严重、效率不高，国家应合理制定用地标准，切实落实土地资源供应与利用方式的相关措施，统筹经济发展与土地资源保护，实现社会的可持续发展。切实落实土地利用相关政策规定，解决人地矛盾，实现土地的可持续利用与经济的可持续发展。

3.3 中国农村土地利用分析

3.3.1 农村土地现状

改革开放以来，我国经济不断发展，人民生活水平得到较大的改善，但同时也带来许多问题。一方面，工业化的快速发展带来了严重的环境问题，破坏了农地质量，导致农作物的产量与质量下降；另一方面，随着城镇化的快速推进，农用地面积遭到了极大的破坏。目前，我国正处于经济发展转型的关键时期，各项建设大量占用农用地，农用地非农化现象严重，原本匮乏的农用地资源愈显紧张。经济发展在提高人们生活水平的同时，通过加大人们对农产品的需求引致对农用地的需求增加，因此农用地的投入量与需求量之间的平衡也是我国土地利用及管理所要解决的关键问题之一。

农用地非农化现象日趋严重，表 3-4 中显示了我国 2001～2013 年的耕地面积情况，近年来农用地面积较以往年份虽有所增加，但自 2009 年开始基本呈现逐年减少趋势，通过图 3-4 可以明显看出其减少的趋势。其中，2013 年，全国耕地面积减少 35.47 万公顷，主要由建设占用、灾毁、生态退耕、农业结构调整等原因造成，通过土地整治、农业结构调整等使耕地面积增加了 35.96 万公顷，年内净增加耕地面积 0.49 万公顷。可见土地整治措施初见成效，土地保护工作有待进一步加强。因此，加强土地整治、调整农业结构刻不容缓，也是坚守 18 亿亩耕地红线的必然选择。另外，2001～2008 年减耕地面积逐年递减，减少量达到 590 万公顷，2009 年耕地面积增加了 1366.9 万公顷，随后的几年又呈现递减趋势，并且通过图 3-5 可以更加清晰地看出两个时期的递减变化。因此，土地政治管理是一项长期的工作，需要坚持不懈的努力。

表 3-4　2001 ~ 2013 年我国耕地面积情况

年份	耕地面积/万公顷	人口/万人	人均耕地面积/（公顷/人）
2001	12 761.6	127 627	0.100
2002	12 593.0	128 453	0.098
2003	12 339.2	129 227	0.095
2004	12 244.4	129 988	0.094
2005	12 208.3	130 756	0.093
2006	12 177.6	131 448	0.093
2007	12 174.0	132 129	0.092
2008	12 171.6	132 802	0.092
2009	13 538.5	133 450	0.101
2010	13 526.8	134 091	0.101
2011	13 523.9	134 735	0.100
2012	13 515.9	135 404	0.100
2013	13 516.3	136 072	0.099

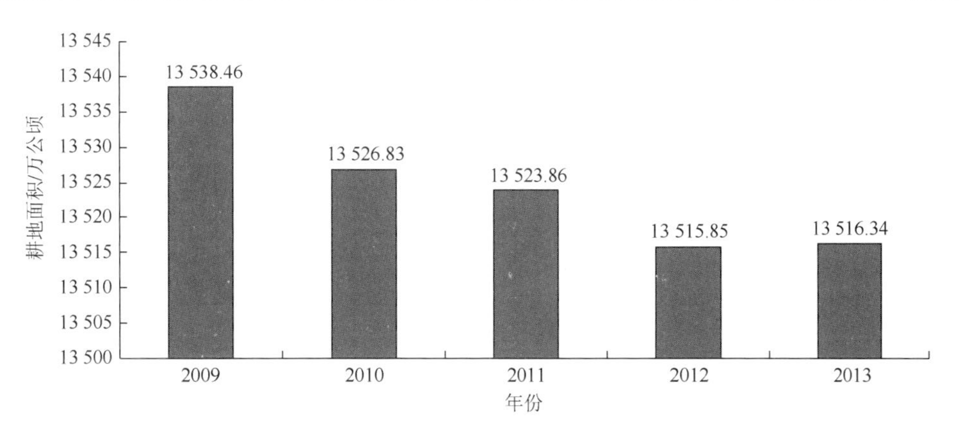

图 3-4　2009～2013 年全国耕地面积变化情况

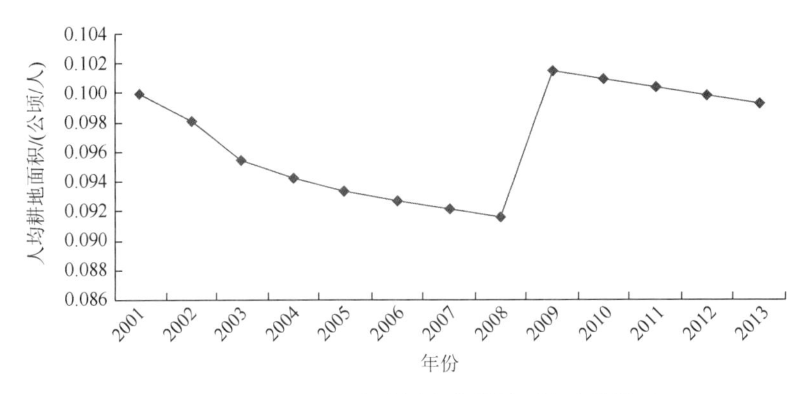

图 3-5　2001～2013 年我国人均耕地面积变化情况

土地资源监督管理工作的缺失也将造成国土地资源的严重损失。表 3-5 是我国 2001～2013 年我国土地违法案件及涉及面积的具体情况，总体上呈下降趋势，其中，2001 年土地违法案件 130 129 件，2013 年是 56 926 件，减少了 73 206 件，从图 3-6 看出，涉及的土地面积及耕地面积在 2009 年之前波动较大，2009 年之后，特别是所涉及的耕地面积控制得相对平稳，监管工作取得一定成效，而涉及土地面积中的耕地面积的比例近年来呈现波动减少趋势（图 3-7）。从以上结果来看，进行土地监管工作是必要的。

表 3-5　2001～2013 年土地违法及涉及土地面积情况

年份	违法件数/件	涉及土地面积/公顷	涉及耕地面积/公顷	耕地面积占比/%
2001	130 129	26 465.08	10 171.27	38.4
2002	115 529	27 737.23	12 375.07	44.6
2003	125 636	51 711.81	26 557.69	51.4
2004	83 916	70 130.37	37 207.25	53.1
2005	79 841	43 041.13	23 616.97	54.9
2006	90 340	69 558.88	34 230.80	49.2
2007	92 347	80 873.14	36 708.24	45.4
2008	60 077	50 430.20	19 964.57	39.6
2009	41 662	31 850.47	14 181.54	44.5
2010	42 140	39 330.14	16 230.15	41.3
2011	43 149	46 063.57	15 352.56	33.3
2012	37 480	28 489.60	9 875.05	34.7
2013	56 926	34 882.26	10 654.99	30.5

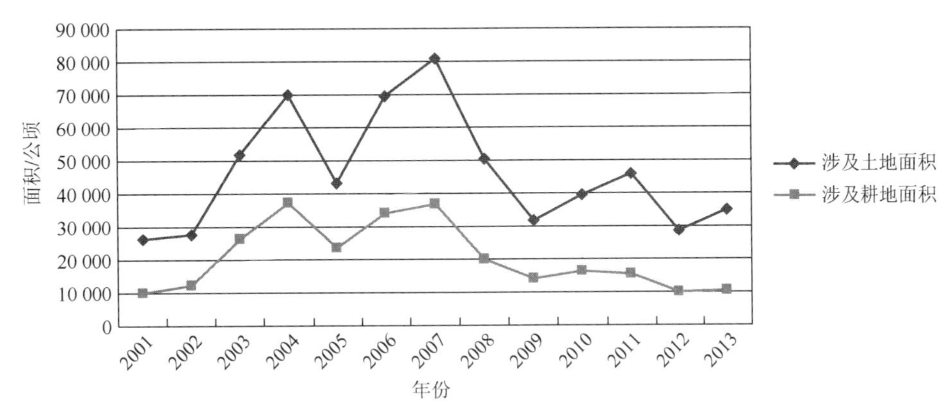

图 3-6　2001～2013 年土地违法涉及的土地面积

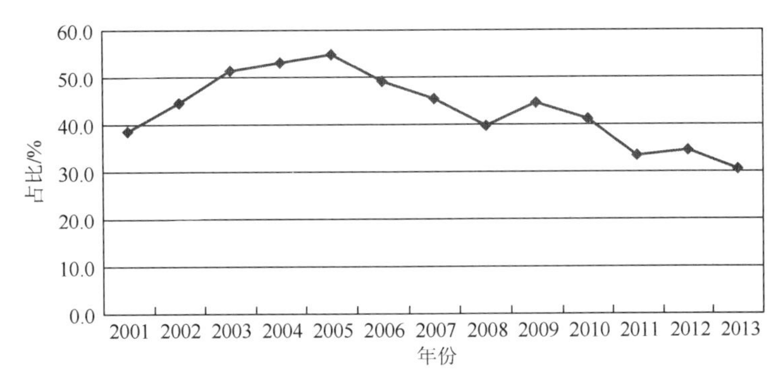

图 3-7　2001～2013 年土地违法涉及的耕地面积比重

3.3.2　文献回顾

土地资源是不可再生资源，关系着人类的生存与发展。对于农用地利用问题的研究也越来越受到人们的关注。

中国是一个发展中大国，面临着经济转型的发展目标，但土地市场管理的不完善，农民工社会保障体制的不健全，土地使用权等问题影响着中国经济的可持续发展，结合中国经济发展特点，针对实际问题提出一揽子农村土地政策，是解决问题的关键。并且，中国城镇化正处于高速发展时期，协调好城镇发展与耕地保护之间的矛盾是长期关注和研究的重点。Petrzelk 等（2013）基于美国林地、草地及农地的研究指出，土地所有权不明确的问题不利于土地的有效利用，加强农用地的保护必须积极引导农用地所有者参与到管理和决策之中。Moon 等（2012）从土地所有者的个人情况和社会特征两个角度着手，研究生物多样性的影响因素，调查发现，只有制定保护政策，并使农用地所有者成为农用地生物多样性保护的主体，才能有效保护农用地上生物的多样性。

对于土地资源生态系统安全方面的研究近年来也备受关注。土地生态关注于农业生产与土地管理效率与可持续性。进入 21 世纪后，全球气候变暖及生物多样性减少等问题愈发严重，Rounsevell 等（2006）综合农业土地利用、物种分布和栖息地特点建立了欧洲的农业生态系统评估模型，为解决农业和生物多样性之间的冲突提供了有效的帮助。

Theobald 等（2005）也针对生态学与农村土地的有效利用问题进行了探析，提出提高农村土地利用的建议。Poppenborg 和 Koellner（2013）认为土地利用方式直接影响农业景观提供的生态系统服务功能，并以韩国为例进行研究，发现农业土地利用方式直接影响农业景观的生态功能，也是制订环境政策方案的关键因素之一。Tscharntke 等（2012）在景观如何影响生物多样性模式和生态过程的研究中也认为，人造景观可以影响生物多样性格局，可以保护生态环境，减轻人类对全球环境变化的影响。

对于研究农用地的技术方法上，McLeod 等（1999）基于公共和私人选择协助变量的 Logit 模型对土地利用土地管制进行研究，为农用地非农化现象的解决提供有效建议。Santé-Riveira 等（2008）基于 GIS 对土地适宜性评价、土地利用面积优化及土地用途的空间分配进行研究，指出该系统有助于指导整个土地规划过程。Swetnam（2007）也利用 GIS 技术来分析土地利用的变化情况，并对变化轨迹进行详细分析。Chandna 等（2012）运用多光谱遥感图像，对印度 Uttar Pradesh 东部的巴利亚地区每一个未被充分利用的农用地类型进行分析描述，为区域农用地集约利用提供技术监督。Chen 等（2016）采用 DEA 模型对全国土地利用总体规划进行分析，提议建立一个土地使用退出机制以更好地促进建设用地的有效分配。

长期以来，由于土地管理主要以数量管理为主，忽略了土地质量的管理，引发了诸多问题，耕地占用补偿存在“占优补劣”的现象，导致耕地质量下降。开展农用地质量评价，实现农用地由数量管理向数量和质量并重管理转变是未来农用地管理的根本要求。

3.3.3 总结

通过以上对农村土地状况的分析，今后的研究应更加注重耕地保护、农用地质量提升与评价、农用地生态功能保护管理等方面。

耕地保护关系着国家的生存发展，提高耕地利用效率需要升级农业生产技术，还需要培养大量的农业种植专门人才，人才和技术相结合，这将有效提高耕地利用效率。同时，国家应积极出台各项保护、优惠政策，调动农业生产积极性，积极引导农业生产，提高生产效率。

土地整治工作的推进需进一步完善农用地质量评价因素。如何选取相应的评价指标、如何更加精确地确定各个因子在农用地分等定级模型中的权重分配，是农用地分等定级过程中的重要工作。在土地整理后质量评价过程中，如何统筹考虑自然适宜性、经济社会基础和技术条件等因素对整理后土地质量的影响。

目前，农用地生态功能影响着人地关系的协调、健全土地生态系统的实现，加强农用地利用管理和资源配置方式改进有利于解决上述问题，因此，探索生态化的农用地利用方式和管理模式、构建土地整治生态型模式将是未来研究的一个重要方向。

3.4 结论和政策建议

快速推进城镇化加剧了土地资源供应不足的现象，城市土地利用效率的提高直接影响到中国可持续发展战略目标的实现。本章通过对中国31个省份城市土地利用效率的实证分析，并认为中国31个省份的城市土地利用效率的整体水平已经有很大提高，个别省份仍需合理规划，提高土地利用效率。例如，长三角地区的上海、江苏、浙江，城镇化速度在全国范围内都处于领先行列，城市规模的扩张与经济发展较快，但近年来其城市土地利用效率有所下降，特别是浙江，其城镇化发展过程中出现的“城中村”现象，给当地经济的发展带来一系列的问题。另外，2013年中国31个省份城市土地利用的BCC模型结果表明，在7个非DEA有效的省份中，存在投入冗余和产出不足情况，对各指标进行适当的改进，有利于土地利用效率的进一步提高，在之后的经济发展中，要更加注重资源的合理配置，提高利用效率。

针对近年来我国城市建设中土地利用的实际情况，本章认为，今后的土地利用应注意的地方有：第一，合理规划建设，土地集中利用。土地资源是城市建设的关键要素，而在我国城镇化推进过程中，土地开发集聚不足的问题十分明显，且土地利用粗放，导致经济效益低下，资源严重浪费。因此，要提高城市土地利用效率，必须合理规划城市建设，建设紧凑型城市，提高土地集约度，避免土地破坏与闲置。第二，控制城市建设用地，开发潜在资源。我国在城市建设中占用了大量的耕地，一旦粮食供应出现问题，将严重影响到我国的粮食安全与社会稳定。因此，我们要控制城市建设用地，保障基本农业耕地面积，开发地下潜在资源，实现城市用地科学使用。第三，制定用地标准，实现科学建设。土地资源是人类生存发展的根本，宽松的土地政策法规使得土地资源浪费严重、效率不高，国家应合理制定用地标准，切实落实土地资源供应与利用方式的相关措施，统筹经济发展与土地资源保护，实现社会的可持续发展。切实落实土地利用相关政策规定，解决人地矛盾，实现土地的可持续利用与经济的可持续发展。

3.5 案例：蚌埠市土地资源利用效率评价

3.5.1 蚌埠市土地资源利用现状

随着经济社会的快速发展、城乡一体化建设和工业化进程的加快，土地资源的合理规划、配置、利用、整理和保护问题已经成为区域经济持续、健康、快速发展的关键。本节以蚌埠市为例，通过查阅大量数据，运用多元统计方法，在介绍蚌埠市土地资源利用现状及历史变迁的基础上，分析蚌埠市土地资源利用的优点和存在的不足，针对近些年来蚌埠市土地资源利用过程中存在的问题，从蚌埠市面对的巨大经济发展机遇、保障合理利用土地资源和优化土地资源利用结构的不同角度出发，提出相应的对策建议并进行总结。

1. 蚌埠市土地资源利用总体现状

如表3-6所示，2013年蚌埠市土地总面积595 072.23公顷，土地利用率91.33%，农业土地利用率75.92%。其中，农用地面积451 766.64公顷，占土地总面积的75.92%；建设用地面积 91 727.75 公顷，占土地总面积的 15.41%；未利用地面积 51 577.84 公顷，占土地总面积的 8.67%（蚌埠市统计局，2013）。

表 3-6 蚌埠市各类土地使用情况

项目	面积/公顷	比例/%
农用地	451 766.64	75.92
建设用地	91 727.75	15.41
未利用地	51 577.84	8.67
总计	595 072.23	100

蚌埠市的农用地面积最多，农业生产依然是蚌埠市发展的重点。农用地中主要为粮食作物种植，包括小麦、稻谷、油料、棉花、蔬菜等。在 2013 年，全年粮食产量 263.60 万吨，比上年增加 2.38 万吨，增长 0.9%；油料产量 37.91 万吨，增长 3.0%；棉花产量 2.15 万吨，下降 24.2%；蔬菜产量 251.30 万吨，增长 3.9%[①]。但 2013 年蚌埠的第一产业收入仅占全年生产总值的 17.1%。

其次是建设用地，2013 年度蚌埠市新增建设用地 744.55 公顷，其中占用耕地面积 610.22 公顷。按照产业划分来看，蚌埠市的第二产业（工业、建筑业）占全年生产总值一半以上，近几年来，蚌埠为重返全省第一方阵，大力发展工业、建筑业及新型产业。

最后是未利用地，2013 年蚌埠市的未利用地较上年减少了 183.37 公顷。减少的未利用地绝大多数转化为农用地，较少一部分转化为建设用地。

目前，蚌埠市土地利用率 91.33%，低于全省平均水平（92.72%），但需要注意的是安徽是全国人多地少十分明显的城市之一，这就直接导致安徽土地利用率明显高于全国平均水平，蚌埠市的土地利用率虽然低于全省平均水平，但依然高于全国平均水平。通过各个方面进行比较，蚌埠市的土地利用水平良好，但是集约节约化利用土地并不明显；蚌埠市农业土地利用率 78.14%，低于全省平均水平（82.10%），农业土地利用水平较低，农业生产水平不高；蚌埠市未利用地资源匮乏，占总面积的 8.67%，建设用地规模由于近些年城市大建设、大发展的推动明显增大，占总面积的 15.41%，城市用地增长弹性系数[②]为 1.72，高于城市用地增长合理弹性系数 1.12 的水平，城市扩张占用耕地仍比较多，城市未利用地、闲置土地和其他用地效益比较低。下一步，蚌埠市应在缓解当前经济社会发展用地指标不足的基础上严格控制建设用地规模，努力开发未利用地，甚至是压缩建设用地规模，盘活建设用地存量，对长期闲置的、未利用的建设用地要及时地进行登记造册，加大土地闲置费的收缴力度，对于不再利用的能够复垦的闲置用地应当依法进行复垦，争取增加农用地的规模，确保蚌埠市农业生产状况稳定与粮食安全。对于农村宅基地建设用地的需求不断增长的现状，应加强和规范农村宅基地管理。同时，应加强对农用地的管理，通过土地整治补充耕地并且防止农用地被破坏，加大农业结构调整力度确保农用地的合理利用，

① 资料来源：蚌埠市统计局。

② 城市用地增长弹性系数=城市用地增长率/城市人口增长率。

加快农业现代化建设，不断扩大农业生产经营规模，不断增加农业设施，使设施农用地得到充分利用。

2. 蚌埠市土地利用构成

从图 3-8 和表 3-7 可知，农用地中，耕地 378 177.28 公顷，占土地总面积的 63.55%；林地 17 318.30 公顷，占土地总面积的 2.91%；园地和草地面积较少，分别为 1254.93 公顷和 184.09 公顷，占土地总面积为 0.21%和 0.03%。

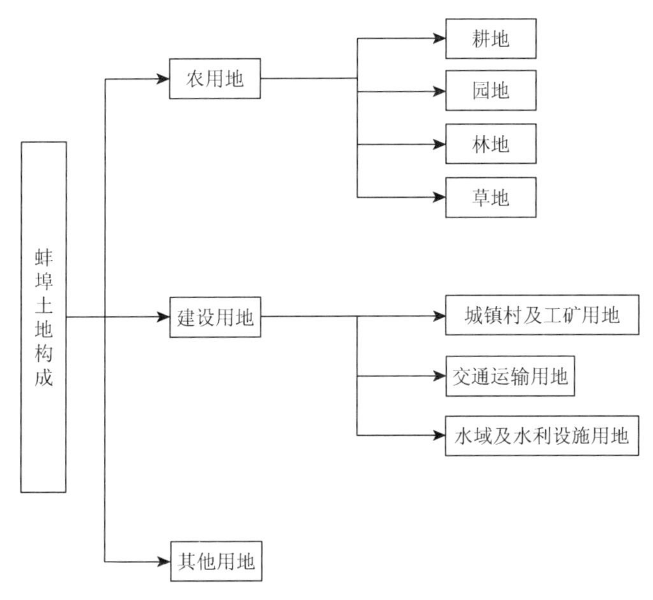

图 3-8　蚌埠土地构成

表 3-7　各类土地面积及比例

项目	面积/公顷	比例/%
耕地	378 177.28	63.55
园地	1 254.93	0.21
林地	17 318.30	2.91
草地	184.09	0.03
城镇村及工矿用地	78 375.48	13.17
交通运输用地	19 368.22	3.25
水域及水利设施用地	96 614.43	16.24
其他用地	3 779.50	0.64

建设用地中，面积最多的是水域及水利设施用地，为 96 614.43 公顷；其次是城镇村及工矿用地 78 375.48 公顷；交通运输用地面积最少，为 19 368.22 公顷。水域及水利设施用地、城镇村及工矿用地和交通运输用地分别占土地总面积的 16.24%、13.17%和 3.25%。

其他用地的面积非常少，只有 3779.50 公顷，只占土地总面积的 0.64%。

1）耕地

蚌埠耕地从类型组成来看，主要分为水田、水浇地、旱地三类。根据图 3-9 中 2013 年蚌埠市耕地构成的数据，旱地面积最多，为 188 255.26 公顷，其次是水田，为 113 437.85 公顷，最少的是水浇地，为 76 484.17 公顷。其中，旱地面积占耕地的近 50%。由于蚌埠的农业灌溉条件一般，并且是亚热带季风气候、降雨量较少，蚌埠的农业生产水平总体来说较差，种粮效益、土地利用效益较低。

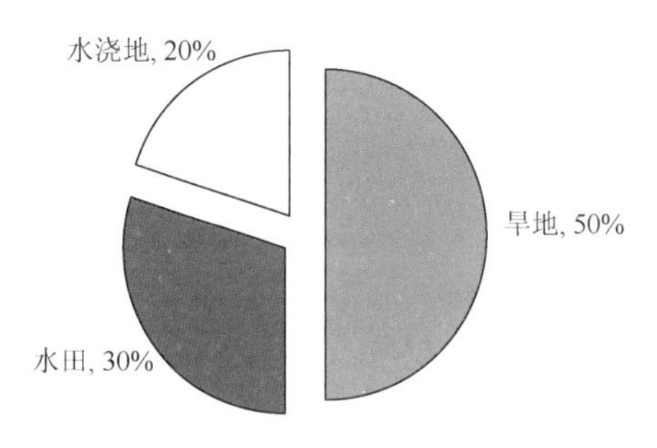

图 3-9　2013 年蚌埠市耕地构成

从区域差异来看，如图 3-10 所示，蚌埠市各县中耕地面积最大的是怀远县，其耕地面积为 157 632.4 公顷，占蚌埠市耕地面积的 41.68%，其次是五河县，耕地面积为 98 289.82 公顷，占蚌埠市耕地面积的 26.00%，最后是固镇县，耕地面积为 92 987.05 公顷，占蚌埠市耕地面积的 24.58%。蚌埠的地形主要为平原，南部地区有极少数的丘陵，因此农作物主要为小麦、水稻、大豆和棉花等，各个地区也并没有什么差异。

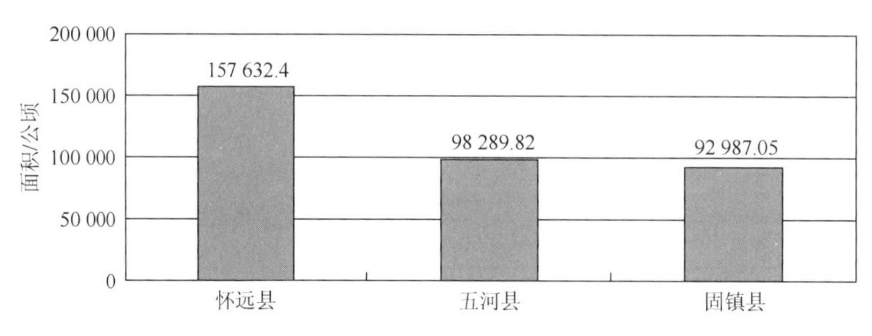

图 3-10　2013 年蚌埠各县耕地面积

2）园地

蚌埠园地从类型组成来看，主要分为果园、茶园及其他园地。2013 年度数据中，果园面积为 1242.58 公顷，茶园面积为 5.92 公顷，其他园地面积为 6.43 公顷。果园面积占园地面积的 99.02%，也就是说，蚌埠市的园地基本上都是果园园地，茶园与其他园地面积总共占园地面积的 0.98%。总体来说，蚌埠市的果园、茶园等产业发展较落后，园地用地也较少。

从区域差异来看，如图 3-11 所示，怀远县的园地面积最大，为 442.07 公顷，五河县与固镇县园地面积基本相同，五河县是 264.8 公顷，固镇县是 264.16 公顷。其中，固镇县的园地都是果园园地，没有茶园和其他园地。

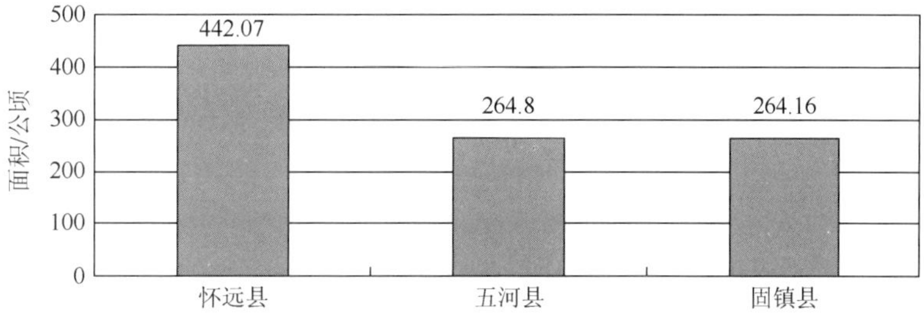

图 3-11　2013 年蚌埠各县园地面积

3）林地

蚌埠市的林地主要为有林地，灌木林地与其他林地比较少。2013 年度数据显示，有林地面积为 16 054.17 公顷，占林地面积的 92.70%，灌木林地只有 127.23 公顷，仅占林地面积的 0.73%，其他林地面积为 1136.90 公顷，占比为 6.57%。总体来说，蚌埠林地面积较少，且主要为有林地，林业发展落后，森林覆盖率较低，不利于生态环境大保护以及空气净化。

从区域差异来看，如图 3-12 所示，怀远县的林地面积最大，为 7088.66 公顷，占全市林地总面积的 40.93%，其次为五河县，林地面积为 4102.01 公顷，占全市林地总面积的 23.69%，最后是固镇县，林地面积为 3758.93 公顷，占全市林地总面积的 21.70%，并且固镇的林地中没有灌木林地，只有有林地和其他林地。各县林地面积相差不大，林地覆盖面积较少，林地中也都主要是有林地，其他林地与灌木林地面积极少。

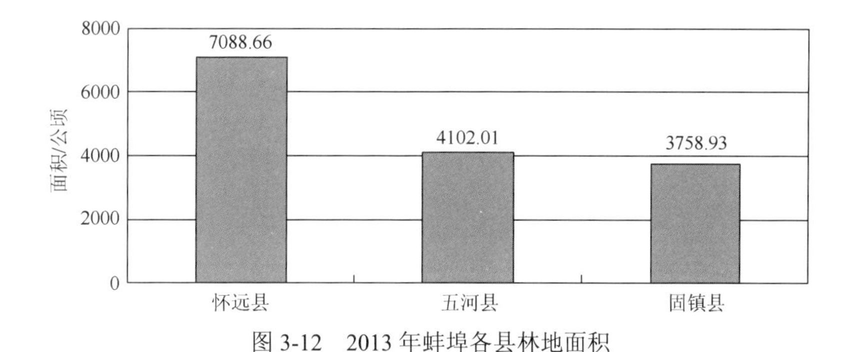

图 3-12　2013 年蚌埠各县林地面积

4）草地

蚌埠市的草地面积非常少，总共只有 184.09 公顷，其中最多的是其他草地，面积为 175.82 公顷，天然牧草地与人工牧草地面积只有 1.94 公顷和 6.33 公顷。天然牧草地面积几乎可以忽略不计，人工牧草地基本上也就是在蚌埠市两家乳业公司内。因此，蚌埠市的畜牧业极其落后，产业发展落后全省水平。

从区域差异来看，如图 3-13 所示，蚌埠市所辖各县中怀远县草地面积为 81.79 公顷，没有天然牧草地和人工牧草地；五河县草地面积为 20.54 公顷，没有天然牧草地和人工牧草地；固镇县没有草地面积。

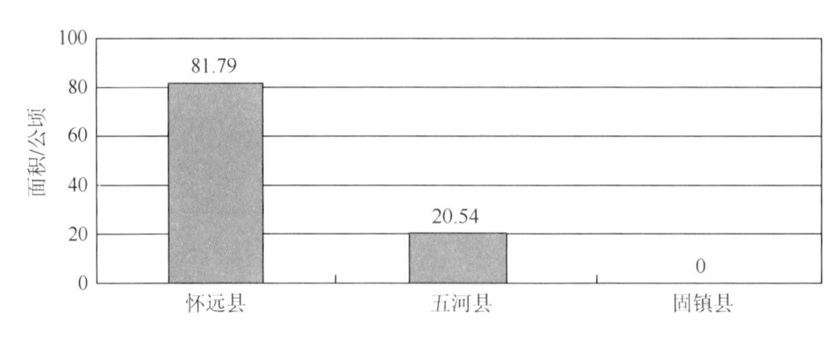

图 3-13　2013 年蚌埠各县草地面积

5）城镇村及工矿用地

如图 3-14 所示，蚌埠市的城镇村及工矿用地中面积最大的是村庄，为 57 646.72 公顷；其次是建制镇、城市、采矿用地、风景名胜及特殊用地，面积分别为 9432.03 公顷、8802.72 公顷、1663.68 公顷、830.33 公顷。2013 度蚌埠市新增城镇村及工矿用地 744.55 公顷，城镇化的需求是造成这些变化的主要推动力，这其中绝大多数为村庄用地转化为建制镇用地和工矿建设用地的扩张。最近几年来，蚌埠市的城镇化进程逐渐加快，2013 年蚌埠市的城镇化率为 49.67%，而 2012 年蚌埠市的城镇化率为 48.3%，均高于全省平均水平的 47.86%。

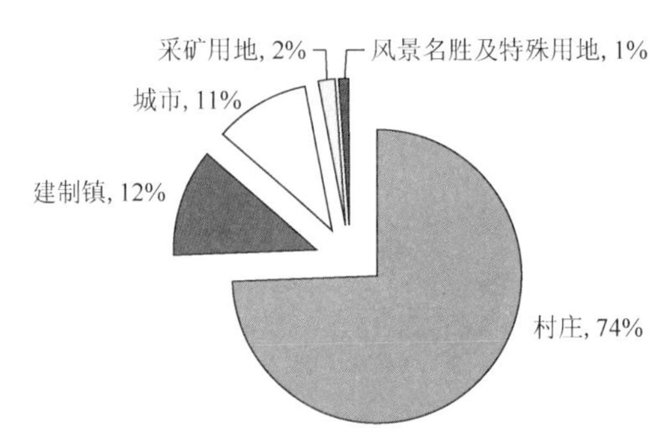

图 3-14　2013 年蚌埠市城镇村及工矿用地构成

从区域差异来看，如图 3-15 所示，怀远县城镇村及工矿用地面积最大，为 27 909.14 公顷，占全市城镇村及工矿用地的 35.61%；五河县为 18 112.18 公顷，占比为 23.11%；固镇县为 17 056.53 公顷，占比为 21.76%。各个县城镇化率也相差不大。

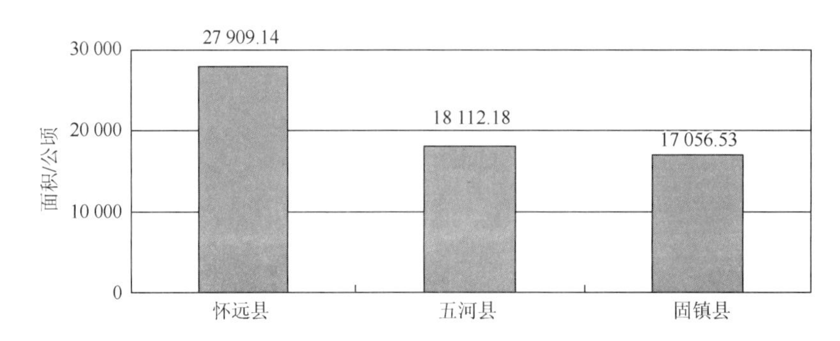

图 3-15　2013 年蚌埠各县城镇村及工矿用地面积

6）交通运输用地

蚌埠是皖北交通的枢纽、安徽淮河的航运中心，也是全国重要的交通枢纽。蚌埠的交通发展历来是蚌埠发展的重要环节，蚌埠交通的基础设施建设逐步在完善，逐步建立起适合蚌埠地区的以铁路、水运为主，公路为辅的特色交通体系。蚌埠的交通运输用地中，农村道路面积 13 609.05 公顷，占全市交通运输总用地的 70.26%；其次为公路用地，面积为 4678.62 公顷，占比 24.16%，铁路用地面积 1038.24 公顷，占比 5.36%；机场用地、港口码头用地和管道运输用地面积较小，分别为 0.48 公顷、40.31 公顷、1.52 公顷。分县来看，怀远县的交通运输用地最多，为 6575.76 公顷；五河县的交通运输用地为 5392.24 公顷，五河县没有铁路运输用地，但五河县有港口码头用地，面积为 0.76 公顷；固镇县交通运输用地为 4537.72 公顷。

7）水域及水利设施用地

蚌埠地处淮河中游，是安徽淮河的航运中心，蚌埠港是安徽重点建设的水路枢纽。如图 3-16 所示，蚌埠的水域及水利设施用地从类型组成来看主要为河流水面、湖泊水面、水库水面、坑塘水面、内陆滩涂、沟渠和水工建筑用地，面积分别为 28 291.99 公顷、9915.47 公顷、569.52 公顷、10 247.19 公顷、11 415.21 公顷、29 124.47 公顷、7023.58 公顷。

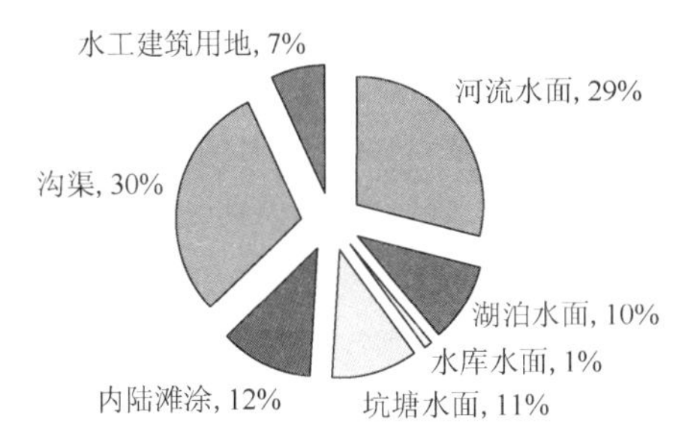

图 3-16　2013 年蚌埠水域及水利设施用地构成

8）其他用地

其他用地主要为裸地和设施农用地，如图 3-17 所示，还有一些田坎、沼泽地。根据 2013 年度数据，裸地面积为 1593.02 公顷，占比 42%；设施农用地面积为 1370.44 公顷，占比 36%；田坎面积为 629.71 公顷，占比 17%；沼泽地面积为 186.33 公顷，占比 5%。

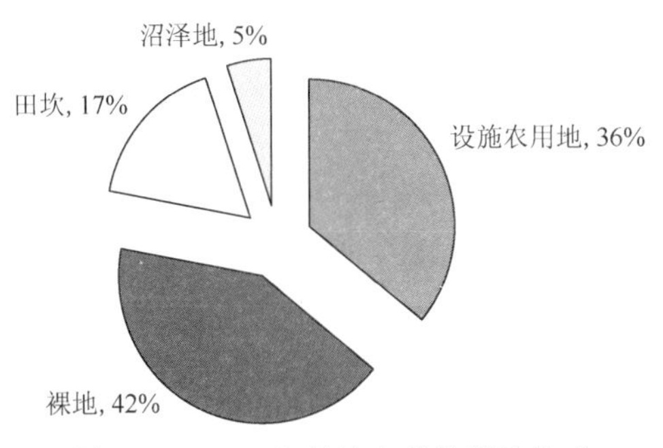

图 3-17　2013 年蚌埠市其他用地构成

从各县来看，如图 3-18 所示，五河县的其他用地最多，面积为 2097.46 公顷；怀远县其他用地面积为 1120.56 公顷；固镇县的其他用地面积最少，为 215.57 公顷，并且固镇县没有裸地。

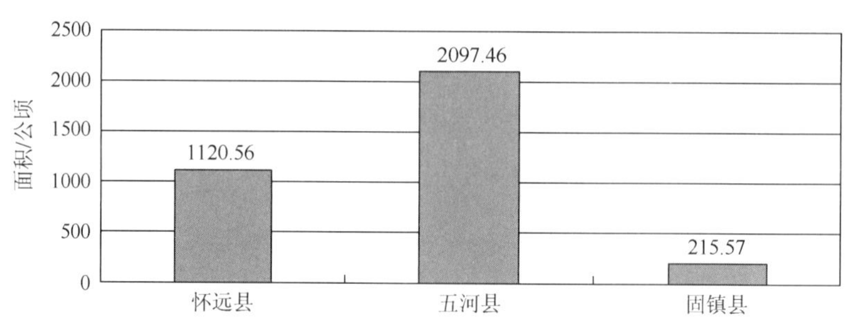

图 3-18　2013 年蚌埠各县其他用地面积

3.5.2　蚌埠市土地资源利用的历史变迁

蚌埠市于 1947 年 1 月正式设立，那时下设东安、国庆、中山、西市、小蚌埠五个区。新中国成立后，改属皖北行署直辖市。1952 年 4 月，撤销皖北行署，成立安徽省，蚌埠被定为直辖市。1956 年 1 月，撤销宿县、滁县两个专区，合并成立蚌埠专区，蚌埠市为专区辖市兼专区驻地。1961 年 4 月，蚌埠专区被撤销，蚌埠重新恢复为直辖市。1983 年 6 月，省政府决定将宿县行署的怀远、固镇、五河三县划归蚌埠市管辖。2003 年，蚌埠市调整了市辖区行政区划，所辖各区更改了名称，部分地区重新划分。至今，蚌埠市下设四区三县。我们根据蚌埠市历史沿革中几个重要的时间点将蚌埠市的土地资源利用划分为六个时期。由于在 1983 年之前的各种历史问题，蚌埠市的行政区划一直不固定，蚌埠市区及所辖各县不停地变动，蚌埠的土地资源也一直不确定，从 1983 年 6 月至今，蚌埠市的行政区划未有大的变化，因此我们重点对 1983 年后的这一时期进行分析研究。

1. 1949 年 10 月～1952 年

1949 年，蚌埠市、怀远县、五河县属皖北行署，今固镇县分属宿县、五河、灵璧、怀远四个县。蚌埠市市区建成区面积仅为 4.7 平方千米，耕地面积 22 567 公顷，当年农业总产值（以当时价格计算）仅 881 元；怀远县土地面积大致为 2229 平方千米、耕地面积 128 140 公顷；五河县土地面积 1838 平方千米、耕地面积 118 140 公顷。

2. 1952 年 4 月～1956 年

1952 年，蚌埠市直属安徽省，五河、怀远、灵璧、宿县分属宿县专区。蚌埠市区建成区面积 6.9 平方千米、耕地面积 22 611 公顷，当年农业总产值（以当时价格计算）仅为 907 元；怀远县土地面积大致为 2229 平方千米、耕地面积 214 000 公顷；五河县土地面积 1838 平方千米、耕地面积 140 029 公顷。

3. 1956年1月～1961年

1956年，五河、怀远、灵璧、宿县改属蚌埠专区。蚌埠全市土地面积4483平方千米、耕地面积363 267公顷，人均耕地面积3.75亩；市区土地面积416平方千米、建成区面积12平方千米、耕地面积22 197公顷；怀远县土地面积2229平方千米、耕地面积203 537公顷、人均耕地面积4.34亩；五河县土地面积1838平方千米、耕地面积137 533公顷、人均耕地面积5.02亩。

4. 1961年4月～1964年

1961年，五河、怀远、灵璧、宿县仍属宿县专区。蚌埠全市土地面积4483平方千米、耕地面积263 354公顷、人均耕地面积2.96亩；市区土地面积416平方千米、建成区面积20平方千米、耕地面积18 687公顷；怀远县土地面积2397平方千米、耕地面积186 667公顷、人均耕地面积3.58亩；五河县土地面积1838平方千米、耕地面积108 000公顷、人均耕地面积4.21亩。

5. 1964年10月～1983年

1965年，划宿县、怀远县、五河县、灵璧县各一部分地区置固镇县，属宿县专区，宿县专区在1971年改名为宿县地区。蚌埠全市土地面积5837平方千米、耕地面积314 420公顷、人均耕地面积2.94亩；市区土地面积416平方千米、建成区面积20平方千米、耕地面积18 163公顷；怀远县土地面积2391平方千米、耕地面积186 667公顷、人均耕地面积3.50亩；五河县土地面积1580平方千米、耕地面积78 723公顷、人均耕地面积3.15亩；固镇县土地面积1450平方千米、耕地面积80 867公顷、人均耕地面积4.29亩。

6. 1983年7月至今

1985年，怀远县、五河县、固镇县由宿县地区改划属蚌埠市至今。如表3-8所示，蚌埠全市土地面积5832平方千米、建成区面积31.3平方千米、耕地面积302 565公顷、人均耕地面积1.75亩；市区土地面积445平方千米、耕地面积17 346公顷；怀远县土地面积2357平方千米、耕地面积127 936公顷、人均耕地面积1.99亩；五河县土地面积1580平方千米、耕地面积77 521公顷、人均耕地面积2.17亩；固镇县土地面积1450平方千米、耕地面积79 760公顷、人均耕地面积2.5亩。到2000年时，蚌埠全市的土地面积没有发生变化，仍为5832平方千米；蚌埠市区土地面积因改革开放、经济发展等因素而稍有增加，为456平方千米。2000～2010年，全市土地面积增加到5952平方千米，市区土地面积增加到611平方千米。全市耕地面积在1983～2000年伴随着城镇化的不断推进一直在减少，2000年时全市耕地面积仅为290 500公顷，伴随着人口的不断增加，全市人均耕地面积在不断减少，2000年时，全市人均耕地面积减少到1.36亩。但2000～2010年，由于各项土地政策、人口增速放缓及各方面原因，蚌埠全市的耕地面积、人均耕地面积不断增加，2010年时蚌埠全市耕地面积378 585公顷、人均耕地面积1.61亩。市区的耕地面积在1985～2000年一直未有大的变化，2000～2010年不断增加，2010年市区耕地面积达到最大，为30 646公顷。

1985～2010 年，伴随经济发展，市区建成区不断扩张、面积不断增大，2010 年市区建成区面积达到 112 平方千米。各县土地资源利用情况中，怀远县与五河县土地面积与耕地面积在 1985～2000 年未有大的变化，2000 年后都有所增加；两县的人均耕地面积在 1985～2000 年因耕地面积未增加，人口不断增加而出现明显的下降，在 2000 年后伴随土地政策、人口增速放缓及各方面变动而逐渐增加。固镇县因为是几个县划归出来的，在 1985～2000 年土地面积未有变化，耕地面积在这一时间段由于经济发展及建设用地增加而不断减少，伴随着人口不断增加，人均耕地面积不断减少，2000 年后伴随土地政策及各项因素的变化，固镇县的土地面积有所减少，但耕地面积不断增加，与此同时，固镇县人口下降，因此人均耕地面积也在不断增加。

表 3-8　各区域耕地面积情况

项目		1985 年	1990 年	1995 年	2000 年	2005 年	2010 年
全市	土地面积/平方千米	5 832	5 832	5 832	5 832	5 952	5 952
	耕地面积/公顷	302 565	302 643	292 614	290 500	373 637	378 585
	人均耕地面积/亩	1.75	1.53	1.39	1.36	1.58	1.61
市区	土地面积/平方千米	445	445	445	456	601	611
	建成区面积/平方千米	31.3	35.6	39.0	51.0	78.0	112.0
	耕地面积/公顷	17 346	17 502	17 369	17 028	28 438	30 646
怀远县	土地面积/平方千米	2 391	2 357	2 357	2 357	2 383	2 384
	耕地面积/公顷	127 938	129 679	129 340	128 953	150 493	152 958
	人均耕地面积/亩	1.99	1.75	1.64	1.61	1.77	1.80
五河县	土地面积/平方千米	1 580	1 580	1 580	1 580	1 595	1 595
	耕地面积/公顷	77 521	76 654	70 383	69 979	95 747	98 303
	人均耕地面积/亩	2.17	1.96	1.63	1.62	2.02	2.10
固镇县	土地面积/平方千米	1 450	1 450	1 450	1 450	1 358	1 361
	耕地面积/公顷	79 760	78 808	75 522	75 091	90 252	92 677
	人均耕地面积/亩	2.50	2.08	1.89	1.88	2.28	2.32

我们通过查找《蚌埠五十年》与《蚌埠统计年鉴》做出图 3-19～图 3-29，直观反映出 1985～2010 年蚌埠全市、市区及各县的土地面积、耕地面积、人均耕地面积[①]等的变化。

① 人均耕地面积$=\frac{\text{耕地总面积}}{\text{总人口}}$。

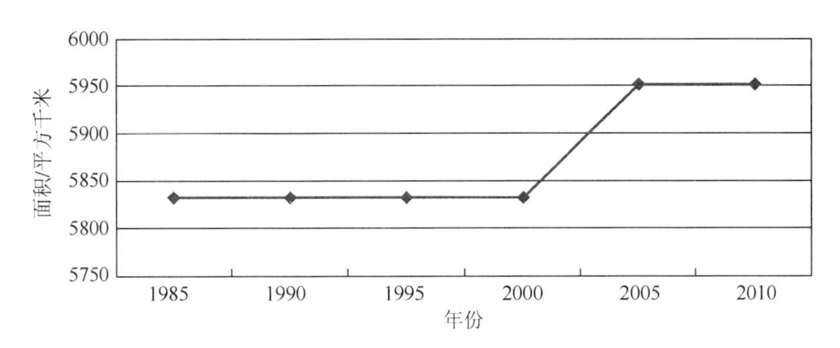

图 3-19 1985～2010 年蚌埠全市土地面积变化

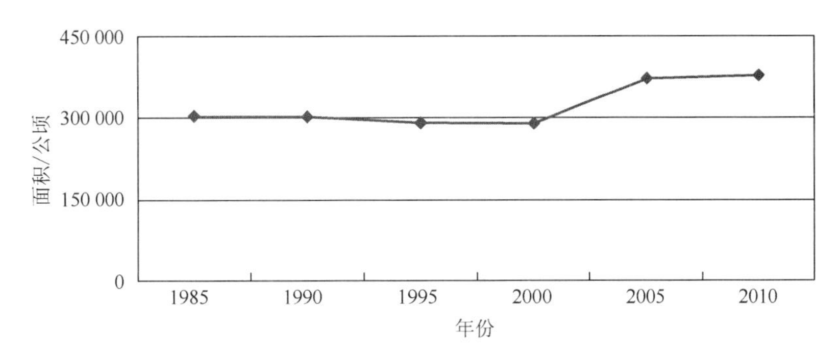

图 3-20 1985～2010 年蚌埠全市耕地面积变化

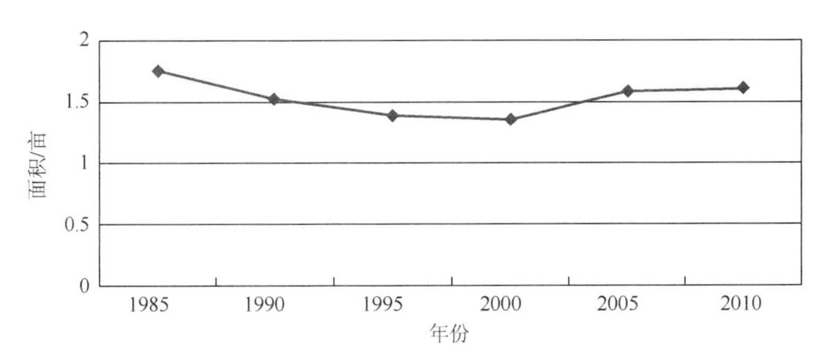

图 3-21 1985～2010 年蚌埠市人均耕地面积变化

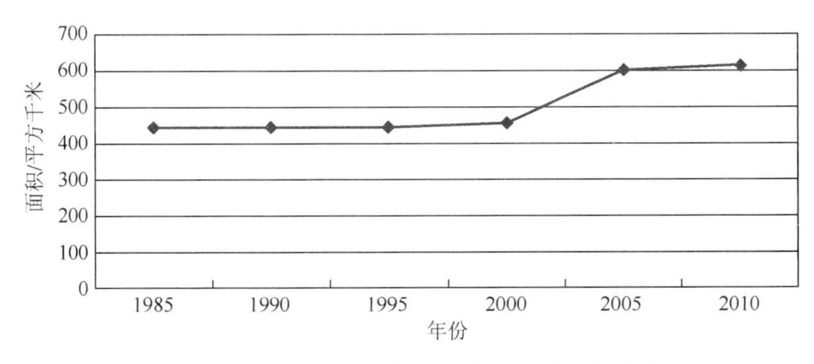

图 3-22 1985～2010 年蚌埠市区土地面积变化

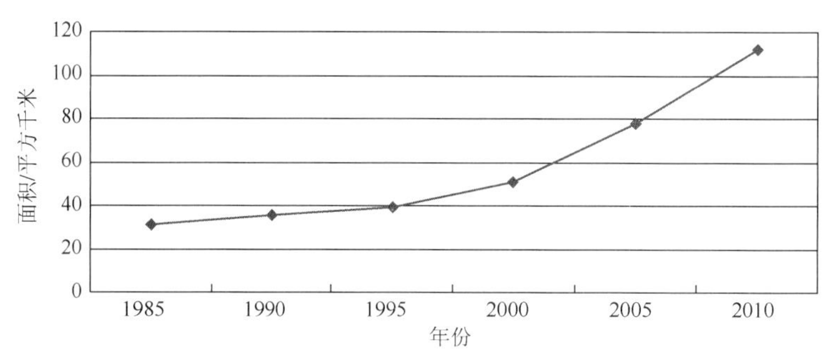

图 3-23　1985～2010 年蚌埠市区建成区面积变化

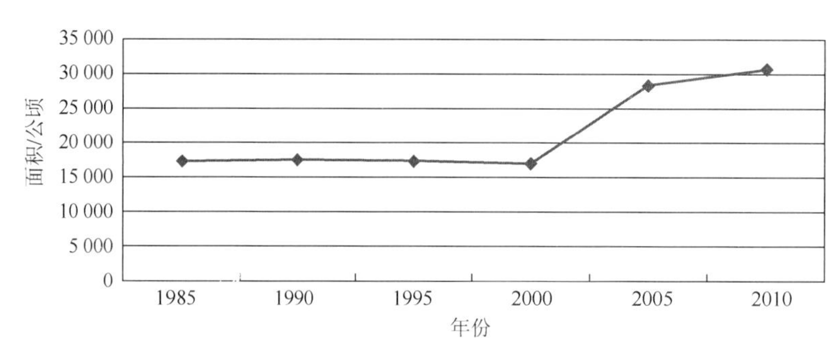

图 3-24　1985～2010 年蚌埠市区耕地面积变化

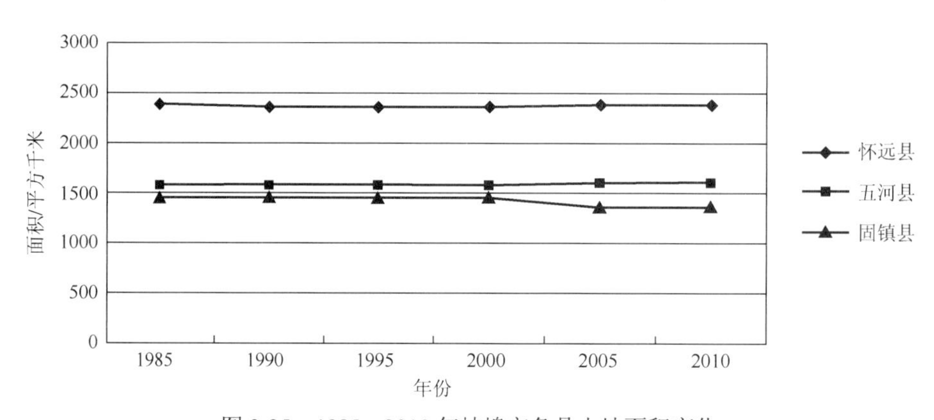

图 3-25　1985～2010 年蚌埠市各县土地面积变化

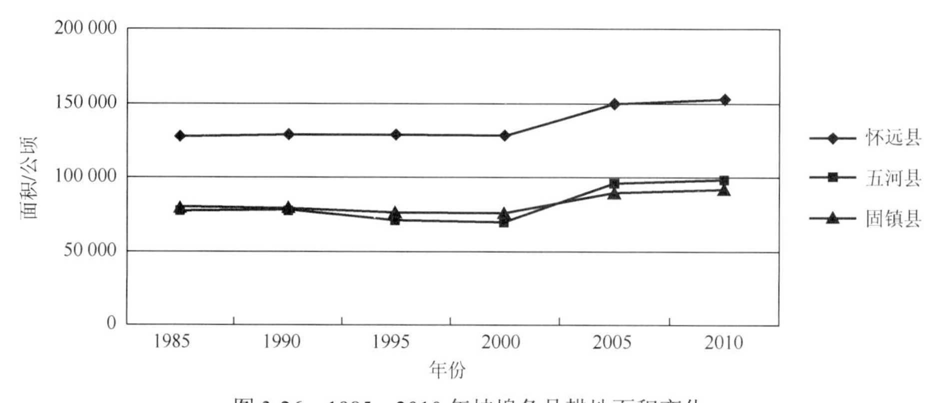

图 3-26　1985～2010 年蚌埠各县耕地面积变化

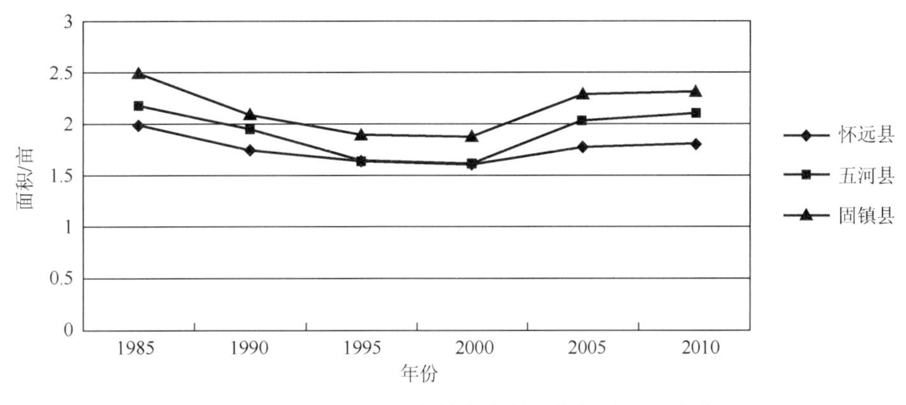

图 3-27　1985～2010 年蚌埠各县人均耕地面积变化

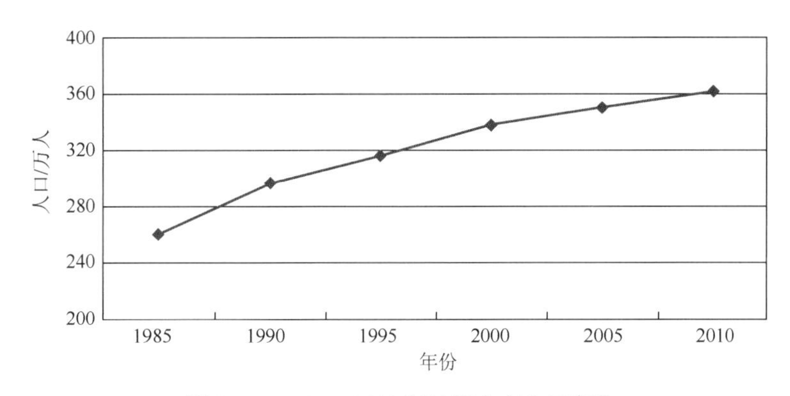

图 3-28　1985～2010 年蚌埠全市人口变化

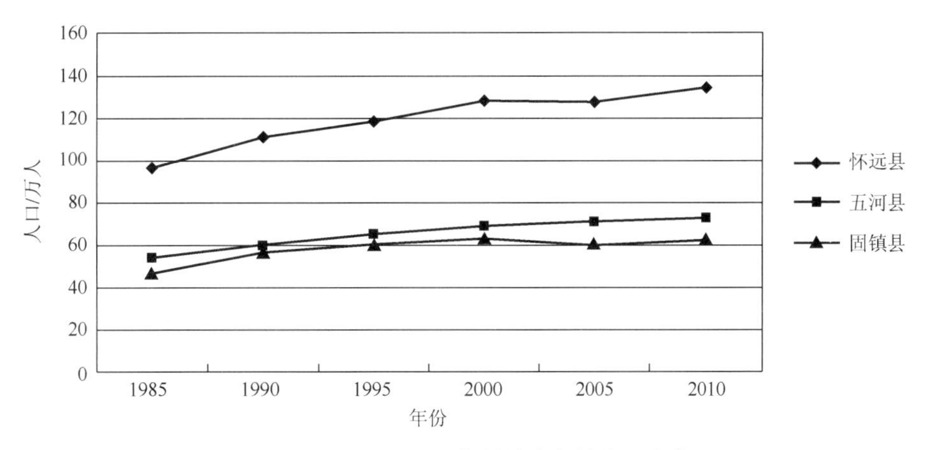

图 3-29　1985～2010 年蚌埠市各县人口变化

3.5.3　蚌埠市土地资源利用的优点

1. 土地资源利用规划具有针对性、战略性

蚌埠市土地利用总体规划（2006—2020 年）、基本农田保护区规划和土地整理开发规划以严格保护耕地和基本农田、促进建设用地节约集约利用、加强土地生态环境

建设、统筹城乡土地资源利用、突出交通枢纽地位为原则，对蚌埠市布局土地资源利用的空间、土地资源利用的管制、土地资源利用结构、耕地的保护及土地的集约节约利用做出了符合当前蚌埠市区域特点和经济社会快速发展形势的具体的规划，规划的实际操作性强并且为蚌埠市土地资源的合理开发利用提供了法律依据，协调了保护耕地、基本农田等农用地与保障城镇工矿用地、交通运输用地等社会经济发展用地的关系，严格保护了农用地，特别是基本农田，保障了重点建设项目用地，对土地资源利用的宏观调控加大了力度，促进了土地集约节约利用，促进了蚌埠市的经济发展的同时改善了生态环境。

2. 土地利用率逐年提高，土地资源得到合理配置

根据所查阅资料（蚌埠市统计局，2009，2010，2011，2012，2013），如图 3-30 所示，2009～2013 年这五年中蚌埠市土地利用率逐年增加，2013 年达到 91.33%。这表明，一方面，过去的粗放型的土地利用方式已经被集约节约用地方式所代替。另一方面，蚌埠市通过调整土地利用结构和布局，划分土地利用功能区域，对土地利用空间进行了合理化布局，统筹安排了各区域、各行业用地，重点安排了重大建设项目用地，优化了土地资源配置。

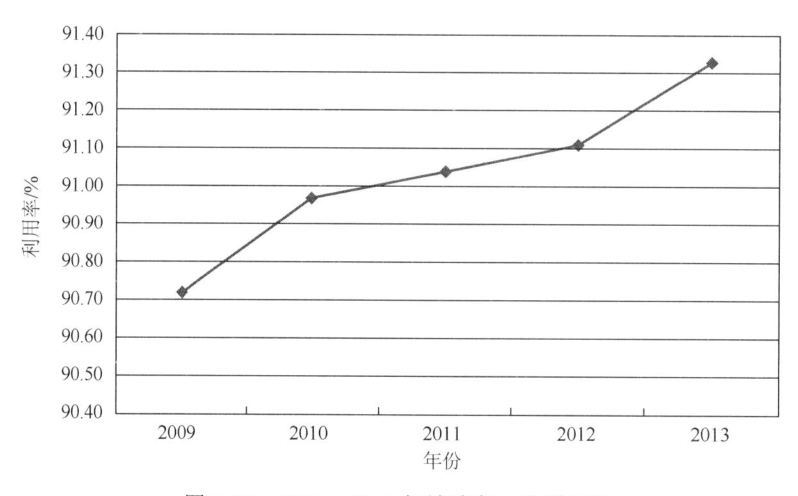

图 3-30　2009～2013 年蚌埠市土地利用率

$$土地利用率=\frac{已利用的土地面积}{土地总面积}\times 100\%$$

在 2013 年，蚌埠市通过土地整治补充耕地、农业结构调整增加耕地面积 1070.24 公顷，新增建设用地占用耕地面积 610.22 公顷，设施农用地占用耕地 31.17 公顷，通过这一系列的调整促进了农业现代化的快速发展，加快了传统农业向现代农业转变，使得农业生产经营规模不断扩大，农业设施不断增加。2013 年蚌埠市新增建设用地 744.55 公顷，其中占用耕地面积 610.22 公顷，建设用地变更为农用地 468.26 公顷，通过对建设用地的这些调整安排，协调了保护农用地和保障建设用地供给的关系，使得土地资源得到合理利用。

3. 重点安排交通运输用地，突出蚌埠交通枢纽地位

根据查阅有关资料（蚌埠市统计局，2009，2010，2011，2012，2013），做出图 3-31，可以看出 2009～2013 年蚌埠市的交通运输用地逐年增加，2011～2012 年增幅最大。

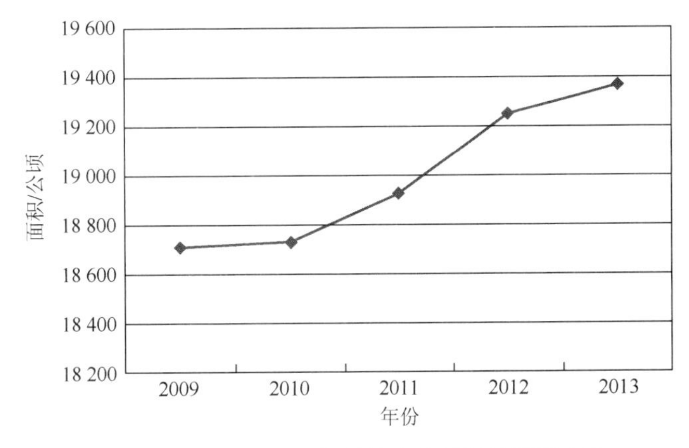

图 3-31　2009～2013 年蚌埠市交通运输用地变化

2009～2013 年蚌埠市安排了铁路、公路等交通运输重点建设项目，保障了这些项目建设用地的需求，旨在突出蚌埠市的交通枢纽地位，通过对交通运输的建设拉动经济的发展。蚌埠市交通用地具体数据如表 3-9 所示。

表 3-9　蚌埠市交通用地情况

年份	交通运输用地/公顷	铁路用地/公顷	公路用地/公顷	铁路与公路用地合计/公顷	铁路与公路用地合计占比/%
2009	18 710.07	1 004.54	3 979.01	4 983.55	26.64
2010	18 729.17	1 004.27	4 005.84	5 010.11	26.75
2011	18 928.36	1 036.81	4 226.55	5 263.36	27.81
2012	19 251.05	1 038.24	4 544.30	5 582.54	29.00
2013	19 368.22	1 038.24	4 678.62	5 716.86	29.52

资料来源：蚌埠市国土资源局

在铁路方面，2009～2013 年蚌埠市重点安排了涉及固镇县、淮上区、龙子湖区用地规模 180.39 公顷的京沪高速铁路（蚌埠段）新建项目，涉及固镇县、淮上区、蚌山区、龙子湖区用地规模 23.53 公顷的京沪铁路电气化改造（蚌埠段）改建项目，涉及蚌山区、禹会区用地规模 20.00 公顷的水蚌铁路外迁新建项目，涉及蚌山区、禹会区用地规模 26.67 公顷的城市西部铁路专用线新建项目。这些项目共计 251.00 公顷的用地。我们用如下折线图直观反映蚌埠铁路用地的变化，如图 3-32 所示。

在公路方面，2009～2013 年蚌埠市重点安排了涉及蚌山区、禹会区用地规模 356.49 公顷的城市中环线新建、改建工程，涉及龙子湖区、五河县用地规模 56.70 公顷的蚌淮

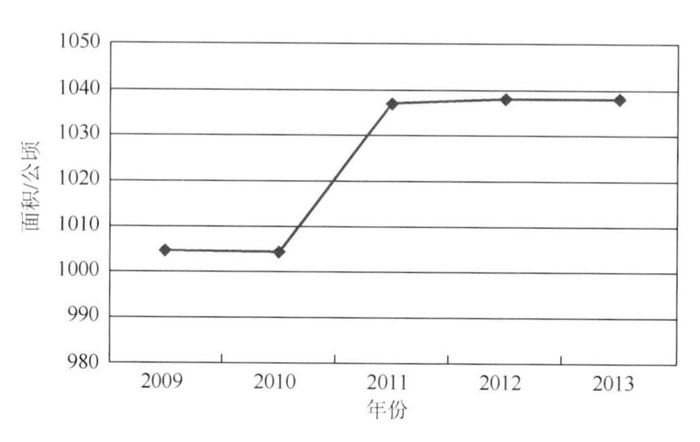

图 3-32　2009～2013 年蚌埠市铁路用地变化

高速公路蚌埠连接线新建工程，龙子湖区用地规模 12.60 公顷的蚌淮高速公路延伸段高铁连接线新建工程，怀远县用地规模 64.40 公顷的国道 206 改造工程，五河县用地规模 23.75 公顷的徐明高速新建工程，涉及淮上区、固镇县用地规模 137.01 公顷的蚌埠至固镇公路改造工程，五河县用地规模 600.00 公顷的蚌埠—五河—泗洪高速公路新建工程，五河县用地规模 104.00 公顷的国道 104 改造工程等，共计 2722.00 公顷的用地，我们用如下折线图直观反映蚌埠公路用地的变化，如图 3-33 所示。

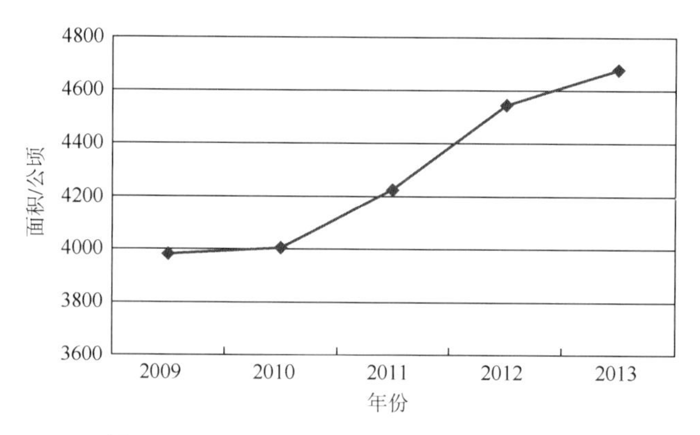

图 3-33　2009～2013 年蚌埠市公路用地变化

蚌埠市在城镇建设用地的合理空间布局的基础上，依托地理位置的传统优势，使交通运输用地得以按照便捷、安全、高效的原则来进行安排，市域交通网络系统逐步得到完善，实现了以公路、铁路为主，客货畅通为目标的，综合化、立体化、全面化、现代化为导向的合理的综合运输网络，提高了交通运输基础设施对蚌埠经济发展的保障能力。

4. 构建工业化土地利用空间布局

蚌埠是老工业城市，工业曾经为蚌埠带来巨大的辉煌，但现阶段蚌埠的工业化水平有限，产业整体素质较低，市场主体严重发育不足，这些问题导致综合加工业型的产业格局不能适应当前市场的变化，急需调整和升级。围绕着这一目标，蚌埠市构建了“5+1”的工业总体布局框架，优化土地资源配置，重点建设市区西部工业经济区域、市区东部工业经济区域、蚌埠工业园区、怀远县工业经济区域、固镇县工业经济区域、五河县工业经济区域和孝仪能源化工产业园、五河经济开发区、沫河口工业园、怀远经济开发区、长淮工业园组成的“沿淮工业带”，形成了工业化土地利用的空间布局①。

5. 优化城市建设用地结构，村镇建设规划合理

从图 3-34 来看，蚌埠市的城市用地 2009～2013 年一直在增加，在 2010～2012 年增长最为迅速，2012～2013 年增长有所放缓。

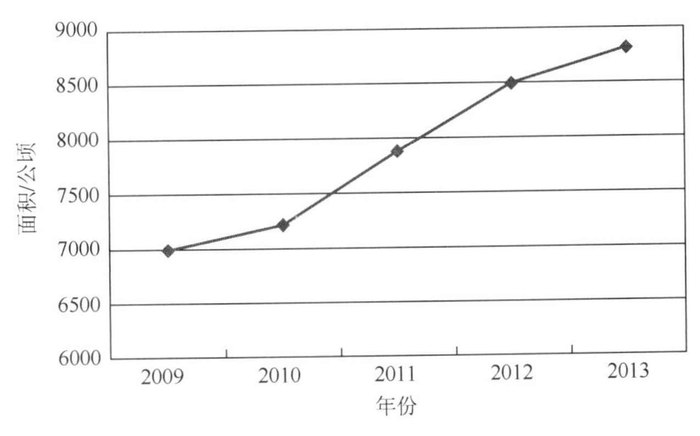

图 3-34　2009～2013 年蚌埠市城市用地变化

如表 3-10 所示，蚌埠市的城市用地增长弹性系数一直都高于城市用地增长合理弹性系数 1.12，在 2011 年、2012 年系数达到一个高峰值，2013 年明显有所下降，说明蚌埠市城市用地粗放利用、浪费、效益低等问题正在慢慢改变。

表 3-10　2009～2013 年蚌埠市城市用地增长弹性系数

2009 年	2010 年	2011 年	2012 年	2013 年
1.52	1.45	3.54	3.12	1.72

现在蚌埠市结合城市用地的实际需求和拓展方向，限制盲目扩张，严格划定了城市建设用地区，优化城市建设用地结构，合理安排和高效利用了城市用地，提高了城市土地利用率，推进和加快旧城改造，形成了中心城区用地空间布局。

如图 3-35 所示，2009～2013 年，蚌埠市建制镇的土地资源利用数量一直在上升。

过去对建制镇的土地资源缺乏管理，建制镇的用地相对来说比较散乱，土地利用率比较低。近几年来，随着蚌埠市加大对土地资源的规划及管理的力度，建制镇的土地资源利用逐渐合理，旧村镇实现了新的改造，建制镇的规模也得到进一步的控制，正在逐步实现集约节约利用。

① 《安徽省蚌埠市土地利用总体规划（2006—2020）》。

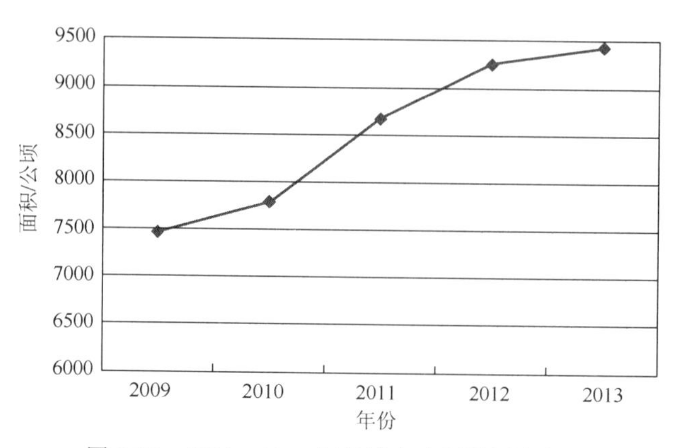

图 3-35　2009～2013 年蚌埠市建制镇用地变化

如图 3-36 所示，2009～2010 年蚌埠市的村庄用地少量增加，从 2010 年开始蚌埠市的村庄用地逐年下降，并且下降幅度很大。

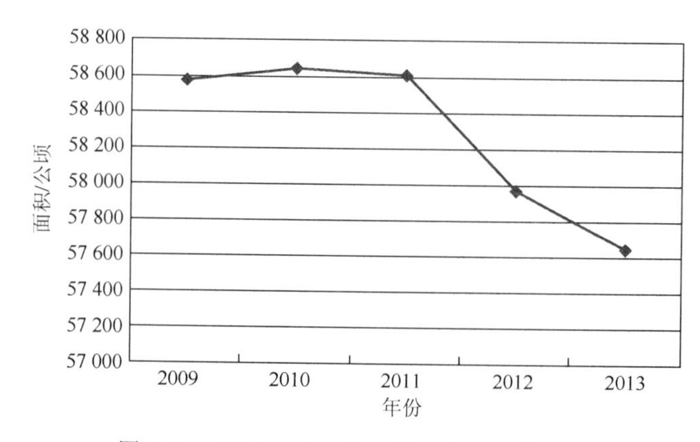

图 3-36　2009～2013 年蚌埠市村庄用地变化

近几年来，蚌埠市对农村村庄用地集约节约利用，加大治理空心村、空心庄力度，整治许多农户宅基地面积严重超标的问题，大力宣传农村居民宅基地用地规范，劝诫并引导农村居民调整宅基地面积，严格实施农村居民宅基地用地制度，对空心村、空心庄进行整体搬迁，开发复垦、退宅还田，形成了用地节约集约、布局合理的城乡居民点体系，促使农村城镇化、耕地保护以及生态环境建设沿着三位一体的方向发展①。

3.5.4　蚌埠市土地资源利用存在的不足

1. 人口密度大，土地资源相对匮乏

蚌埠土地资源相对比较匮乏，人口密度大，人均占有土地面积小，尽管蚌埠地处淮河中游，地势相对平坦，多为平原，耕地面积较多，但随着社会经济发展以及政策等各方面

①《安徽省蚌埠市土地利用总体规划（2006—2020）》。

的变化，蚌埠市发展规划受到土地资源匮乏的制约，这给蚌埠市的工农业发展带来一定的局限性。

通过查阅相关文献、地方志[①]等资料，蚌埠市土地总面积占全省 4.2%，在安徽省 17 个地市中排列第 12 位，人口总数却是全省总人口的 5.29%。安徽省人口多、人口密度大（汪权方和查书平，1997），是我国典型的人多地少省份之一，蚌埠市算是安徽省内人多地少的主要城市。人口密度反映了人类生活条件、资源利用和环境压力状况，从人口密度的角度来看，2013 年蚌埠的人口密度为 532 人/千米^2，远高于全省和全国的平均水平，人口密度大，对土地资源消耗作用、环境破坏作用都比较明显。从人均占有土地面积来看，2013 年蚌埠市人均占有土地面积 2.43 亩，低于全省人均占有土地面积（3.04 亩）。

2. 土地利用率较高，可利用地少，土地利用面积增长潜力有限

蚌埠市的土地资源开发利用程度比较高，2013 年蚌埠市土地利用率高达 91.33%，未利用地面积仅占总面积的 8.67%，耕地后备资源缺乏。

相对于 2012 年，蚌埠市未利用地开发为农用地减少了 176.09 公顷，建设地占有减少 7.28 公顷。从蚌埠市的耕地开发前景来看，平原区基本已经达到开垦极限，南部存在的少量丘陵地带因资源条件等各方面因素的影响，不宜进行农耕。由于蚌埠市经济社会发展的阶段性特征，城镇化及工业化的发展会占有部分耕地，加上人们生产生活对生态环境造成的影响和其他自然资源利用限制条件，各类土地供给的压力日益加大，蚌埠市可开发利用地和未利用地面积较少，后备资源匮乏，对于耕地和其他用地补充能力较弱，土地利用面积增长潜力有限。总体来说，蚌埠市的耕地资源状况形势比较严峻，不容乐观。

3. 土地资源供需不平衡日益紧张

在中央实施“中部崛起”战略和东部发达地区产业梯度专一的背景下，蚌埠面临一次巨大的发展机遇，也是蚌埠重返安徽省第一方阵的一次绝佳机会。目前，蚌埠处于全面大发展时期，发展大产业，进行大建设，在这一阶段，公共基础设施的完善、城镇化和工业化建设都需要大规模的建设用地，但当前蚌埠经济社会发展用地指标严重不足。土地资源供需不平衡日益紧张。建设用地的需求日渐增长，耕地资源状况不容乐观，如何进行统筹规划保证各方面对土地资源的需求，做到在耕地保护和粮食生产保护预期水平下挖掘出安排城市建设用地的潜力，对于土地资源本就匮乏的蚌埠市来说是一次巨大的挑战。

4. 城乡建设用地急剧扩张，补充耕地难度较大

随着城乡一体化的建设和城市大建设的推进，城乡建设用地的需求量急剧扩张，原有的土地利用规划和与之相配套的基本农田保护区规划和土地开发整理规划都制约了城乡建设和城市大建设的推进。因此，要想实现耕地资源的占补平衡，就必须要加大土地开发整理力度，由于蚌埠市的后备可供开发的土地资源（未利用地）匮乏，虽然蚌埠市采取一

① 《蚌埠市志》，1995 年，方志出版社。

些相应措施，但是巧妇难为无米之炊，补充耕地、实现占补平衡难度较大。

5. 节约集约用地难度较大

土地集约化指的是在一定面积的土地上，集中投入生产资料和劳动、使用先进的技术和管理方法，来寻求在一定面积土地上获取高额收入的一种经营方式。按照城市等级划分，蚌埠市应属四线城市，城市经济基础薄弱，发达程度较低，因此土地集约化可以分为城市土地集约化、农村土地集约化。城市土地集约化可以这样表示：$I_c=\dfrac{\left(S+C+I_1\times\dfrac{I_1}{I_1+I_2}+I_2\times\dfrac{I_2}{I_1+I_2}\right)}{L}$，其中 I_c 表示城市土地集约化利用程度，S 表示工资，C 表示投入的资本，I_1 表示投入的民间资本按民间利率计算所支付的利息，I_2 表示投入的集体资本按银行了利率计算所支付的利息，$\dfrac{I_1}{I_1+I_2}$ 和 $\dfrac{I_2}{I_1+I_2}$ 分别表示投入的民间资本和集体资本所占比例，L 表示土地利用面积。农村土地集约化可以这样表示：$I_v=\dfrac{(E+C+I)}{L}$，其中 I_v 表示农村土地集约化利用程度，E 表示农民进行农业生产所取得的收入，C 表示农民进行农业生产的成本，I 表示农民进行农业生产的成本存在银行所支付的利息，L 表示土地利用面积。为了简化计算，将城市、农村土地集约化利用程度用土地产出率基准产出[①]来替代。对于城市、农村土地集约化利用程度的评价标准可以表示为：土地集约化利用程度＜50，为粗放利用；50≤土地集约化利用程度＜75，为比较集约利用；75≤土地集约化利用程度＜100，为接近集约利用；100≤土地集约化利用程度，为集约利用。

从表 3-11 可以看出，蚌埠市城市土地集约化利用程度近年来一直处于比较集约利用，城市土地集约化利用程度逐渐增加，但是增加趋势越来越慢，这说明伴随着城市大建设，城市建设用地不断增加，城市已经审批下来的但未开工建设的土地也越来越多，闲置土地不断增加，使土地集约利用难度加大。农村土地集约化利用程度一直处在粗放利用水平，但农村土地集约化利用程度逐渐增加，随着新农村建设、城镇化建设，农村耕地的占补平衡问题面临挑战，农村土地集约化利用也越来越难。

表 3-11　蚌埠市城市土地集约化利用程度

项目	2009 年	2010 年	2011 年	2012 年	2013 年
城市土地集约化利用程度	47.28	50.53	65.18	70.32	71.06
城市土地利用评价	粗放利用	比较集约利用	比较集约利用	比较集约利用	比较集约利用
农村土地集约化利用程度	18.42	20.19	24.60	23.97	31.72
农村土地利用评价	粗放利用	粗放利用	粗放利用	粗放利用	粗放利用

注：计算所用数据均来自蚌埠市统计局

① 土地产出率基准产出=GDP/土地面积。

另外，蚌埠市作为老工业城市，在20世纪90年代末、21世纪初由于政策及其他各方面因素影响蚌埠的工业发展开始走下坡路。目前，蚌埠的工业市场主体严重发育不足，工业化水平有限，产业整体素质偏低，这些问题导致综合加工业型的产业格局急需调整和升级。目前，蚌埠需要承担推进区域产业结构调整优化升级，提升区域创新能力，促进区域经济发展的压力，在以发展工业为主，农业、服务业发展为辅，工业仍占主导地位的情况下，实现土地资源节约集约利用及对土地资源利用方式的转变的难度非常大，同时，如何在抓住发展机遇的基础上，建立有效的未利用地储备机制和土地节约集约利用调控机制来优化配置土地资源，使土地资源有效支撑全市的经济社会发展也是一个亟待解决的重要问题。

6. 土地利用结构不适应社会经济持续发展的需要①

蚌埠市的土地利用结构需要适当调整以适应社会经济可持续发展的需要②。

一方面，近些年来，由于国家政策等方面的影响，蚌埠市的土地农业利用率达到75.92%，但仍低于全国平均数，应提高农业综合生产能力，积极推进农村土地综合整治，提升农业生产总体水平，大力推进农业现代化的建设。

另一方面，农业内部结构各产业结构不合理。蚌埠市的农用地将近85%是耕地，园地、林地、草地、其他用地分别占农用地面积的0.28%、3.83%、0.04%、10.85%。园地、林地、草地的面积远低于全省平均水平和全国平均水平，园地、草地的面积几乎可以忽略不计，草地中几乎没有天然牧草地和人工牧草地，林地中几乎全部是有林地。园艺、林业和畜牧业蕴涵巨大发展潜力。因此，在保证耕地面积稳定及粮食安全的情况下，充分合理利用和扩大园地、林地和草地资源，改善生态环境，大力开展植树造林活动增加林地面积、提高森林覆盖率、保证空气质量，积极发展园艺美化城区环境，并且加大对畜牧业的扶持力度，构建多元化的农业发展结构，提高农用地综合生产能力和利用效益，增加除种植业以外的农业收入，降低粮食收入在农业收入中所占比例，改善生态环境质量，提高人民生活质量。

3.5.5 针对蚌埠市土地资源利用的意见

1. 严格控制建设用地供应总量

近几年来，蚌埠市处于经济大发展时期，对建设用地的需求也在逐步增大，通过图3-37，我们可以直观地看出在2009～2013年这五年中建设用地不断增加。

目前，蚌埠市十分接近处于城市化加速阶段（城市化水平持续到70%时趋于平缓），以农用地为主的郊区正在逐步转变为以非农用地为主的城市，城市建设用地成为土地经营的重点，在这一阶段应该严格控制建设用地的面积并且根据建设用地的适宜性对城镇、工矿用地进行空间组织，使建设用地扩张带来最大化的经济增长效用。

---

① 项思可. 2010. 安徽土地资源概况及土地利用结构与状况分析[J]. 广东农业科学，2010，37（8）：349-353.

②《安徽省蚌埠市土地利用总体规划（2006—2020）》。

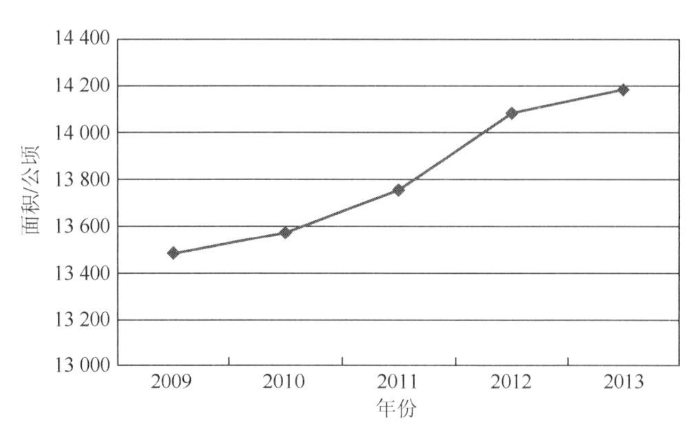

图 3-37　2009～2013 年蚌埠市建设用地

在面临城乡一体化建设、区域发展战略实施、合芜蚌自主创新综合试验区及国家促进中部崛起的机遇，以及土地后备资源贫乏、生态承载力较低、耕地保护压力较大的挑战下，蚌埠市应在政府高度垄断土地的一级市场中，有效发挥市场配置土地资源的基础性作用，严格控制建设用地土地供应总量，并且蚌埠市应加大对城镇闲置土地的整治处理力度，对长期未利用的土地和荒废的土地予以回收，建立和完善土地后备资源的储备制度，统筹管理、规划和利用土地资源。针对市区的建设需求，应优化城市建设用地结构，合理利用城市中心城区用地，提高利用率，但也要特别注意不要盲目扩张。首先，在处理新增建设用地占用农用地和耕地的问题上，应严格控制建设用地占用农用地和耕地的规模，其次，对长期闲置的建设用地应加大处理力度，适当地将闲置、荒废的闲置用地收回，并且进行整理复垦开发补充农用地和耕地。

另外，在推进城乡一体化建设和新农村建设过程中，应加大力度改变建制镇和村庄粗放的用地方式，促进土地节约集约利用，调整城镇工矿用地和建制镇用地结构，严格控制城乡建设用地总体规模。

最后，面对经济发展的机遇，既要保障建设用地的供给，又要进行适当控制，但对于基础设施、交通运输及民生工程这些重点项目的建设用地需求，应重点规划安排。只有保障了这些项目的用地，才能更好地促进国民经济又好又快发展。

2. 加大土地资源整治力度

蚌埠市的土地利用率较高，相对的后备土地资源较少，虽然蚌埠市通过一系列措施实现连续 12 年（2002～2013 年）土地占补平衡，但依然无法改变后备土地资源贫乏的现状，因此加大对土地资源整治力度是至关重要的，特别是对违法用地的土地整治。

首先，违法用地严重危害耕地保护目标，经济的快速发展已经占用了部分耕地，加上后备土地资源有限，未利用地较少，补充耕地的难度越来越大，实现土地资源占补平衡也越来越困难。其次，违法用地会影响到社会和谐稳定，违法用地规避补偿安置，农民面临的风险非常大，农民一旦拿不到土地租金，得不到应有的补偿，被占有的土地又不能进行复垦，这就会陷入“种田无地、就业无岗、社保无份”的困境（徐绍史，2007）。还有一些违法占地进行非农建设，这些俗称为“小产权”房，一旦出现产权纠纷、经济纠纷或者面临清理，“小产权”房主的利益也是没有保障的。这些问题都会造成个别群体的利益受到损失，直接影响到社会和谐稳定发展。最后，违法用地造成土地资源的浪费，影响城市规划，土地资源是一切生产、建设和人民生活必不可少的物质条件，对土地资源的浪费是极大的错误，土地利用总体规划和基本农田利用规划都对土地资源利用做出了划分，违法用地不仅打乱了规划，而且造成土地利用结构混乱。近些年来，蚌埠市通过推进土地执法监察机构和队伍建设，建立与国土部门共同构建预防和查处违法用地行为的机制，将违法用地的比例从34.3%降到了 5.25%。现阶段，仍要加大对土地资源的整治力度，合理合法的利用好土地资源。

3. 继续做好土地利用规划

到目前为止，蚌埠市已经出台了《蚌埠市土地利用总体规划（1997—2010）》《蚌埠市土地利用总体规划（2006—2020）》《蚌埠市城市总体规划（2008—2020）》，以及市辖各区、三县的土地利用总体规划。土地规划作为在土地利用的过程中，为达到保障国民经济发展等目标，对各类用地的结构和布局进行调整或配置的长期计划，对一定地区范围内的土地资源进行合理的组织利用和经营管理的一项综合性的技术经济措施，为蚌埠市优化配置、合理利用土地资源提供了基础和依据，为蚌埠市土地利用指明了方向，指导了各个局部的土地开发、利用、管理、整理、改造和保护，改善了土地利用环境、提高了土地利用的综合效益和土地利用率。这些规划实施以来首先强化了对耕地特别是基本农田的保护，其次提高了土地节约集约利用水平，然后促进了生态环境的改善，最后保障了经济社会发展对建设用地的合理需求、增强了按规划管理和使用土地的意识。因此，在现阶段经济快速发展，城乡建设用地急剧增加，人民生活水平日渐提高，人口持续增长的情况下，对有限的、宝贵的土地资源做出统筹兼顾的长远安排是十分重要的，这将有利于经济社会持续健康和谐发展。

4. 切实推进节约集约利用土地

如表 3-12 所示，蚌埠市的村庄用地在最近几年有了明显的下降，主要源于蚌埠市对村庄用地的节约集约利用。在接下来对土地资源的利用过程中，第一，蚌埠应将过去零星居住的宅基地规划搬迁到一个聚集区域，集中建设，由过去的院落式、别墅式的宅基地利用方式逐步变为楼房和向空中发展的方式。第二，盘活建制镇和村庄建设用地存量，加大对建制镇和村庄指导力度，将盘活的建制镇和村庄建设用地存量，集中用来招商引资，发展乡镇的轻工业和第二、第三产业，提高城乡竞争力，提高这些存量建设用地的集中利用效率和产出效率。第三，将过去的集体建设存量用地，例如，村委会、闲置的学校、幼儿园结合村庄搬迁、退宅还田的工作的契机进行复垦整理增加有效的耕地面积，减少闲置的存量建设用地。

表 3-12　2009～2013 年蚌埠市建制镇和村庄用地面积（单位：公顷）

年份	建制镇	村庄
2009	7 454.63	58 581.08
2010	7 781.73	58 646.72
2011	8 663.33	58 612.29
2012	9 241.70	57 971.79
2013	9 432.03	57 646.72

5. 蚌埠市土地资源利用情况的总结

纵观蚌埠市土地资源利用的历史，20 世纪 90 年代蚌埠的土地资源利用中农用地占据绝对的主导地位，农用地中最多的又是耕地，因为地处淮河中游，地势多为平原，种植业的条件、基础较好，粮食年年丰收，农业土地利用率水平比较高。但由于这一段时间受到合肥、芜湖等城市发展的冲击及打压，蚌埠的工业、交通运输业都处于原地踏步甚至倒退阶段，第二、第三产业比较落后，建设用地虽然有所增加，但土地资源利用不合理、配置不明确、土地利用结构不能够满足当时社会经济发展趋势。2000 年以来，蚌埠的土地资源利用过程中，连续 12 年（2000～2012 年）始终实现耕地面积的占补平衡并且粮食产量也在年年攀升，农业土地利用率也在逐步提高，但后备土地资源十分缺乏，未利用地占比较少，随着经济社会不断发展对土地资源的需求也在不断增长，这一问题也更加明显。随着经济的不断发展，蚌埠市城区建成区面积也在不断扩大，增速也较之前有大幅度提高，市区和三县的建设用地都在不断增加，在这一时间段中，土地资源的利用规划越来越合理，土地资源利用结构也在不断完善。土地调控保证了基本农田面积、耕地保有量、建设用地、城乡建设用地、城镇工矿用地规模，在区域土地调控方面，划分了土地利用功能、生态环境安全控制、自然与历史文化遗产保护等区域。土地资源利用布局中设定了国土生态屏障网络用地、优先安排基本农田、协调基础设施用地，整体上优化了布局。总体上来说，从 2000 年到目前，蚌埠市土地资源利用在严格保护农用地，特别是耕地，满足经济发展对建设用地需求的基础上保障了科学发展用地，促进了土地节约集约利用，加强了土地生态环境建设。但随着经济社会越来越快发展，城镇化和工业化进程不断加快，蚌埠市土地资源利用的问题也越来越多：人口密度较大、土地资源相对匮乏，未利用地较少，土地利用面积增长的潜力有限，土地资源供需不平衡问题日益严重，城乡建设用地急剧增长，补充耕地面积难度较大。

目前在国家促进中部崛起战略、合芜蚌自主创新综合试验区、区域发展战略实施的背景下，蚌埠市土地资源利用面临巨大的机遇和前所未有的挑战，一方面国家加快“两淮一蚌”沿淮城市群发展，在政策、资金、重大项目布局等方面给予蚌埠地区带来大力支持，强化经济社会薄弱环节建设，有利于促进蚌埠发挥综合优势、提高产业核心竞争力，促进自身产业的调整和优化升级。另一方面，蚌埠市可以借助这些机遇来调整优化用地结构和布局，规范土地利用管理、促进城乡统筹，提高土地单位面积产出、土地利用效率和节约集约用地水平①。

①《安徽省蚌埠市土地利用总体规划（2006—2020）》。

第 4 章　中国水资源可持续利用研究

水资源的可持续利用对实现经济、人口、资源与环境的协调发展具有重大意义。本章首先对我国水资源的现状进行统计分析，主要从水资源总量、全国供水量和用水量及单位 GDP 用水量等方面分析；然后选择我国 30 个省份（不包括西藏）1997～2012 年的面板数据，建立空间计量模型，深入研究工业废水的影响因素，分别考察了经济规模、城镇化率、产业结构和进出口贸易对工业废水排放的影响；之后通过案例进行分析。通过对蚌埠市工业企业周边居民进行问卷调查，运用蚌埠市 2005～2013 年相关指标数据，建立三阶段 DEA 模型，根据模型结果，结合受访者对政府治污工作的满意度，衡量蚌埠市水污染治理效率。最后通过以上研究分析提出相关政策建议。

4.1　中国水资源概况现状

随着人类社会的进步与发展，水资源所扮演的角色早已不再局限于维系生命，现代人类活动的各个方面均需要水的参与。日常生活、农业灌溉、渔业养殖、工业生产活动等都离不开水资源的支持，因此可以说水资源是维持地球生态平衡的关键性因素，既是不可或缺的自然资源，也是无可替代的经济资源。然而近年来，水资源紧缺状况越来越严重，很多城市出现了经常性停水现象，水资源分布不均的历史现状更是加剧了部分地区水资源紧缺的程度。水资源的紧缺严重影响居民的日常生活，更重要的是，严重阻碍工业、农业生产活动。除此之外，水资源的污染状况和水资源的浪费现象也越来越严重，这进一步加剧了水资源的紧缺状况，甚至可以说具有更大的危害。水资源的严重污染不仅对经济、人口造成重大危害，也间接影响了水资源的供给总量。在这种情况下，合理配置水资源，平衡水资源的供需，建立全国范围内的水资源持续利用预警系统，同时有效防治水资源的污染，实现水资源的长期可持续利用显得尤为重要。

我国国土面积 960 万平方千米，居世界第三位。在这广阔的土地上，多年平均降水总量为 61 889 亿立方米，水资源总量为 28 124 亿立方米，河川径流量为 27 115 亿立方米，居世界第六位，仅次于巴西、俄罗斯、加拿大、美国和印度尼西亚。虽然我国水资源总量不少，但人口众多，人均占有水量仅为 2300 立方米，约占世界人均占有水量的 25%；单位耕地面积的占有水量仅为世界均值的 75%。至 20 世纪 90 年代末期，我国以全球陆地 6.4%的国土面积和全世界 7.2%的耕地养育着全球约 25%的人口，使得我国水资源态势十分严峻。

我国水资源量的地区分布与人口和耕地的分布很不相称。南方的长江流域、珠江流域、浙闽台诸河、西南诸河四片区面积占全国的 36.5%，耕地面积占全国的 36.0%，人口占全国的 54.4%，但水资源总量却占全国的 81.0%，人均占有水资源量 4180 立方米。随着用水的不断增加，废污水的排放量也不断增加，特别是工业和城市等点污染源，污水量集中，浓度大，又多数未经过任何处理就排入地表和地下水体，造成严重污染，有的已经影响取水水源，危及人民的生活和健康。据有关部门统计，1999 年全国污水总排放量 584 亿吨，80%未经处理。全国水资源评价约 10 万千米河长中，水质Ⅳ类以上占 47%，辽、海、黄、淮河污染更为严重，75%的湖泊水域、53%近海海域受到污染。

本章采用数据包络分析（date envelopment analysis，DEA）方法。DEA 是非参数数学规划估算生产前沿的方法，假定有若干生产决策单元（decision making unit，DMU）使用若干种投入生产某种产品，DEA 就是构造一个非参数的包络前沿使得所有的投入与产出组合的观察点或位于这个前沿面之上或之下，这个观察点与前沿面的距离用来度量技术效率。1977 年，C. A. KnoxLovell、D. J. Aigner 和 W. Meeusendou 提出了随机前沿生产函数。A. Charnes 和 W. W. Cooper 等针对有效性提出了新的评价方法，即 DEA。Charnes 等、魏权龄等提出了技术效率识别的 C2GS2 模型。Chung 等（1997）设计了 Malmquist-Luenberger 指数，并构造出方向性距离函数。傅勇和白龙（2009）考虑资本、劳动投入指标与 GDP 为产出指标，使用 DEA-Malmquist 指数测算中国改革开放后的全要素生产率（total factor productivity，TFP），研究中没有考虑能源消耗与碳排放指标；胡鞍钢等（2008）考虑了在环境因素情况下，利用中国省级数据，采用方向性距离函数为表述的全要素生产率模型对我国各省份生产绩效度量中的“技术效率”指标重新排名，但是该研究中技术进步没有考虑到能源消耗。陈诗一（2010）与周五七（2014）考虑到低碳经济 TFP 方法，分别采用 DEA 的 Malmquist-Luenberger 指数对中国工业全要素生产率与中国工业 36 个细分行业绿色 TFP 进行估算，但是没有对整个经济层面的低碳 TFP 测度进行估算。

由于污染问题存在空间效应，在研究污染的影响因素时大多研究者均建立空间计量模型。张浩然和衣保中（2012）采用空间 Durbin 计量模型检验了基础设施及其空间外溢效应与全要素生产率的关系；刘满凤和唐厚兴（2010）基于生产函数构建了空间 Durbin 计量模型研究了空间知识溢出效应随着空间距离增大而变化的特点；Tong 等（2013）研究了交通基础设施对 1981～2004 年美国 44 个州农业部门的经济产出的直接影响和空间溢出效应；Yu 等（2013）使用空间 Durbin 计量模型研究了中国地区的交通基础设施溢出效应。李国平和陈晓玲（2007）采用分布动态方法，从省区经济增长空间分布的形状和流动性两方面考察 1978～2004 年中国各省区经济增长空间分布的动态演进。本章在研究工业废水的影响因素时采用了空间计量模型，考察了经济规模、城镇化率、产业结构和进出口贸易等因素对工业废水排放的影响。

4.2　水资源可持续利用的现状分析

这里所讨论的水资源主要是指容易被人类使用的淡水资源，包含了地表水、地下水和土壤水。水资源具有稀缺性，近年来，随着经济的快速发展，人们对水资源的需求不断增加，并且经济发展带来的水污染更加严重。需求的增加和污染的加剧，导致水资源在可持续利用上出现了越来越严重的问题。图 4-1 展示了 1997～2014 年我国水资源的总量、人均水资源量、地表水和地下水资源量。

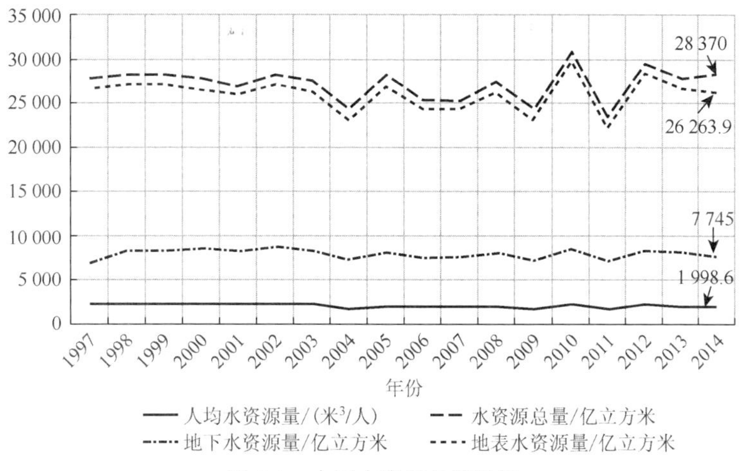

图 4-1　中国水资源量统计图

由图 4-1 可知，我国水资源总量变化趋势较为平稳，1997～2014 年，水资源总量基本维持在 30 000 亿立方米，其中水资源总量在 2004 年最低，为 24 129.6 亿立方米，在 2010 年达到最高，为 30 906.4 亿立方米。到 2014 年，我国水资源总量为 28 370 亿立方米，占全球水资源的 6%左右，仅次于巴西、俄罗斯和加拿大，位列世界第四位。再来看人均水资源量，我国人均水资源量的变化趋势也较为平稳，到 2014 年，我国人均水资源量为 1988.6 亿立方米，仅占世界平均水平的四分之一。按照国际公认的标准，人均水资源低于 3000 立方米的为轻度缺水，人均水资源低于 2000 立方米的为中度缺水，低于 1000 立方米的为严重缺水，而低于 500 立方米的为极度缺水。根据这一标准，我国在中度缺水这一范围徘徊。

地表水是陆地上动态水和静态水的总称，包括各种液态的和固态的水体，主要有河流、湖泊、沼泽、冰川、冰盖等。它是人类生活用水的重要来源之一，也是各国水资源的主要组成部分。由图 4-1 可知，我国地表水资源量变化幅度较其他统计量的变化幅度大，2012～2014 年，变化较为平稳，到 2014 年，我国地表水资源量为 26 263.9 亿立方米。地下水，是指赋存于地面以下岩石空隙中的水，狭义上是指地下水面以下饱和含水层中的水。国家标准将地下水定义为埋藏在地表以下各种形式的重力水。国外学者认为地下水的定义有三种；一是指与地表水有显著区别的所有埋藏在地下水的水，特指含水层中饱水带的那部分水；二是向下流动或渗透，使土壤和岩石饱和，并补给泉和井的水；三是在地下的岩石空洞里、在组成地壳物质的空隙中储存的水。地下水是水资源的重要组成部分，由于水量稳定，水质好，是农业灌溉、工矿和城市的重要水源之一。但在一定条件下，地下水的变化也会引起沼泽化、盐渍化、滑坡、地面沉降等不利自然现象。我国地下水资源总量变化也较为平稳，2014 年，这一数值为 7745 亿立方米。但是，根据环保部门的监测，我国地下水资源质量在逐渐降低，大部分城市的地下水受到不同程度的污染，并有城市地下水污染的程度在加剧。

图 4-2 是 2014 年供水总量图，水资源的供给主要来源三个部分：地表水、地下水和其他水源。由图 4-2 可知，在 2014 年，地表水供应量为 4912 亿立方米，约占供水总量的 80.7%。地下水源供应量为 1117 亿立方米，约占供水总量的 18.3%。其他水源供水量只有

57 亿立方米，约占供水总量的 1%。综上可知，地表水是水资源的主要供给源头。

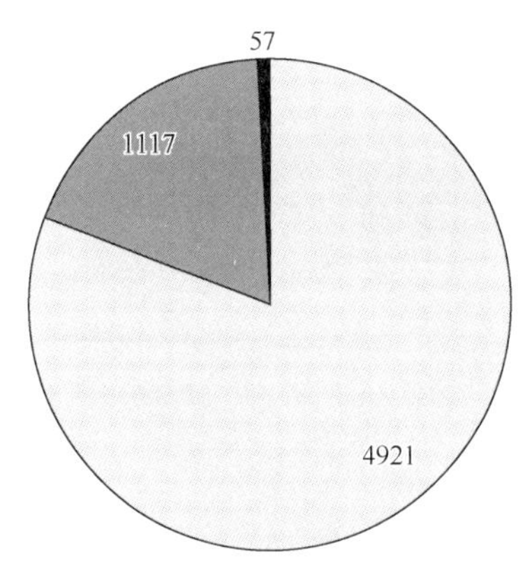

图 4-2　2014 年供水总量饼状图

图 4-3 是我国 1997～2014 年用水量的条形图，从我国用水量的总体变化趋势来看，1997～2014 年，我国用水总量变化较小，但整体呈上升趋势。1997 年，我国用水量为 5566 亿立方米，2013 年，用水量达到最大值，为 6183.4 亿立方米，到 2014 年，用水量出现小幅下降，为 6095 亿立方米。

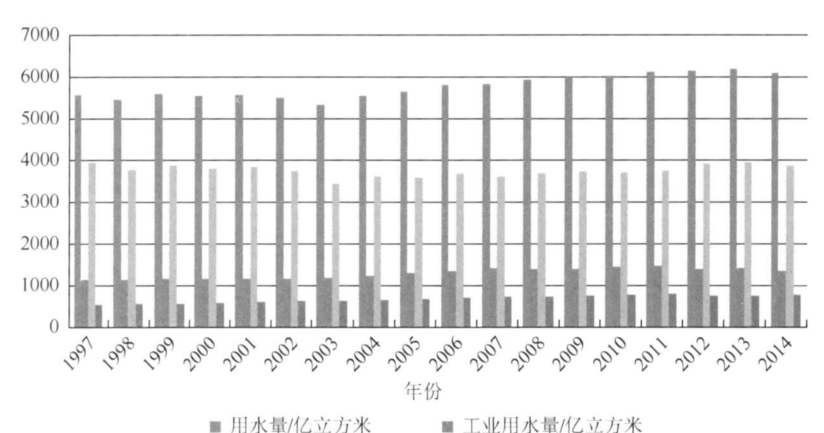

图 4-3　1997～2014 年用水量条形图

水资源的利用主要分为三个部分：工业用水、农业用水和生活用水。由图 4-3 可知，农业用水量所占比重最大，工业用水量所占比重次之，而生活用水量最少。农业用水主要指用于灌溉和农村牲畜的用水，农业灌溉用水量受用水水平、气候、土壤、作物、耕作方法、灌溉技术及渠系利用系数等因素的影响，存在明显的地域差异。由于各地水源条件、作物品种、耕植面积不同，用水量也不尽相同。工业用水指工业生产中直接和间接使用的水量，然而工业用水量的实际消耗并不多，一般耗水量为其总用水量的 0.5%～10%，即有 90%以上的水量使用后经过处理是可以重复利用的。生活用水量包括公共服务用水和居民家庭用水。公共服务用水指为城市社会公共生活服务的用水，包括行政事业单位、部队营区和公共设施服务、社会服务业、批发零售贸易业、旅馆饮食业及其他公共服务业等单位用水。居民家庭用水指城市范围内所有居民家庭的日常生活用水，包括城市居民、农民家庭、公共供水站用水。由图 4-3 可知，生活用水量呈上升趋势。

图 4-4 是我国万元 GDP 的用水量，万元 GDP 用水量是根据总用水量除以总 GDP 得到的，在横向上能较为宏观地反映国家或地区总体经济的用水状况，纵向上则反映了我国水资源的利用效用和节水政策的实施情况。从折线图的变化趋势可以看出，万元 GDP 用水量在不断下降，1997 年，这一数值是 726 立方米，到 2014 年，这一数值为 96 立方米，约为 1997 年的 1/7，表明随着我国经济的快速发展，我国水资源利用效率在提高。

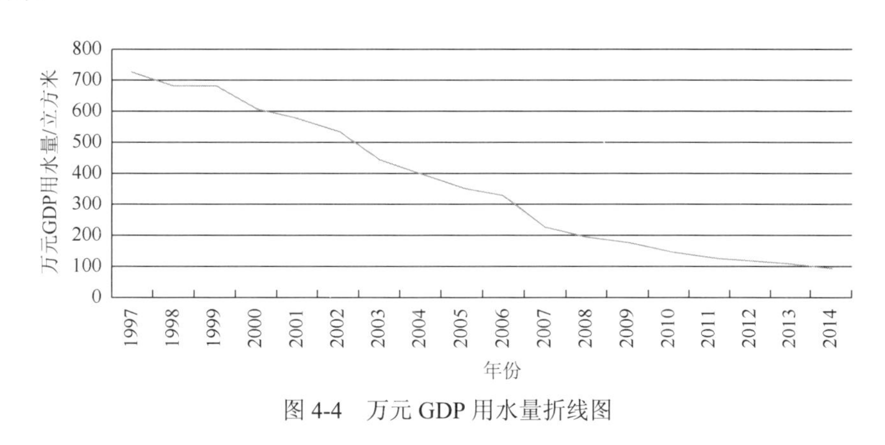

图 4-4　万元 GDP 用水量折线图

4.3　水资源可持续利用的空间实证分析

4.3.1　空间计量模型的设定

本节进行水环境的空间实证分析，选用工业废水排放作为重要的水环境质量指标，建立空间模型，并考虑在城镇化背景下研究低碳技术进步对碳强度的影响影响。其中规模效应选择人均 GDP 指标，结构效应选择产业结构指标，城镇化水平选用城镇化率指标。

由于本书采用的省域数据，可能存在空间效应，设定空间计量模型，进行检验。空间面板模型可以分为空间自回归模型（spatial auto regressive model，SAR）和空间误差模型（spatial error model，SEM），其分类主要依据经济数据空间依存性和差异性的特征。经济数据的空间依存性是一个区域的观察数据与其他区域的观察数据相关，这种相关性是由空间的相对和绝对距离决定的，空间差异性则表示空间观察单位的差异性从而在区域层面的空间效应非均一性。空间自回归模型通过空间自回归项来探讨空间“溢出效应”，空间误差模型则是通过空间误差项来体现。这两个模型的基本形式为

（空间自回归模型）

$$
\begin{aligned}
Y_{it} &= \rho(I \otimes W)Y_{it} + \beta X_{it} + \mu_{it} \\
\mu_{it} &= \mu_i + \varepsilon_{it} \\
\varepsilon_{it} &\sim N(0, \sigma^2 I_N)
\end{aligned}
\tag{4-1}
$$

（空间误差模型）

$$
\begin{aligned}
Y_{it} &= X_{it}\beta + \mu_{it} + \mu_i \\
\mu_{it} &= \lambda(I \oplus W)\mu_{it} + \varepsilon_{it} \\
\varepsilon_{it} &\sim N(0, \sigma^2 I_N)
\end{aligned}
\tag{4-2}
$$

其中，Y 表示因变量；X 表示自变量；W 表示空间权重矩阵；$I \oplus W$ 表示对空间权重矩阵进行克罗内克积处理形成分块对角矩阵；β 表示解释变量自变量的系数；t,i 分别表示时间维度和截面维度；ρ 表示空间自回归系数，若此系数显著则表明变量间存在空间溢出效应，即存在空间依存性，其值大小反应平均强度；λ 表示空间自相关系数，表示临近区域样本对本区域样本的影响方向和强度。式（4-1）、式（4-2）中因变量为工业废水排放指标，用 FS 表示；产业结构以第三产业占 GDP 的比重来衡量，用 TIP 表示；城镇化率以城镇居民占总人口的比重衡量，用 UR 表示；经济发展指标用人均 GDP 衡量，用 PGDP 表示进出口指标用进出口总额衡量，用 JCK 表示。由于低碳技术进步指标本身就是变化量，模型中除低碳技术进步指标外，其余变量均采用对数形式，所得系数可理解为弹性。

4.3.2 空间权重矩阵的构建

空间权重矩阵表示空间各样本之间的相互依存和关联强度，也是与面板数据模型不同点。实证研究中，一般通过采用邻接标准或距离标准来定义空间权重矩阵。邻接标准是指如果两个地区在地理位置上相互邻接关系，如安徽和江苏相邻则表明两地区存在邻接关系。可以看见邻接标准认定空间单元之间联系单单取决二者是否相邻，不能很好地反映实际情况，如在邻接权重矩阵中上海与新疆和上海与安徽之间的权重都是为 0，但上海对安徽的影响程度与对新疆的影响程度肯定是不同的，根据地理学第一定律，任何事物与它周围事物均存在联系，距离越近联系越紧密。故本节选择空间地理距离来计算地理距离空间权重矩阵 W_1，其表达式为 $W_1 = \begin{cases} 1/d^2, & i \neq j \\ 0, & i = j \end{cases}$，其中 d 表示为两地区省会城市的地理位置的距离。但是 W_1 仅仅反映地理邻近特征，这种表示空间权重矩阵是粗糙的，碳排放是经济活动产物，地区发展强弱对碳排放影响显著，通常经济发展高的地区碳排放量较多。考虑本节在空间权重矩阵加入经济基础，建立经济地理空间权重矩阵 W，其表达式为

$$
W = W_1 \mathrm{diag}\left(\bar{Y}_1/\bar{Y}, \bar{Y}_2/\bar{Y}, \cdots, \bar{Y}_n/\bar{Y} \right)
\tag{4-3}
$$

其中，W_1 表示地理距离空间权重矩阵；$\bar{Y}_i = 1/(t_m - t_1 + 1)\sum_{t_1}^{t_m} Y_{it}$ 表示时间维度内第 i 省份资本

存量平均值；$\bar{Y}=1/n(t_m-t_1+1)\sum_{i=1}^{n}\sum_{t_1}^{t_m}Y_{it}$ 表示时间维度内总物资资本存量均值。若一地区资本存量比重较大，它对周边影响程度也较大。资本存量参照前文。

4.3.3　空间相关性检验与模型选择

空间面板数据计量分析需要径向空间相关性检验。空间相关性指数 Moran's I 和基于极大似然估计的 Lmerro、Lmsar、Walds、Lratias 统计量是检验空间相关性的重要指标。它们检验原假设均为 H_0 ：$\rho=0$或$\lambda=0$，由于构建这些相关性检验指标均针对截面数据，不能直接运行，本节采用对经济地理权重矩阵进行克罗内克积处理得到分块对角矩阵。如表 4-1 检验结果显示，空间相关性指数 Moran's I、Lmerro、Lmsar、Walds、Lratias 空间相关性检验的概率值均远小于 1%的显著性水平，表明空间相关性非常显著，说明单纯选择普通面板计量模型是存在缺陷的，也表明工业废水排放适合运用空间面板计量分析。选择何种空间面板模型则需要依据 Anselin 和 Rey 利用 Monte Carlo 模拟方法得到的结果，若 Lmsar 比 Lmerro 统计量更为显著，则需选择空间自回归模型，反之则反是。Lmsar 统计值为 5120.414，远大于 Lmerro 统计值 214.771，表明选择空间自回归模型更为合适。

表 4-1　空间面板模型的空间相关性检验表

检验方法	样本数量	统计值	临界值	概率
Moran's I	480	0.158	12.221	0.000
Lmerro	480	214.771	17.611	0.000
Lmsar	480	5120.414	6.635	0.000
Walds	480	317.087	6.635	0.000
Lratias	480	184.061	6.635	0.000

4.3.4　实证结果与分析

选定空间面板计量模型后需要确定是存在固定效应还是随机效应，即进行固定效应和随机效应检验。其中，固定效应采用对数似然比检验，即 LR for FE 检验。其原假设为不存在固定效应。若拒绝原假设则说明选择固定效应模型得到的结果更好。而随机效应检验采用 LR for RE 检验，若拒绝原假设则说明固定效应存在。为保证结果的稳定性再进行 Hausman 检验，若拒绝原假设则选择随机效应模型。表 4-2 是空间面板模型 SAR 的 LR 检验及 Hausman 检验结果。由结果可知，LR 检验结果都在 1%的显著水平下认为采用固定效应模型效果会更好，同时 Hausman 检验结果也证实在固定效应模型和随机效应模型中更倾向于选择固定效应模型。

表 4-2 空间面板模型的固定效应与随机效应检验

检验方法	SAR	
	统计量	*P* 值
LR for FE	80.771	0.0000
LR for FRE	53.272	0.0000
Hausman	−27.763	0.0000

选择固定效应模型研究工业废水排放影响因素分析时能更好地控制区域和时间趋势影响。而空间面板模型的固定效应包括无固定效应、空间固定效应、时间固定效应和空间时间双项固定效应四类。表 4-3 和表 4-4 是空间自回归模型和空间误差模型估计的结果。

表 4-3 空间自回归模型估计结果表

变量	无固定效应		空间固定效应		时间固定效应		双固定效应	
	参数	*P* 值	参数	*P* 值	参数	*P* 值	参数	*P* 值
lnPGDP	0.078	0.035	−0.106	0.058	−0.088	0.087	−0.091	0.072
TIP	0.782	0.007	−2.403	0.000	−1.759	0.000	−2.106	0.000
UR	−0.024	0.951	0.943	0.003	0.558	0.070	0.577	0.058
JCK	0.402	0.0390	1.079	0.000	0.597	0.007	0.667	0.002
ρ	0.778	0.000	0.527	0.000	0.999	0.000	0.999	0.000
$\log L$	−445.543		−400.686		−359.105		−344.85	
σ^2	0.356		0.306		0.251		0.236	
R^2	0.225		0.334		0.454		0.4859	

表 4-4 空间面板误差模型估计结果表

变量	无固定效应		空间固定效应		时间固定效应		双固定效应	
	参数	*P* 值	参数	*P* 值	参数	*P* 值	参数	*P* 值
lnPGDP	−0.095	0.085	−0.113	0.039	−0.090	0.105	−0.094	0.087
TIP	−1.724	0.000	−2.518	0.000	−2.032	0.000	−2.440	0.000
UR	0.728	0.027	0.833	0.010	0.596	0.072	0.620	0.058
JCK	0.777	0.000	1.105	0.000	0.630	0.010	0.713	0.003
λ	0.964	0.000	0.589	0.000	0.98	0.000	0.989	0.000
$\log L$	−465.181		−405.16		−358.912		−344.37	
σ^2	0.347		0.310		0.254		0.239	
R^2	0.321		0.190		0.373		0.411	

由表 4-3、表 4-4 发现，空间自回归模型和空间误差模型中，空间自回归系数和空间自相关系数均在 1%的显著水平下通过了 t 检验，这表明我国 30 个省份的工业废水排放存在明显的空间相关性，这也为运用空间计量研究工业废水排放影响因素提供依据。不难发

现所有估计的空间自回归系数和空间自相关系数均为正数，说明各省份间工业废水排放体现为一种趋同效应，地区的工业废水排放不仅取决自身因素，还受邻近区域的工业废水排放的影响。由于空间固定效应、时间固定效应和双固定效应条件下的空间自回归模型估计的 log *L* 值大于相应的空间误差模型得到的估计值，选择空间自回归模型有更好的解释能力。且在空间自回归模型的四个模型中，双固定效应模型得到的 R^2、log *L* 值有明显改进，且空间自相关系数也通过了显著性检验，故表明地区间既存在空间固定效应，也存在时间固定效应。

不论是空间自回归模型，还是空间误差模型，各估计系数符号均保持不变，反映各因素对工业废水排放影响的稳定性。第二产业占比和人均 GDP 对工业废水排放影响为负的，有抑制作用，而进出口和城镇化率对工业废水排放影响为正，会增加工业废水排放。针对空间固定和时间固定的双固定效应模型，各参数值均通过检验，可用来具体分析。

人均 GDP 指标系数为负，反映我国经济增长存在对工业废水排放影响的规模效应，这主要是因为经济发展在导致对工业废水排放的正影响小于经济发展对工业废水排放的负面影响。通过空间自回归模型结果可以看见，包含空间固定效应、时间固定效应和双固定效应的系数分别为–0.106、–0.088 和–0.091，表明经济增长具有一定抑制工业废水排放的影响。这主要是由于我国传统工业普遍废水排放量较多，随着经济发展传统工业企业越来越少，而新型工业企业逐渐壮大，从而导致废水排放量下降，但下降幅度很小，均在 0.1 左右。

工业结构对工业废水排放影响系数为负，表明第三产业占比会抑制工业废水排放，这也表明我国工业废水排放也存在结构效应。从系数上看，空间自回归模型中，包含空间固定效应、时间固定效应和双固定效应的系数分别为–2.403、–1.579、–2.106，表明第三产业比重的提高会显著降低工业废水排放。第三产业是指不生产物资产品的行业，主要为服务业。服务业的废水排放很小，对水环境的影响也很小。所有第三产业比重增大会显著改善水环境。

城镇化率对工业废水排放影响为正，表明城镇化建设过程中会增大废水排放，这与以往研究不同。从系数上看，空间自回归模型中，包含空间固定效应、时间固定效应和双固定效应的系数分别为 0.943、0.558、0.577，表明城镇化会提高工业废水排放水平。主要是因为城镇化进程的推进会直接导致房地产业及相关产业的发展，这些产业消耗大量能源，导致工业废水排放增长，但同时城镇化的推进污水处理技术的广泛应用，也会对工业废水排放影响会有抵消部分。所以影响系数不大。

进出口对工业废水排放影响为正，表明进出口总额的增加会增大废水排放量。从系数上看，空间自回归模型中，包含空间固定效应、时间固定效应和双固定效应的系数分别为1.079、0.597、0.667，表明进出口总额会提高工业废水排放水平。这主要是因为我国进出口贸易中大部分是工业初级产品或是资源消耗较大的产品，此类贸易的增长会导致工业企业废水排放量也随之增加。

4.4　结论与政策建议

通过对中国水资源的现状分析，以及对工业废水影响因素研究，结合案例，可得出以下几点主要结论，针对这些结论，并结合笔者在研究创作过程中的经验，提出本节的政策建议。

4.4.1 主要结论

第一，总体上看，中国水资源时空分布不均衡。从空间上看，中国水资源南北相差悬殊，北方水资源贫乏，南方水资源相对丰富。长江及其以南地区的流域面积占全国总面积的 36.5%，却拥有占全国 80.9%的水资源总量，西北地区面积占全国的 1/3，拥有的水资源量仅占全国的 4.6%。我国人均水量仅为世界平均水平的 1/4、美国的 1/5，在世界上名列 121 位。总而言之，我国水资源较为匮乏。

第二，在产业结构上，我国目前第三产业还未得到充分发展。而通过建立的空间计量模型可以看出，第三次占比的提高会显著减低我国工业废水排放量，进而改善我国的水环境。目前第二产业占比仍较重，第三产业发展略有不足，从而导致我国水环境状况恶化趋势未曾改变。2014 年我国第三产业比重为 48.2%，而同期美国第三产业比重接近 80%，而一般发达国家基本达到了 70%，而发展国家印度在 2007 年第三产业占比就达到了 53%。

第三，经济规模对水环境的影响。通过空间自回归模型可以看出反映我国经济增长存在对工业废水排放影响的规模效应，即经济增长会减低工业废水的排放量。这表明我国一直走“一边发展一边治理”是正确的，水环境收益与经济增长，表现出经济增长的溢出效应，虽然影响经济增长对水环境的改善效果较小，但其影响趋势是值得肯定的。

第四，城镇化率对水环境影响为负，表明城镇化建设过程中会增大废水排放。城镇蔓延式扩张，造成城市自然生态系统的破碎。长三角、珠三角地区在快速城镇化过程中，区域城乡格局由以大片农田、自然景观为主的“农村包围城市”很快发展为以钢筋混凝土为主的“城镇包围农村”。城镇化也严重影响了我国水环境。

第五，进出口对水环境影响为负，进出口总额的增加会增大废水排放量。近年来，虽然我国的外贸依存度有所减低，但仍然较大。这也是我国水环境状况没有显著改善的一个原因。通过实证模型也可以看出进出口对工业废水排放有促进作用。

4.4.2 政策建议

针对以上主要结论，本节提出以下几点政策建议。

1. 树立全民节水意识，落实“水十条”政策

首先构建全民行动格局。树立“节水洁水，人人有责”的行为准则。加强宣传教育，把水资源、水环境保护和水情知识纳入国民教育体系，提高公众对经济社会发展和环境保护客观规律的认识。依托全国中小学节水教育、水土保持教育、环境教育等社会实践基地，开展环保社会实践活动。支持民间环保机构、志愿者开展工作。倡导绿色消费新风尚，开展环保社区、学校、家庭等群众性创建活动，推动节约用水，鼓励购买使用节水产品和环境标志产品。

2015 年 4 月国务院印发的《水污染防治行动计划》（以下简称“水十条”），成为当前和今后一个时期全国水污染防治工作的行动指南。“水十条”中明确提出的水环境质量改善的目标和具体措施，对水环境质量改善有重要作用。而落实“水十条”要推进社会共治，一是推动环境服务第三方治理。要充分发挥市场在资源配置中的决定性作用，作为公共利益代表的政府，可将部分治理事务“外包”给社会或企业等第三方，政府制定规则、强化服务，由直接管理转变为间接管理。二是提升社会治理能力，做好顶层设计，健全各级政府间，政府与社会间，政府、企业与公众间的参与机制。三是完善水污染防治信息系统。减少信息不对称，为企业环保治理、环保产业发展、社会公众参与提供支持，借助公众力量监督企业环境行为。

2. 经济政策应注重产业结构的调整

总体上看，经济应保持平稳发展。三次产业所占比重上，可在保证总体经济平稳增长的前提下适当提高第三产业比重，加大第三产业的发展力度，提高其发展效率。我国现有工业的发展已经处于较高水平，工业的提升空间已经很小，然而第三产业则不同，因此应把发展的重点转移到第三产业上，以实现经济的长期稳定增长。应寻求人口政策和资源政策之间的平衡由前文的结论可知，人口和资源之间的联系较为紧密，两者之间存在着此消彼长的关系，因此必须寻求两者之间的平衡。

3. 保持适度的经济增长，改善水环境质量

我国仍处于工业化和城市化加速阶段，建筑物、铁路、公路、机场等基础设施建设需要消耗大量资源能源，排放大量废物。对水环境也造成重大污染。快速工业化阶段是资源消耗多、污染物排放量大的阶段，还没有一个国家能在这一阶段避免环境污染。但完善环境经济政策，会在发展中解决水污染问题。通过模型发现适度的经济增长对水环境质量的提高有益。加大环境经济政策创新，促进环境污染外部成本的内在化。

4. 合理推进城镇化，严把水污染关

合理推进城镇化进程，切勿盲目冒进。城镇化不因为人口的集聚带来环境的改善，而是由于人口集聚会带来资源和污染的集聚，如果合理处理好资源有效利用和污染的集中处理，则会减低水环境污染。故需合理规划城镇化战略，适度调整区域人口结构，促进环境友好型城镇化进程，其中人口政策尤为重要，必须适度调整人口结构，防止人口激增导致配套实施不完善，若不能合理控制人口，则会由于严重的生活污染未处理直接排放导致环境污染恶化。

5. 有效利用外资，积极引进国外资金改善水环境

第一，合理有效利用外资，强化外商直接投资（foreign direct investment，FDI）的技术效应减缓水污染问题。全面优化外资利用水平，大力吸收外资中更清洁、更先进的技术，努力建立绿色贸易体系。应该制定更加严格的环境准入制度，对于严重影响当地环境的外资投资需谨慎选择。要完善体制政策环境，以及增高污染产业准入门槛。鼓励外资进入清洁能源、环保产业等能够促进可持续发展的领域。同时利用外资改造升级国内现有的高污

染高消耗企业，禁止引进严重污染环境又无有效治理措施的项目、工艺和设备。第二，合理利用外资助推节能减排发展，促进经济又快又好发展。一方面，通过从国外引进相关先进的节能减排技术和工艺，促进国内新技术换代升级；另一方面，提高本国研发清洁技术和先进节能减排技术的研发能力，以“清洁技术”替代“肮脏技术”，通过自主创新，以提高能源利用率，节约能源，减少二氧化碳排放。第三，大力推动本国资本流动，减少经济增长对外依存度。深化金融体制改制，推进利率市场化，推进民间资本流入实体经济。合理有效吸引外资，加大外资进入审核制度。第四，调整出口结构，有效提高出口的质量和效益。其一要控制高耗能、高排放和资源性产品出口。加大政策力度，控制“三高”产品出口。其二是引导建立新的出口优势产业。要真正改善我国出口贸易现状，就要依赖于高新技术、立足于自我品牌，使之成为我国出口竞争优势产业，不再依靠资源密集型或环境密集型产品的出口。其三是要支持自主性高技术产品出口等。综合运用各种手段，实现出口产品环境成本内部化。

4.5　案例：淮河流域蚌埠段水污染及治理状况调查报告

近年来，随着经济的迅猛发展，环境污染问题也越来越严重。目前，水污染是我国所面临的最严重的环境问题之一。淮河位于长江与黄河两条大河之间，是中国中部的一条重要河流，自 20 世纪 70 年代后期开始遭到污染，在经历了 1994 年“淮河水污染事件”和 2004 年“淮河污染水体下泄事件”以来，其流域污染反弹加剧，水污染事件接连不断。2015 年安徽“淮河支流黑水河事件”再现，再一次敲响了淮河水污染防治的警钟，淮河流域经济发展迅速，环境生态脆弱，亟须治理。

本次调查通过抽取淮河流域蚌埠段工业企业分布较多的区域，以其周边居民为调查对象，采用问卷调查和实地走访的形式，深入调查研究淮河流域蚌埠段水污染现状、居民对水污染感知情况、水污染成因、水污染治理状况，同时结合现有蚌埠生活污水排放量、工业污水排放量、生活垃圾清运量及农药化肥使用量等相关数据，运用列联表分析、灰色关联度分析、多元线性回归及三阶段 DEA 分析等方法，并结合我国水污染实际情况，阐述了淮河流域蚌埠段水污染现状，以人类自然活动和经济活动为切入点，探究影响淮河水质变化的主要因素，并评价当前淮河工业水污染治理效率，为相关部门当前和未来实施科学的水环境管理提出一些政策建议。

本次调查分析结果表明淮河流域蚌埠段水污染大致好转，总体污染程度为中度，其中怀远县、经济开发区污染较为严重，龙子湖区和高新区污染情况较轻；生活污水、生活垃圾，工业废水是造成淮河水质进一步恶化的主要因素，其次农药使用量，年末总人口、人均用水量和第三产业总值等因素均在一定程度上对淮河水污染造成影响，淮河水污染治理不容小觑；2005～2006 年淮河流域蚌埠段水污染治理效率呈递减趋势，自 2007 年后，水污染治理的规模效率开始逐步上升，但总体效率偏低，致使水污染对居民造成的影响日久弥深；其中水污染对居民身体健康和生活工作影响最大，不仅造成农作物产量大幅缩减，更是引其癌症等疾病发病率骤增，在一定程度上致使居民对政府治理的满意度偏低。

4.5.1 调查背景与策划

1. 调查背景

2015 年第四届世界水论坛提供的联合国水资源世界评估报告显示，全世界每年约有 4200 多亿吨的污水排入江河湖海，污染了 5.5 万亿吨的淡水。据 2015 年世界水日联合国发布的资料表明：全球有 11 亿人缺乏安全饮用水，每年因饮用被污染的水而患病的约有 12 亿人，1500 万 5 岁以下儿童死于由不干净的水引发的疾病，而每年死于痢疾、疟疾和霍乱等病的人数超过 500 万。据我国环保局发布的中国环境质量公告显示，2001～2004 年，我国共计发生水污染事件 3988 起，平均每年约 1000 起，而 2005～2014 年竟增长到每年 1700 起以上，不仅对渔业、养殖业和农业等经济活动造成巨大损失，且直接危害了人类健康。目前全国约有 3.2 亿农村人喝不上达标饮用水，其中饮用高氟水的约为 6300 多万人，饮用苦咸水的约为 3800 多万人，饮用高砷水约为 200 万人，全国约 1.9 亿人的饮用水中有害物质含量超标，在血吸虫病地区约 1100 多万人饮水不安全。通过饮水发生和传播的疾病在中国有 50 多种。

2013 年，全国废水排放总量达 659.4 亿吨，比上年增加 1.5%。其中，工业废水排放量 209.8 亿吨，比上年减少 5.3%；城镇生活污水排放量 485.1 亿吨，比上年增加 4.8%；城市污水已经成为主要的污染源。监测数据显示，全国重点流域的废水排放总量为 463.7 亿吨，较上年上升了 2.2%，占全国废水排放总量的 66.7%。其中松花江、辽河、海河、黄河中上游、淮河、长江中下游、太湖七大水系的废水排放量分别为 22.8 亿吨、18.5 亿吨、81.2 亿吨、40.8 亿吨、66.1 亿吨、126.6 亿吨、34.5 亿吨，海河、分别占重点流域排放总量的 4.9%、4.0%、17.5%、8.8%、14.3%、27.3%、7.4%，其中淮河污水排放量位居第三，水污染严重程度位于七大水系之首。

淮河位于长江、黄河两条大河之间，是中国中部一条重要河流，由淮河水系和沂沭泗两大水系组成，流域面积达 26 万平方千米，河流水功能区 825 个，干支流斜铺密布在河南、安徽、江苏、山东四省。

淮河流域自 20 世纪 70 年代后期开始遭到污染。1994 年“淮河水污染事件”更是举世瞩目，引起党中央、国务院的高度重视，1995 年 8 月 8 日，我国制定了第一部、也是迄今为止唯一一部流域法规——《淮河流域水污染防治暂行条例》。淮河流域阶段治理目标基本完成后，由于部分工业企业超标排污和关停企业死灰复燃，自 2004 年淮河污染水体下泄水污染事件发生以来，其流域污染反弹加剧，水污染事件接连不断，2006 年安徽蚌埠淮河村庄由于化工水污染，多人患癌死亡，引起社会关注，2008 年工厂搬离后至今为止无正常生长植物；同年 8 月，淮河水保局在水质监测中发现大沙河省界断面水质砷浓度严重超标。

据淮河水利委员会最新数据显示，2013 年淮河全年监测评价河长 22 396 千米，劣五类水质河长占 22.3%左右。整个河段中约有 78.7%达不到饮用水标准，79.7%不符合渔业用水标准，32%不适宜灌溉。据统计资料显示，全国 3000 家严重污染企业中，属于排放工业污染废水的企业，约有 160 家分布在淮河流域。2013 年淮河流域

175 个城镇中共有 1355 个入河排污口，排放污水 51.73 亿吨，其中化学需氧量和氨氮入河排放量分别较国家规定的 2030 年限排总量高 13%、55%。高达 7 亿吨城镇生活用水排入淮河。

淮河作为我国治理最严、投入最大的河流。2015 年安徽淮河支流黑水河事件再现，再一次敲响了淮河水污染防治的警钟，引起党中央、国务院的高度重视，淮河流域经济发展迅速，生态环境脆弱，亟须治理，加之流域内长期以来有着区域合作的基础，因此，进行淮河流域水污染及治理状况调查研究具有极为现实的意义。

2. 国内水污染研究现状

水污染是伴随着经济高速发展而出现的一系列生态环境问题，为了让全世界的人们关注水问题，1993 年第 47 届联合国大会确定每年 3 月 22 日为“世界水日”，并于 1996 年成立世界水理事会，每三年举办一次世界水资源论坛。我国也在 2008 年全国人民代表大会常务委员会修订通过的《中华人民共和国水污染防治法》，在党的十七大中，建设生态文明首次出现在党的报告里，在党的十八大报告中提出，大力推进生态文明建设。

国内学者对于水污染的研究主要分为以下几个方向：水污染现状和成因等方面的研究；水资源保护法制建设及水污染防治等方面的研究。周鑫和王心源（2007）、张体伟（2001）等针对我国不同流域的污染现状从区域的角度分析了不同流域的全局及局部水环境的现状和污染原因，并从生态防治和技术性防治的角度进行了相关的研究；胡定金（2010）简要叙述了造成我国水污染的主要原因为工业废水、城镇生活废水及农业污染；蔡守秋（1995）指出采用流域立法实施综合开发和保护，并建议制定综合性长江流域水资源保护法。吕忠梅（2007）主要研究流域水污染防治和水资源保护，他指出法制不健全导致管理混乱，从而对长江流域水资源的保护利用造成威胁，提出了有关长江流域水资源保护统一立法的基本构想。曲格平和李心亮（2007）认为，我国的水污染的问题在于经济发展方式和政策制度，解决水污染问题，一方面需要各工业企业担起责任，另一方面也需要政府从发展战略层面来进行规划治理。此外，新华网的《淮河部分支流污染依然严重，水生态危局令人忧》（王圣志和杨玉华，2014）指出淮河干流水质好转，支流污害仍重、工业污染不减，生活污染增多等现状。中国环保部的贯彻落实《水污染防治行动计划》系列报道（刘晓星和刘俊超，2015）讲述了淮河污染治理历史、水质逐步趋向好转的现状，以及仍需负重爬坡未来预测状况。

3. 调查目的

蚌埠是沿淮经济带的中心城市，以化工、酿造等重污染产业在区域经济发展中占重要地位，这在一定程度上污染了淮河流域蚌埠段干、支流水体，而蚌埠市区工农业需水及居民饮用水基本上都依赖淮河供给，水污染已然成为影响蚌埠区域可持续发展的重要因素。

本项调查的目的在于利用科学规范的抽样调查方法和统计分析方法，并结合我国水污染实际情况，以淮河流域蚌埠段为例，了解蚌埠市水污染及治理现状，探究影响水质变化的主要因素及当前淮河工业水污染治理效率不高的原因，以期为相关部门实施科学的淮河水环境管理提供第一手的参考依据。

4. 调查总体及调查情况说明

1）调查对象及调查方式

本项调查通过抽取淮河流域蚌埠段（包括龙子湖区、蚌山区、高新区、经济开发区、怀远县、淮上区等）的工业企业分布较多的区域，以其周边居民为调查对象，采用问卷调查和实地走访的形式，深入调查研究淮河流域蚌埠段水污染现状、水污染成因、居民对水污染感知情况、水污染治理状况。

2）抽样方法及样本构成

A. 抽样基本思路

本项调查依据蚌埠市统计局提供的淮河流域蚌埠段工业企业名录，以工业企业为样本单元，按工业企业等级这一标识变量进行分层，根据蚌埠不同县市工业企业个数及人数（表 4-5）的比例进行抽样，再以抽样单元的工业企业类型辅助变量分配问卷数量，以满足样本分配的合理性和有效性；其次，鉴于不同性别、不同年龄段的受访者对所研究问题的看法有所差异，调查过程中要尽量使受访者的性别比例及年龄分布合情合理。

表 4-5　蚌埠工业企业分县市单位数及人数

县市	企业单位数/个	占总企业数的比例/%	2013 年人数/人	占总人数的比例/%
龙子湖区	45	6.1	227 927	6.2
蚌山区	17	2.3	277 166	7.6
禹会区	70	9.5	346 510	9.5
高新区	122	16.5	—	—
经济开发区	79	10.7	—	—
淮上区	9	1.2	184 071	5.0
怀远县	183	24.8	1 265 295	34.5
五河县	82	11.1	736 143	20.1
固镇县	130	17.6	628 916	17.2
全市	738	100	3 666 028	100

B. 抽样框的确定

本次调查的调查对象为沿淮流域蚌埠段工业企业周边居民，但由于工业企业众多，不能一一满足调查研究对于配额的要求，本项调查依据蚌埠市统计局提供的淮河流域蚌埠段工业企业名录、各分县市工业企业个数，采用分层抽样方法进行抽样调查。由于本次调研主要调查淮河流域蚌埠段水污染，我们选择怀远县、高新区、经济开发区、龙子湖区四个地方进行全方位调查，根据各分区工业企业数占总企业数的比例，我们按照怀远县：高新区：经济开发区：龙子湖区=4：3：2：1 的比例抽样。

C. 样本量的分配

本次调查的设计样本容量为 450 人，鉴于不同分区的居民人数相差较大，采用等额抽样或等比抽样均会产生较大误差。为保证精度，同时又不使居民人数较多的工业企业的调查工作量过于繁重，规定最小的样本量。具体分配规则如下：

$N_i \leqslant 10$ 时，进行全数调查；$N_i > 10$ 时，样本量取最接近于 $3\sqrt{N_i}$ 的整数，其中 N_i 为每各分区居民人数（i=1,2,3,···,4）。综合考虑调查的精度和成本要求，根据所设计的样本容量，将 $3\sqrt{N_i}$ 调整为 $1.25\sqrt{N_i}$ 。

D. 样本构成

本次调查共发放问卷 450 份，回收有效问卷 412 份，回收率为 91.56%。以下为有效问卷的结构分析。

a）样本性别构成

本次调查回收的 412 份有效问卷中，女性为 198 人，占样本总量的 48.1%，男性为 214 人，占样本总量的 51.9%，男女比例接近 1∶1。

b）样本年龄构成

本次调查受访者中年龄最大为 90 岁，最小为 16 岁，具体分布如图 4-5 所示。在所有受访者中，年龄在 50～59 岁、60～69 岁年龄段的人数最多，合计占受访者 2/3 左右，紧随其后的为 40～49 岁年龄段，占受访者的 17.9%，70 岁及以上、20 岁以下的受访者最少，只占到受访者总数的 3%左右，受访者年龄总体呈左偏分布。本次调查受访者的主体分布在 50～69 岁，主要是由于老年人对淮河水污染感同身受，回答非常积极。

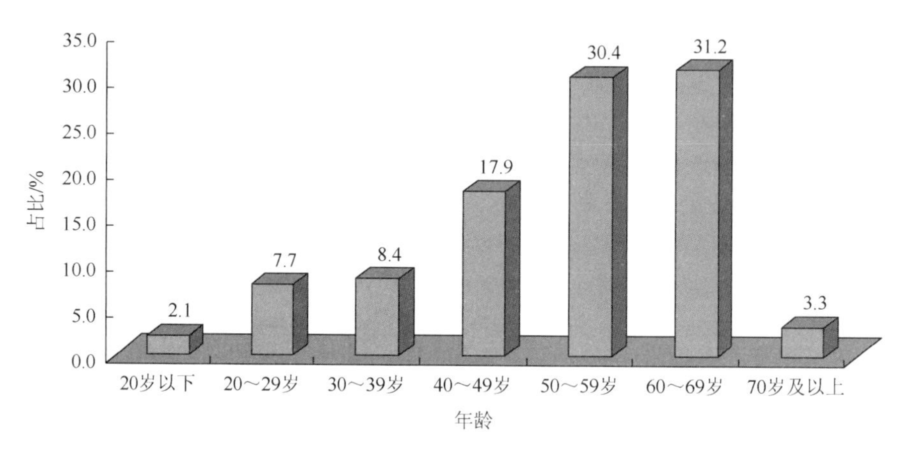

图 4-5 受访者年龄构成

c）样本地区分布情况

本次调查拟将问卷按 200 份、100 份、100 份、50 份分布于怀远县、高新区、经济开发区、龙子湖区四个区域（图 4-6），实际调查中受访者人数在蚌埠市市内三区与怀远县的分布比例接近 1∶1，其中怀远县工业园区，占到受访者总数的 46.6%，高新区、经济开发区人数分布比例接近，约占到受访者总数的 21%，龙子湖区受访人数占比最少，只占样本总量的 8.5%，非蚌埠市常住居民的受访者占样本总量的 1.7%。

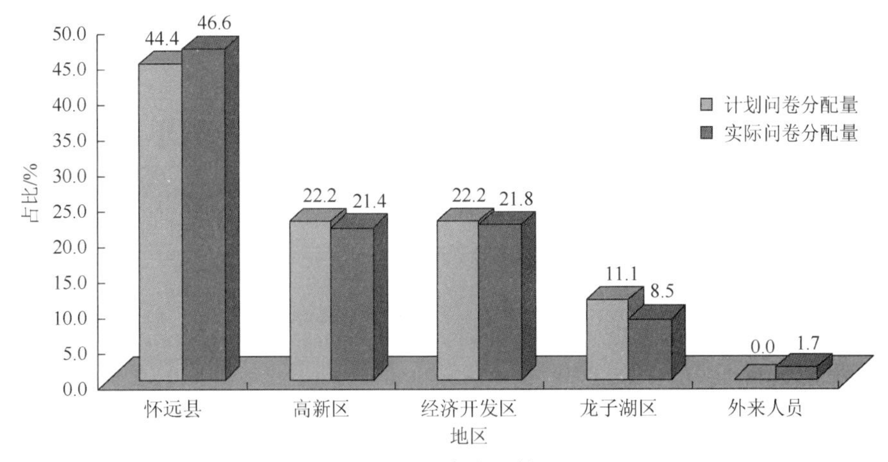

图 4-6　问卷分配情况

d）样本学历分布情况

本次调查中学历分布情况如图 4-7 所示，45.7%的受访者为小学及以下学历，占受访者总数近一半，初中学历受访者也有 20.1%，高中学历和和大专学历受访者人数相近，都占受访者总数的 15%，相比之下，大学本科及以上的受访者较少，只占到总数的 4.3%。由于本次调查以工业企业周边居民，而大部分企业在农村附近，故受访者学历整体偏低。

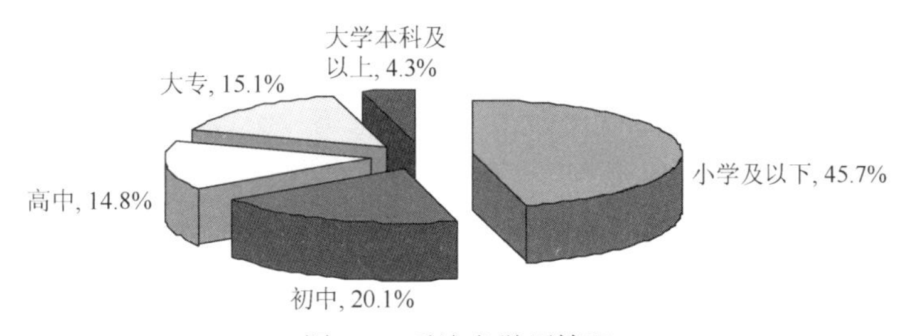

图 4-7　受访者学历情况

5. 主要数据分析方法

1）列联分析

列联分析是用来判断样本之间的变化趋势与相关程度的统计方法。进行列联分析时，使用卡方检验测量两道题之间的相关性，原假设为两道不同题目之间是无关的，备择假设为两道不同题目之间是相关的。卡方检验的统计量为 χ^2，$\chi^2=\sum_j\sum_i\frac{(A-T)^2}{T}$。其中，$A$ 为实际频数；T 为理论频数；i、j 分别代表所在行列的编号。χ^2 值越大，说明实际频数与理论频数的差别越明显。自由度为 $v=(R-1)(C-1)$。其中，R 和 C 分别代表行数和列数，显著性水平为 0.05。当显著性水平小于 0.05 时，两道题目之间是相关的。

2）灰色关联度分析

灰色关联度分析是灰色系统分析方法的一种以两个系统或两个因素之间的相关性大小的量度来对系统发展变化趋势作定量的描述和比较，其基本思想是根据相应序列之

间关联度的大小来判断其联系是否紧密，关联度就越大，说明序列越接近。其中，灰色关联度为

$$r(y_i(k), y_j(k)) = \frac{\min_i \min_j \min_k \Delta_{ij}(k) + \alpha \max_i \max_j \max_k \Delta_{ij}(k)}{\Delta_{ij}(k) + \alpha \max_i \max_j \max_k \Delta_{ij}(k)}$$

其中，α 表示分辨系数，$\alpha \in (0,1)$，通常情况下，取 $\alpha = 0.5$。当比较曲线 x_i 与参考曲线 x_0 的绝对差值 $\Delta_{ij}(k) = \left| x_i(k) - x_j(k) \right|$ 越大时，$r_{ij} = (x_i, x_j)$ 就越小；反之，$r_{ij} = (x_i, x_j)$ 就越大。

3）多元线性回归

运用两个或两个以上因素作为自变量解释因变量的变化，这样的模型称为多元回归模型。其一般形式为

$$y = \beta_0 + \beta_1 x_1 + \beta_2 x_2 + \cdots + \beta_n x_n + \varepsilon$$

其中，$\beta_0, \beta_1, \beta_2, \cdots, \beta_n$ 表示 n+1 个未知参数，称为回归系数；Y 表示被解释变量；而 $x_1, x_2, \cdots, x_n$ 表示解释变量；ε 表示随机误差。

4）三阶段 DEA 模型

三阶段 DEA 模型是由 Fried 等提出的效率评估方法，它能够剔除外部环境因素和随机误差对效率的影响，从而准确地测算出决策单元的真实效率水平。具体分为三个阶段：第一阶段为传统的 DEA 模型，采用投入导向下的 BCC 模型进行分析，由 BCC 模型计算出的效率值（TE）进一步分解为纯技术效率（PTE）和规模效率（SE），三个变量之间的关系为：$\mathrm{TE} = \mathrm{PTE} \times \mathrm{SE}$；第二阶段构建相似 SFA 模型来剥离外部环境因素及随机误差的影响，得到完全由管理无效率造成的投入冗余值；第三阶段为调整后的 DEA 模型，运用调整后的投入数量代替原始的投入数量，再次利用 DEA 模型进行效率测算，即可以得到剔除了外部环境因素和随机因素后的决策单元的真实技术效率值。

6. 数据处理

1）数据录入与核对

本次调查采用 SPSS 录入数据，并设置变量类型、长度、标签等条件，数据库录入完成后即可统计，无需进行格式转换，在保证录入质量的同时，提高了数据分析速度。

2）数据清理

数据录入完成后需要进行数据清理，即检查数据的完整性及纠正数据文件中的矛盾之处，包括缺失值处理和野码的处理。

A. 缺失值分析

如果问卷中存在被访者应填写而未填写的项目，或者由于跳转而造成被跳转项目没有填写，就会造成问卷中出现缺失值的情况。本次调查在处理缺失值时，对于选项较多的采用个案删除法处理；对于缺失选项较少的，采用均值替换法处理。

B. 野码分析

对于“其他”选项问题，部分问卷回答与题目中前面的选项内容重合，为保证数据的

准确性，将“其他”选项中答案与前面选项有重复的数据进行整理。

7. 调查内容

本项调查以淮河流域蚌埠段水污染现状为出发点，从居民的感知角度深入研究水污染成因、水污染对居民生活造成的影响及蚌埠工业水污染治理情况。问卷主要调查内容如图 4-8 所示。

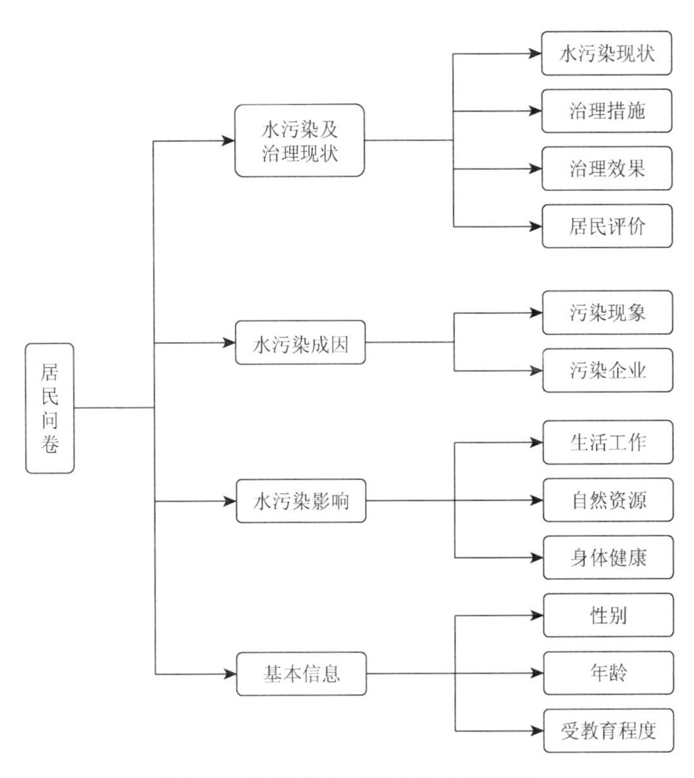

图 4-8　问卷的主要调查内容结构图

4.5.2　淮河流域蚌埠段水污染及治理现状分析

自 20 世纪 70 年代后期，淮河流域蚌埠段的水污染事故不断发生，严重影响到蚌埠人民日常生活。本次研究通过对蚌埠市工业企业周边居民进行问卷调查，了解蚌埠市不同地区水污染程度及存在时长，反映蚌埠水污染现状；另外，从居民感知的角度了解蚌埠市政府实际采取的治污措施及取得的效果，通过构建水污染治理效率评价指标体系，运用蚌埠市 2005～2013 年相关指标数据，建立三阶段 DEA 模型，根据模型结果，结合受访者对政府治污工作的满意度，衡量蚌埠市水污染治理效率。

1. 蚌埠市居民对水污染现状认知度分析

根据问卷调查结果，分析受访者对淮河流域蚌埠段水污染的总体感知情况，通过年龄与水污染存在时长的列联分析，分析不同年龄受访者对蚌埠水污染存在时长感知的相关性，了解认为水污染严重的受访者年龄分布；此外，结合交叉列联表，剖析蚌埠市不同区域受访者感知的水污染程度和存在时长分布。

1）蚌埠市居民普遍认为淮河水污染较为严重

由图 4-9 可知，在受访者中，近乎 95.7%的居民认为定淮河流域蚌埠段存在着水污染问题，其中 26.19%的居民认为水污染比较严重，而 9.52%的居民则认为水污染非常严重。认为水污染程度一般的只占到了 23.81%。从居民的感知角度我们可以了解到淮河流域蚌埠段水质总体污染较为严重。

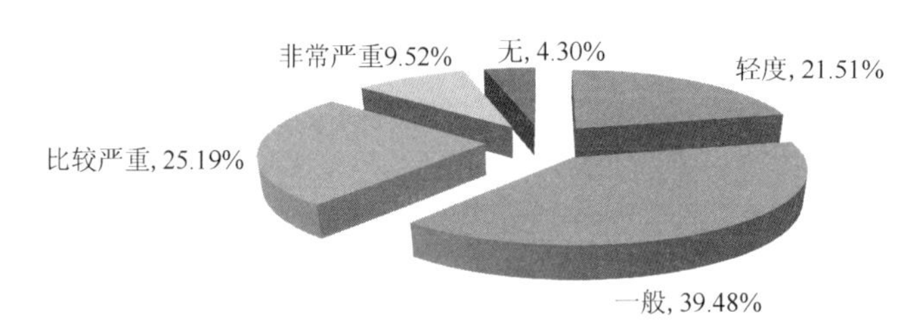

图 4-9　淮河流域蚌埠段水污染程度居民感知状况

由图 4-10 可知，在受访者中，44.05%的居民认为淮河水污染的情况存在了 10 年之上，在调查时，从一些年长的居民口中了解到，自部分工业企业迁入淮河流域附近，淮河水质每况愈下，已大不如前，水污染至少存在 30 年以上。17.86%的居民认为淮河水污染情况存在了 3～10 年，仅有少数人认为污染存在了一年以下，通过翻看问卷，了解到该部分受访者是定居时间不长的外来人员和年龄比较小的本地居民，由于部分年轻人出生时淮河水污染可能已经存在问题，随着近几年的改善，他们并没有感觉到淮河水质有较大的变化。

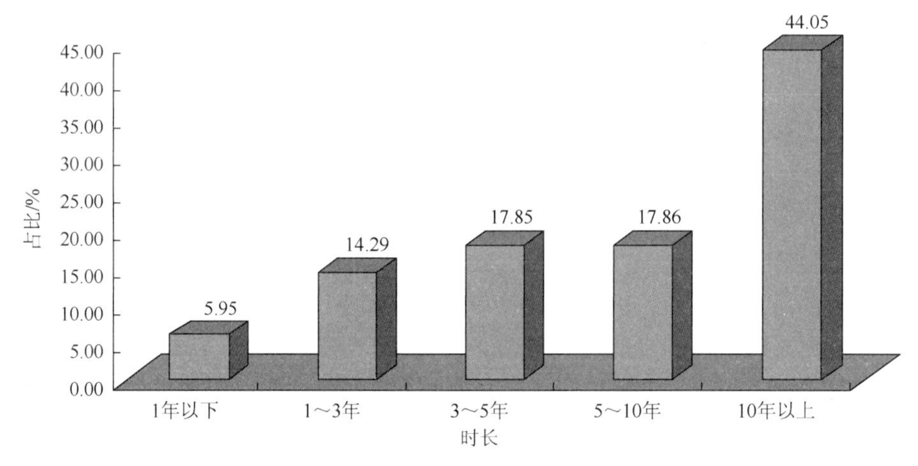

图 4-10　居民对淮河流域蚌埠段水污染存在时长感知情况

2）认为淮河水污染较为严重的居民大多分布在 60～69 岁

相对来说，年龄较大的居民对淮河水污染认识更深，他们经历了淮河水从 20 世纪 50 年代淘米洗菜、60 年代洗衣灌溉到 70 年代水质变坏、80 年代鱼虾绝代、90 年代不洗马桶盖的变化过程，对淮河水质变化感同身受。为检验年龄是否影响居民对淮河水质感知情况，进行年龄与水污染存在时长的列联分析。由表 4-6 可知，卡方检验的 P 值小于 0.05，即存在居民对淮河水质感受受年龄影响的情况。

表 4-6　不同年龄段居民对水污染存在时长感知的卡方检验

项目	统计量取值	自由度	Sig.（双侧）
Pearson 卡方	171.8	40	0.001
似然比	178.149	40	0.000
线性和线性组合	0.003	1	0.913
有效样本数	412	—	—

由图 4-11 可知，认为淮河水污染较为严重大多为年龄在 60～69 岁的居民，占总体的 32.7%，紧随其后的是 50～59 岁的居民，约占 24.5%，年龄 20～29 岁、40～49 岁、70 岁及以上的居民占比在 10%左右，年龄为 20 岁以下、30～39 岁居民最少，仅为 5.5%左右。

3）蚌埠市不同地区居民对水污染认知状况分析

由表 4-7 可知，认为水污染非常严重大多为怀远县受访者，占到受访人数一半左右，其次为经济开发区居民，生活在高新区、龙子湖区的居民对淮河水污染感知状况基本为轻度污染。怀远县工业企业较多，且靠近淝河，部分居民区污水处理厂较少甚至没有，导致周围淮河水污染比较严重。高新区和龙子湖区周围分别有张公山公园和龙子湖公园，加上周边工业企业均在农村附近，居民对淮河水污染感知较为薄弱。

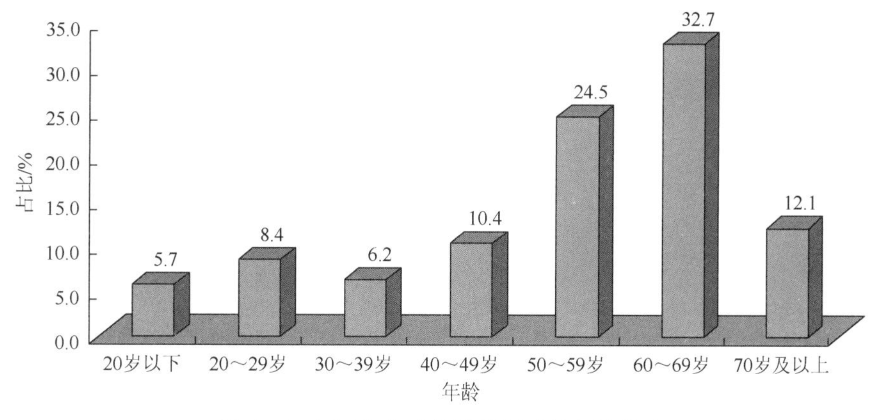

图 4-11　居民认为水污染较严重的年龄分布

表 4-7　地区与水污染程度的交叉列联表（单位：%）

项目		怀远县	高新区	经济开发区	龙子湖区	合计
水污染程度	无	1.0	1.7	3.8	4.2	10.7
	轻度	10.3	41.3	17.8	48.7	118.1
	一般	20.1	36.4	29.4	31	116.9
	比较严重	24.9	17.6	49.1	16.5	108.1
	非常严重	46.6	11.4	18.8	7.9	84.7
总计		102.9	108.4	118.9	108.3	438.5

由表 4-8 可知，认为水污染存在时长为 10 年以上的受访者有 80%左右为怀远县和高新区居民，40.1%的经济开发区居民认为淮河水污染存在时长为 5～10 年，35.4%的龙子湖区居民认为淮河水污染存在时长为 3～5 年。怀远县工业企业存在时长较久，部分居民区表示随着工业企业的迁入，周围水质就开始变差。高新区和龙子湖区周围大多是近几年新开发的工业企业，所以水污染存在时长可能会短一点。

表 4-8　地区与水污染存在时长的交叉列联表（单位：%）

项目		怀远县	高新区	经济开发区	龙子湖区	合计
水污染存在时长	1 年以下	5.0	7.1	14.3	9.4	35.8
	1～3 年	19.1	10.5	20.7	17.7	68
	3～5 年	22.4	22.4	24.2	35.4	104.4
	5～10 年	29.0	30.1	40.1	19.9	119.1
	10 年以上	78.4	80.5	30.8	20.3	210
总计		153.9	150.6	130.1	102.7	537.3

2. 蚌埠市居民对水污染治理现状满意度分析

居民作为水资源的享用者，能切身体会到政府治理对水质的改善，尤其是部分受到严重水污染的居民居住区域，受访者对政府治理措施及效果评价将有助于政府进一步完善和加强水污染治理，造福百姓。本节通过让受访者评价不同水污染治理措施的治理效果，感受居民对水污染治理的了解程度，阐述不同治污措施带来的实际效用，通过受访者对政府治理总体效果的满意度评价，定性分析蚌埠市水污染治理效果。

1）蚌埠市居民对政府水污染治理措施效果评价

由图 4-12 可知，认为政府没有对污染企业进行处罚、责令整改或迁出、关闭比重较大，约有 45%；其次约 15.7%的居民表示政府没有健全水污染监管机构；94.6%的居民认为政府加大水污染防治宣传力度，但仅仅只有 21.6%的居民觉得该措施对水污染有轻微改善。在建立完善相关法律法规、健全水污染监管机构、加大水污染防治宣传力度三大措施中，居民普遍认为对目前淮河水污染仅有轻微改善，甚至没有改善；约 30%的居民认为对污染企业进行处罚、责令整改或迁出、关闭对水污染改善最明显，当然，仍有绝大部分居民认为对政府采取的措施及治理效果表示不了解。在调查过程中，我们在部分小区中也切身感受到政府采取的宣传措施，但部分农村居民也向我们反映了政府用清水对污水的措施他们对此表示不解，认为这只是应付检查的临时举措，并没有对水质产生实质性的改变。

2）蚌埠市居民对政府水污染治理措施满意度分析

由图 4-13 可知，在受调查的居民中，有 35.71%的居民对政府在工业水污染治理效果表示不满意，39.46%认为政府的表现持一般态度，21.3%对政府在工业水污染治理的表现表示满意，仅仅 3.4%的居民表示非常满意。在调查过程中发现，虽然淮河流域蚌埠段工业水污染依然存在，但部分年长的居民表示，在政府的努力下，蚌埠工业水污染较以前已有所改善。但由于政府采取措施不够及时，加上居民对一些治理措施实际作用并不了解，居民对政府治理措施评价普遍较低。

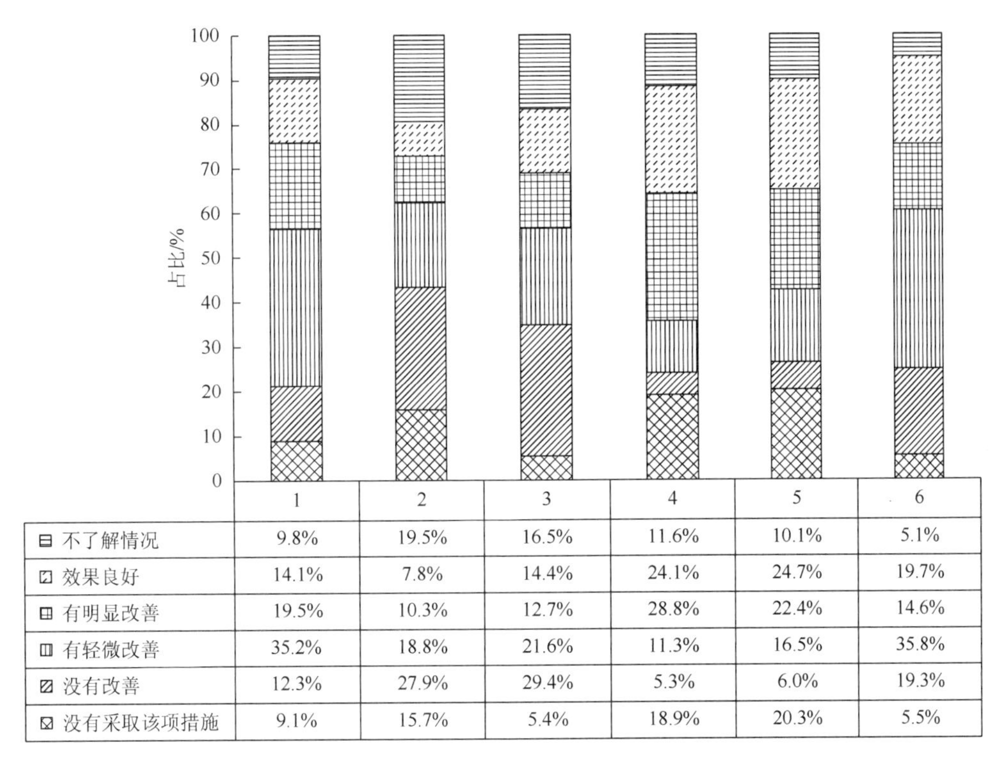

	1	2	3	4	5	6
⊟ 不了解情况	9.8%	19.5%	16.5%	11.6%	10.1%	5.1%
▨ 效果良好	14.1%	7.8%	14.4%	24.1%	24.7%	19.7%
⊞ 有明显改善	19.5%	10.3%	12.7%	28.8%	22.4%	14.6%
◫ 有轻微改善	35.2%	18.8%	21.6%	11.3%	16.5%	35.8%
▨ 没有改善	12.3%	27.9%	29.4%	5.3%	6.0%	19.3%
⊠ 没有采取该项措施	9.1%	15.7%	5.4%	18.9%	20.3%	5.5%

图 4-12　不同治理措施效果构成

1 表示建立完善相关法律法规；2 表示健全水污染监管机构；3 表示加大水污染防治宣传力度；4 表示对污染企业进行处罚，责令整改；5 表示迁出、关闭污染企业；6 表示不了解情况

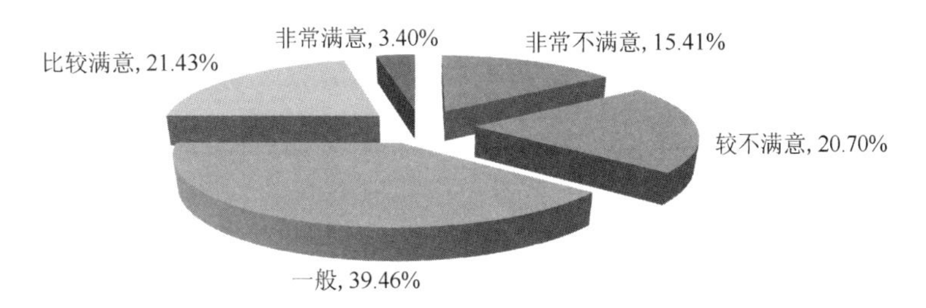

图 4-13　居民对当地政府采取的水污染治理措的评价

3. 基于三阶段 DEA 的淮河流域蚌埠段工业水污染治理效率分析

淮河是我国治理最严、投入最大的一条河流，其水污染治理在一定程度上取得了不错的进展，从受访者评价中我们仅仅能定性地了解到蚌埠市水污染治理效果，无法定量分析其水污染治理效率。因此，本节参考已有相关评价水污染治理效率的研究构建思路，建立蚌埠市水污染治理效率的投入产出体系，运用三阶段 DEA 模型，得到蚌埠市 2005～2013 年水污染治理效率值，定量衡量目前淮河流域蚌埠段水污染治理规模效率。

1）指标体系的建立

为准确衡量淮河流域蚌埠段工业水污染治理效率，需构建一个能够全面、客观反映水污染治理效率的投入产出体系，本节以废水治理设施数、废水治理设施运行费用为投入指标，以废水治理设施处理能力、工业用水重复利用率、工业废水中污染物去除量（主要为化学需氧量、石油类、氨氮的去除量）为产出指标。一般来说，经济发展水平越高、产业结构越高级化的地区，其污染治理技术和管理水平也相应越高，而城镇化率越高则意味着物质消耗的增加，从而造成一定的环境问题。因此，本节选取人均 GDP、第二产业产值在 GDP 中所占比重、城镇化率三个指标作为环境因素变量。具体如图 4-14 所示。

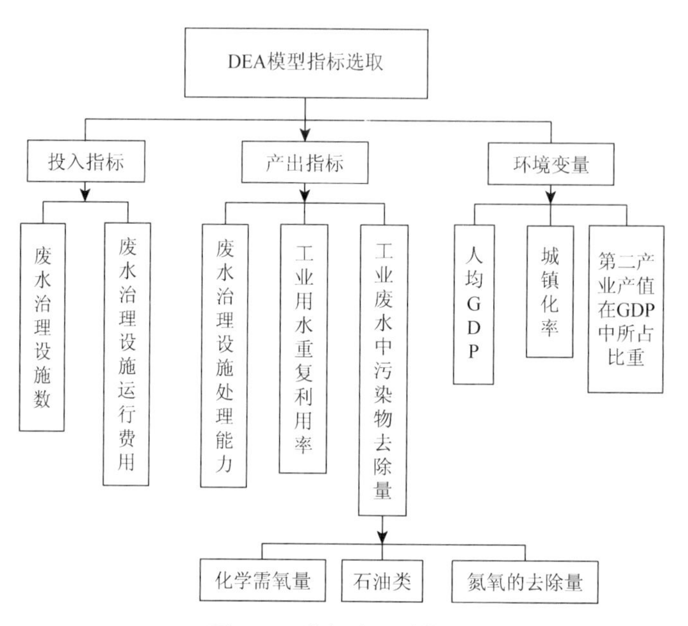

图 4-14　指标选取结构图

各指标取值表 4-9 所示。

表 4-9　2005～2013 年各评价指标值

指标	单位	2005 年	2006 年	2007 年	2008 年	2009 年	2010 年	2011 年	2012 年	2013 年
1	套	62	68	71	73	76	78	125	134	138
2	万元	8 877.8	8 963.9	10 213.5	12 605.8	13 796.4	15 083.8	12 618.3	8 886.9	10 994.8
3	万吨/日	9.78	10.03	10.97	12.36	15.48	16.91	15	20.41	20.95
4	%	48.54	52.63	59.6	62.31	71.39	78.56	75.22	33.4	75.65
5	吨	60 401.52	66 310.3	79 332.69	83 103.47	97 421.43	114 687.37	86 286.49	88 356.11	88 458.29
6	吨	53.18	57.34	59.37	61.28	67.72	68.32	79.12	78.35	78.35
7	吨	61 161.33	61 379.72	62 816.61	62 876.18	63 917.29	6 283.53	6 446.31	6 626.67	6 813.46
8	元	9 842	10 720	11 599	9 613	14 803	17 621	24 659	28 135	31 665
9	%	38.67%	40.19%	41.47%	43.68%	45.37%	46.00%	49.30%	58.56%	59.33%
10	%	40.10%	46.50%	43.70%	40.50%	36.80%	30.71%	46.60%	48.30%	49.56%

注：1 表示废水治理设施数，2 表示废水治理设施运行费用，3 表示废水治理设施处理能力，4 表示工业用水重复利用率，5 表示工业废水中化学需氧去除量，6 表示工业废水中石油类去除量，7 表示工业废水中氨氮去除量，8 表示人均 GDP，9 表示第二产业产值在 GDP 中所占比重，10 表示城镇化率

2）第一阶段传统的 DEA 模型实证分析

利用 DEAP2.1 软件，对淮河流域蚌埠段 2005～2013 年水污染治理效率及规模报酬状况进行测算，结果如表 4-10 所示。

表 4-10　2005～2013 年淮河流域蚌埠段工业水污染第一阶段 DEA 治理效率值

年份	TE	PTE	SE	规模报酬
2005	0.853	0.872	0.973	crs
2006	0.774	0.794	0.954	crs
2007	0.763	0.877	0.803	crs
2008	1.000	1.000	1.000	crs
2009	0.948	1.000	0.948	crs
2010	0.391	0.507	0.594	crs
2011	0.427	0.533	0.684	drs
2012	0.548	0.671	0.737	crs
2013	0.639	0.710	0.801	drs
全部	0.745	0.884	0.896	—

注：TE 为技术效率，PTE 为纯技术效率，SE 为规模效率；crs 为规模报酬不变，drs 为规模报酬递减；“—”表示没有数据

由表 8-6，纵观 2005～2013 年的 DEA 治理效率值，在不考虑环境因素或随机因素的情况下，淮河流域蚌埠段工业水污染治理效率除 2011 年和 2013 年外，均处于规模效率递减阶段，2005～2013 年蚌埠工业水污染治理综合治理效率平均值为 0.75，纯技术效率均值为 0.884，规模效率均值为 0.896，由此可以看出，蚌埠市工业水污染治理综合效率主要来自规模效率的改善，而代表决策和管理的纯技术也是影响蚌埠工业水污染治理效率提升的关键因素。

3）第二阶段相似 SFA 模型的建立

由于表 4-10 中 DEA 治理效率值忽略了环境因素或随机因素对治理效率干扰，因此需将第一阶段得出的各种投入变量的松弛变量取对数后作为被解释变量，进行 SFA 回归，结果如表 4-11 所示。

表 4-11　第二阶段 SFA 回归结果

变量	工业废水治理设施数松弛变量	工业废水治理运行费用松弛变量
常数项	372.465（384.127）	−33 997.470（−3 992.415）
人均 GDP	−0.002（−44.243）	−1.257（−87.738）
第二产业产值在 GDP 中所占比重	−2.039（−18.749）	330.674（−28.672）
城镇化率	329.787（329.642）	164 532.271（164 341.248）
σ^2	160.372（160.387）	3 769.263（3 877.872）
γ	0.988（28 067.289）	0.752（5.384）
对数似然函数值	−90.283	−227.011
单边误差检验值	13.139	10.574

注：括号内为 t 检验值；显著性水平为 0.05

从表 4-11 数据可知，两种投入因素松弛变量的σ^2、γ值及松弛回归的似然比均通过了显著性水平为 0.05 的检验，这说明较随机误差，环境因素对水污染治理效率影响更大，并且混合误差项中存在技术非效率，外部环境确实会影响工业水污染治理效率，因而采用 SFA 剥离各环境因素、随机因素对治理效率的影响，以此客观反映蚌埠工业水污染治理效率的实况。

由表 4-11 可知，首先，人均 GDP 对工业废水治理设施数及工业废水治理设施运行费用两种松弛变量的系数均为负值，这表明提高经济发展水平有助于减少废水治理设施运行费用、治理设施数冗余，从而有助于提高水污染治理效率；其次，第二产业在 GDP 中所占比重对废水治理设施运行费用松弛变量有显著的正向影响，而对治理设施数松弛变量则具有显著的负向影响。这说明工业在整个经济总量中的比重越大，会使得工业水污染日益加剧，在这种情况下，政府相应地需要拿出过多的资金用于工业水污染的治理，同时造成出现工业水污染治理投入的浪费；最后，由表 4-11 可知，城镇化率对两种工业污水治理投入具有显著的正向影响，这意味着城镇化率的提高会导致废水治理设施数量和运行费用的冗余，从而不利于工业水污染治理效率的提高。

4）调整后的 DEA 模型

对水污染治理投入变量进行调整后，再次利用 DEA 方法对工业水污染治理效率进行测算，结果如表 4-12 所示。

表 4-12　2005～2013 年淮河流域蚌埠段工业水污染第三阶段 DEA 治理效率值

年份	TE	PTE	SE	规模报酬
2005	0.812	0.897	0.843	crs
2006	0.730	0.804	0.901	crs
2007	0.673	0.894	0.794	crs
2008	1.000	1.000	1.000	crs
2009	0.894	1.000	0.913	crs
2010	0.372	0.603	0.580	crs
2011	0.417	0.672	0.647	drs
2012	0.485	0.693	0.679	crs
2013	0.593	0.742	0.794	drs
全部	0.709	0.925	0.708	—

注：TE 为技术效率，PTE 为纯技术效率，SE 为规模效率；crs 为规模报酬不变，drs 为规模报酬递减；“—”表示没有数据

比较表 4-10 和表 4-12 的数据可知在剔除环境因素或随机因素的干扰后，技术效率均值下降了 0.036，说明在环境因素或随机因素的干扰下，会高估蚌埠工业水污染治理效率。同时这也说明蚌埠工业水污染实际治理效率偏低。通过比较可知，蚌埠工业水污染治理纯技术效率也由 0.884 上升为 0.925，而规模效率则由 0.896 下降为 0.708，这说明蚌埠工业水污染治理效率的高估主要是由规模效率的高估所致。

就不同年份来看，如图 4-15 所示，2005～2006 年蚌埠工业水污染治理效率呈递减趋势，在 2007～2008 年出现小幅提升，自 2010 年后，开始呈上升趋势，这说明随着科技水平以及人们对环境关注度的提高，蚌埠工业水污染治理的规模效率有所上升，但总体偏低，距离最佳规模还有一定的距离。

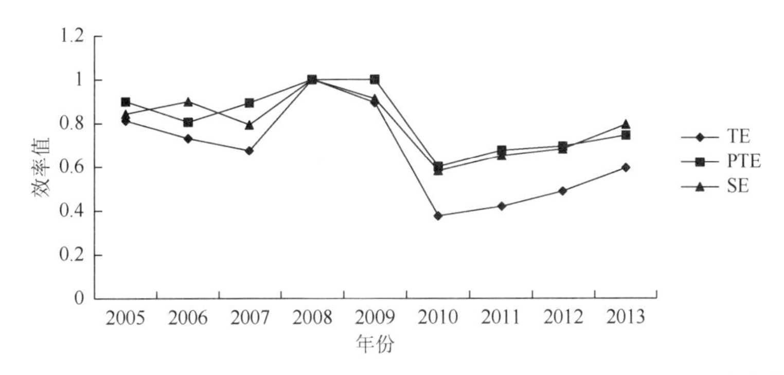

图 4-15　2005～2013 年淮河流域蚌埠段工业水污染第三阶段 DEA 治理效率变化趋势

4.5.3　淮河流域蚌埠段水污染成因分析

蚌埠作为沿淮经济带的中心城市，以化工、酿造等重污染为基本特征的产业在区域经济发展中占重要地位，加之近几年来蚌埠常住人口增多，人均用水量也逐年增加，生活污水排放量和生活垃圾清运量只增不减，找出影响蚌埠水污染的主要因素，为蚌埠水污染治理指引方向具有重要意义。本节通过问卷调查，从居民感知角度，了解造成蚌埠水污染的成因；其次，分别从人类日常生活和人类经济活动两个角度，运用灰色关联度和多元线性回归，定量分析造成淮河流域蚌埠段水污染的主要成因。

1. 淮河流域蚌埠段水污染成因调查结果分析

通过查阅资料了解到，造成淮河流域水污染的成因主要为工业排污和生活污水，生活垃圾的随意丢弃，河沙的过度开采，农药化肥的过度使用，蚌埠工业企业的发展及城镇化率提高，淮河流域蚌埠段水污染日益加剧，为了真实反映淮河流域蚌埠段水污染成因，以淮河流域蚌埠段周边居民调查为对象，得到以下结论。

由图 4-16 可知，在受调查的居民中，大部分居民生活垃圾处理方式为扔至垃圾桶由环卫工人处理，有 25.0%的居民会将垃圾随意丢弃，其中大部分为农村居民，他们表示自己也是迫不得已，主要是由他们周围并没有集中的垃圾处理中心，生活不便利造成的；其次，8.3%居民会选择填埋的方式，17.9%的居民会将垃圾扔入河中。

由图 4-17 可知，在受调查的居民中，60.71%的居民认为工业排污是造成淮河流域蚌埠段水污染主要成因，很多居民反映，自部分工业企业迁入居民区或淮河附近，水质就开始变坏，并持续多年；50%左右居民认为生活污水、生活垃圾会造成水污染，部分居民反映，由于自己居住的地方没有生活污水处理站，生活污水尤其是厕所粪便都直接通往淮河；30.95%的居民认为开采河沙会造成水污染，他们表示，虽然政府明文禁止开采河沙，但还是有人偷采河沙，造成蚌埠水质恶化；20.4%的居民反映农药、化肥等的使用会对水污染造成影响，还有部分居民向我们反映作业船排污、上游治理不佳也会对蚌埠水质造成污染。在调查过程中，我们发现，病死的家禽漂浮在淮河水上，无人处理、医药废弃物随意丢弃秸秆腐烂等均在一定程度上造成淮河水质的恶化。

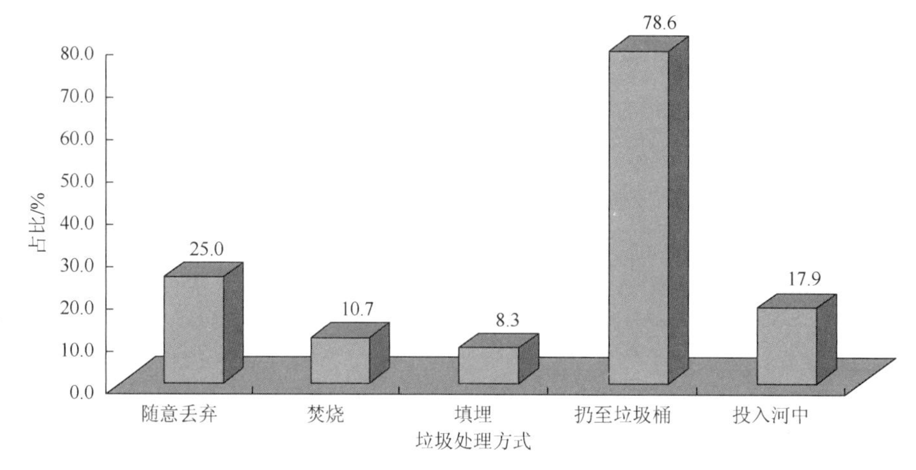

图 4-16　蚌埠居民生活垃圾主要处理方式

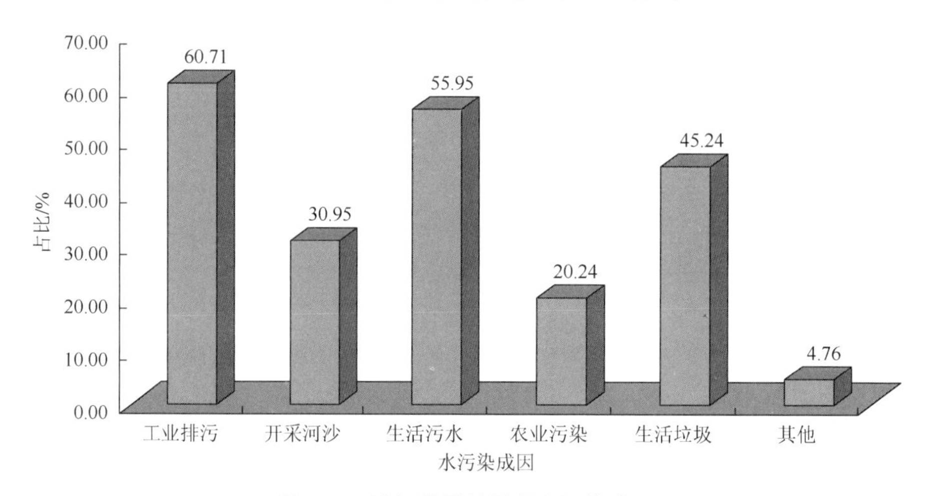

图 4-17　淮河流域蚌埠段水污染成因

2. 基于灰色关联度法和多元线性回归法水质污染影响因素分析

为找出造成淮河流域蚌埠段水污染的主要成因，本节采用定量分析方法，选 2005～2013 年的统计年鉴数据，分别从人类日常生活和人类经济活动两个角度定量分析造成淮河流域蚌埠段水污染的主要成因。其中，以人均用水量、年末总人口、生活污水排放量、城市排水管道长度、生活垃圾清运量及生活垃圾无害化处理量六个指标来分析人类日常生活对淮河流域蚌埠段水污染的影响；将人类主要经济活动定位于农业与工业，选取工业总产值、工业用水总量及工业废水排放量为工业发指标有；农业总产值、农业化肥施用量和农业使用量为农业发展指标。

对于淮河水质指标，选择高锰酸钾指数、总氮、总磷三项指标，利用变异系数法对这三项指标进行赋权求和得到水污染程度评价指标。2005～2013 年淮河水域高锰酸钾指数、总氮、总磷含量如表 4-13 所示。

表 4-13　水质评价指标数据（单位：毫克/升）

年份	高锰酸钾指数	总氮	总磷
2005	5.16	2.48	0.233
2006	6.54	3.65	0.21
2007	6.78	2.84	0.198
2008	6.05	2.35	0.176
2009	5.32	2.48	0.183
2010	4.86	1.87	0.171
2011	4.37	1.59	0.182
2012	3.82	1.67	0.176
2013	3.8	1.75	0.126

1）基于灰色关联度模型的人类日常生活对水质污染的影响

A. 确定参考序列与比较序列

以水质综合污染指数（I）指标序列，水质综合污染指数的计算公式如下：

$$I=\frac{1}{n}\sum_{i=1}^{n}I_{ij}$$

其中，I 表示综合污染指数；n 表示参与评价的水质指标个数；I_{ij} 表示单项水质参数 i 在 j 点的污染指数。I_{ij} 的计算公式如下：

$$I_{ij}=\frac{c_{ij}}{c_{0j}}$$

其中，c_{ij} 表示某水质指标的实测平均浓度；c_{0j} 表示某水质指标的评价标准值。运用表 4-13 的水质评价指标数据，利用 MATLAB 软件，得到 2005～2013 年水质综合污染指数（I）为

$$I=(2.7947,3.7437,3.4625,3.0087,2.8338,2.4163,2.1394,1.997,2.0136)^{\mathrm{T}}$$

按该序列化画出 2005～2013 年淮河流域蚌埠段水质综合污染程度变化趋势，如图 4-18 所示。

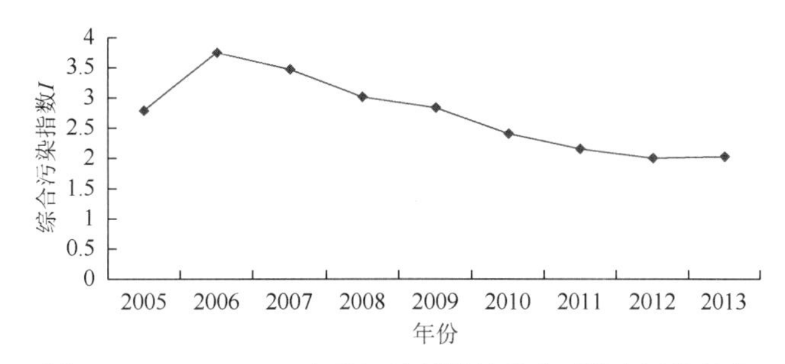

图 4-18　2005～2013 年淮河流域蚌埠段水质综合污染程度

从图 4-18 可以看出，近 10 年来水质变化主要分为三个阶段：2005～2006 年为水质快速恶化阶段，值变化较大；2006～2011 年为水质缓慢改善阶段，I 值总体呈下降趋势，水质呈轻度污染；2011 年后水质略有波动，但变幅较小。

因此，本节以 $I=(2.7947,3.7437,3.4625,3.0087,2.8338,2.4163,2.1394,1.997,2.0136)^{\mathrm{T}}$ 作为水质污染系统灰色关联度分析的参考序列，记为

$$x_0=\{x_0(k)|(k=1,2,\cdots,9)\}=(x_0(1),x_0(2),\cdots,x_0(9))=Y^{\mathrm{T}}$$

与参考序列相比较的“子因素”就是比较序列，记为

$$x_i=\{x_i(k)|(k=1,2,\cdots,9)\}=(x_i(1),x_i(2),\cdots,x_i(9)),\quad i=1,2,\cdots,6$$

其中，$\{x_i(k)|(k=1,2,\cdots,9)\}$ 表示第 i 个指标的序列值，各指标分别为①人均日生活用水量（W）；②年末总人口（P）；③生活污水排放量（D）；④城市排水管道长度（L）；⑤生活垃圾清运量（G）；⑥生活垃圾无害化处理量（C）。

其具体取值如表 4-14 所示。

表 4-14　各经济活动指标取值

年份	人均日生活用水量/升	年末总人口/人	生活污水排放量/万吨	城市排水管道长度/千米	生活垃圾清运量/万吨	生活垃圾无害化处理量/万吨	供水总量/万立方米
2005	137	3 493 330	8 404	286	47	35	10 763
2006	175.5	3 524 566	8 515	323	45.64	36	7 397
2007	171.39	3 567 558	8 718	345	48.95	33	16 450.92
2008	187	3 583 101	9 239	425	44.23	33	21 199
2009	121.38	3 606 431	9 439	574	33	37	21 474.46
2010	173.08	3 622 273	10 044	628	50.13	33	17 629
2011	177	3 654 470	10 159	656	51.63	38	18 010
2012	169.52	3 678 105	10 200	856	47.48	34	16 830
2013	167	3 666 028	10 680.216	1 178	47.95	34	19 436

B. 对各序列进行均值化处理

在进行灰色关联度分析时，由于系统中各因素列中的数据可能因计算单位不同，不便于比较或在比较时难以得到正确的结论，必须进行数据的无量纲化处理，可采用初值化、均值化等方法。均值化和初值化处理后都能消除指标量纲与数量级的影响，而且能包含原始数据的全部信息。本节由于涉及的时间序列数据不多，采用均值化方法，即用同一数列的所有数据均除以该列的平均值：

$$y_1(k)=\frac{x(k)}{\bar{x}},\quad \bar{x}=\frac{1}{n}\sum_{k=1}^{9}x(k)$$

得到一个新的序列，如表 4-15 所示。

表 4-15　无量纲化后的参考序列和比较序列

年份	K	I	W	P	D	L	G	C
2005	1	1.03	0.83	0.97	0.88	0.49	1.02	1.01
2006	2	1.38	1.07	0.98	0.89	0.55	0.99	1.04
2007	3	1.28	1.04	0.99	0.92	0.59	1.06	0.95
2008	4	1.11	1.14	1.00	0.97	0.73	0.96	0.95
2009	5	1.04	0.74	1.00	0.99	0.98	0.71	1.06
2010	6	0.89	1.05	1.01	1.05	1.07	1.08	0.95
2011	7	0.79	1.08	1.02	1.07	1.12	1.12	1.09
2012	8	0.74	1.03	1.02	1.10	1.46	1.03	0.98
2013	9	0.74	1.02	1.02	1.12	2.01	1.04	0.98

C. 求参考数列与比较数列的灰色关联系数

因为关联系数是比较数列与参考数列在各个时刻（即曲线中的各点）的关联程度值，所以它的数不止一个，而信息过于分散不便于进行整体性比较。通过求取各个时刻的关联系数的平均值，表示比较数列与参考数列之间间关联程度的数量，关联度公式如下：

$$\xi_i(k)=\frac{\min\limits_{s}\min\limits_{k}\left|x_0(k)-x_s(k)\right|+\rho\max\limits_{s}\max\limits_{k}\left|x_0(k)-x_s(k)\right|}{\left|x_0(k)-x_s(k)\right|+\rho\max\limits_{s}\max\limits_{k}\left|x_0(k)-x_s(k)\right|}$$

其中，ρ 表示分辨系数，一般取 0.5；$\xi_i(k)$ 表示比较数列 x_i 的第 k 个元素与参考数列 x_0 的第 k 个元素之间的关联系数，称 $\min\limits_{s}\min\limits_{k}\left|x_0(k)-x_s(k)\right|$ 为两级最小差 $\rho\max\limits_{s}\max\limits_{k}\left|x_0(k)-x_s(k)\right|$ 为两级最大差。一般来讲，分辨系数 ρ 越大，分辨率越大；ρ 越小，分辨率越小。具体求解结果如表 4-16 所示。

表 4-16　参考数列与比较数列的灰色关联系数

年份	W	P	D	L	G	C
2005	0.76	0.91	0.81	0.54	0.98	0.97
2006	0.67	0.61	0.56	0.43	0.62	0.65
2007	0.73	0.69	0.64	0.48	0.74	0.66
2008	0.95	0.85	0.82	0.63	0.81	0.80
2009	0.68	0.94	0.93	0.91	0.66	0.97
2010	0.80	0.84	0.80	0.78	0.77	0.91
2011	0.69	0.73	0.69	0.66	0.66	0.68
2012	0.69	0.69	0.63	0.47	0.69	0.73
2013	0.69	0.69	0.63	0.33	0.68	0.73

D. 求解关联度

可用下式计算两对比序列的关联度：

$$\gamma_i=\frac{1}{n}\sum_{k=1}^{n}\xi_i(k)$$

其中，γ_i 表示比较序列 x_i 与参考数列 x_0 的关联度，W、P、D、L、G、C 的关联度分别为 0.7198、0.7244、0.7938、0.5813、0.7641、0.7879。

E. 排关联序

依据关联度 γ_i 排出各因素对目标值综合污染指数影响的大小顺序，为生活污水排放量、生活垃圾无害化处理量、生活垃圾清运量、年末总人口、人均用水量、城市排水管道长度，关联度系数分别为 0.7938、0.7879、0.7641、0.7244、0.7198、0.5813。

分析结果表明，2005～2013 年，生活污水排放量与综合污染指数的平均关联度最大；城市管道长度的关联度相对较小。这说明近 10 年来，从城市化角度考虑，淮河水质污染的主要原因是生活污水排放量；年末总人口的持续增长也加剧了水质污染；生活垃圾无害化处理量、生活垃圾清运量两个变量对于水质污染的贡献从整体上差别不大，人均用水量的增长在一定程度上也会加剧水污染。

2）基于多元线性回归模型的人类经济生活对水质污染的影响

设水污染程度评价指标为 Y，工农业发展指标为自变量 X，其中工业总产值为 X_1，工业用水总量为 X_2，工业废水排放量为 X_3，农业总产值为 X_4，农业化肥施用量为 X_5，农药使用量为 X_6，它们的 n 组观测值为 $(X_{1i},X_{2i},\cdots,X_{pi},Y_i)(i=1,2,\cdots,n)$，则多元线性回归的表达式为

$$\begin{cases} Y_1=\beta_0+\beta_1X_{11}+\beta_2X_{12}+\cdots+\beta_6X_{16} \\ Y_2=\beta_0+\beta_1X_{21}+\beta_2X_{22}+\cdots+\beta_6X_{26} \\ \qquad\cdots\cdots\cdots\cdots \\ Y_n=\beta_0+\beta_1X_{n1}+\beta_2X_{n2}+\cdots+\beta_6X_{n6} \end{cases}$$

其中，β_0 表示常数项；$\beta_1,\beta_2,\cdots,\beta_6$ 表示 Y 相对于 $X_1,X_2,\cdots,X_6$ 的偏相关系数。根据 2005～2014 年统计年鉴数据，得到水污染程度回归分析数据，见表 4-17。

表 4-17　水污染程度回归分析数据

年份	Y	X_1	X_2	X_3	X_4	X_5	X_6
2005	2.794 7	969 968.87	17 602.59	7 311.36	562 906.00	243 510.00	4 188.00
2006	3.743 7	1 135 604.95	33 325.47	7 841.42	666 787.00	254 237.00	4 367.00
2007	3.462 5	1 387 717.57	43 250.48	7 791.46	745 597.00	257 683.00	4 769.00
2008	3.008 7	1 677 000.00	40 930.35	6 854.41	905 639.00	267 848.00	5 086.00
2009	2.833 8	2 023 498.87	38 191.25	5 975.18	974 343.00	275 375.00	5 323.00
2010	2.416 3	2 609 536.04	42 062.55	5 741.81	1 171 084.00	284 314.00	5 508.00
2011	2.139 4	3 375 788.56	30 102.70	4 370.40	1 345 179.00	292 527.00	5 652.00
2012	1.997 0	3 913 759.80	29 047.21	4 143.79	1 453 174.00	296 201.00	6 321.00
2013	2.013 6	4 566 542.00	28 825.61	4 171.76	1 544 318.00	305 224.00	6 550.00

首先对数据进行皮尔森相关分析，判断这些变量与水污染程度的相关强度，皮尔森相关系数的表达式为

$$r = \frac{1}{n}\sum_{i=1}^{n}\left(\frac{X_i - \bar{X}}{S_X}\right)\left(\frac{Y_i - \bar{Y}}{S_Y}\right)$$

其中，r 表示皮尔森相关系数，描述的是两变量之间的线性相关强弱的程度；n 表示样本量；X_i 和 Y_i 表示变量的观测值；X 和 Y 表示两个观察量的均值。r 的绝对值越大表明相关性越强。一般而言，相关系数的绝对值在 0.70～0.99 为高度相关，在 0.40～0.69 为中度相关，在 0.10～0.39 为低度相关。计算结果如表 4-18 所示。

表 4-18　皮尔森相关性分析

自变量	X_1	X_2	X_3	X_4	X_5	X_6
与因变量的相关系数 r	0.8737	0.3496	0.9436	−0.8701	0.8352	0.8339

由皮尔森相关分析可知，工业总产值 X_1、工业废水排放量 X_3、农业总产值 X_4、农业用水总量 X_5、农业废水排放量 X_6 与水污染程度 Y 的相关性系数均在 0.70～0.99，属于高度相关，工业用水总量 X_2 与 Y 的相关系数仅为 0.3496，属于低度相关，为了模型的精度，剔除工业用水总量这一指标继续分析。剔除工业用水总量这一指标后，利用 MATLAB 对模型继续求解，求解结果如表 4-19 所示。

表 4-19　回归分析结果

回归系数	回归系数估计值	回归系数置信区间
β_0	2.1732	[0.3425，3.3214]
β_1	0.3425	[0.2439，0.4237]
β_2	1.4987	[0.4746，2.8976]
β_3	0.1326	[0.076，0.8973]
β_4	0.1232	[0.0498，0.3782]
β_5	1.2342	[0.2387，4.2876]
$R^2 = 0.9973$		

由结果的 $R^2 = 0.9973$ 可知回归方程拟合程度很高，于是得到多元线性回归方程为 $Y = 2.1732 + 0.3425X_1 + 1.4987X_3 + 0.1326X_4 + 0.1232X_5 + 1.2342X_6$，由回归方程系数可知，工业废水排放量对水污染程度影响最大，农业废水排放量次之，农业用水总量影响最小。

4.5.4　淮河流域蚌埠段水污染影响研究

从 1994 年“淮河水污染事件”到 2015 年“淮河支流黑水河事件”，细数历年间淮河水污染事件，不仅引起淮河水质恶化，更是对居民身体健康、生活工作及社会生产造成严重影响。20 年来，淮河水质屡治屡坏，蚌埠居民深受淮河水污染影响，深入了解淮河水污染对蚌埠居民造成的影响，将有利于蚌埠市政府提供相关防治措施。

1. 水污染对居民生活的影响

由图 4-19 可知，约 85.71%的居民主要生活用水是自来水，有 30.95%用水量是纯净水，这部分水几乎用作饮用水，在走访过程中我们了解到，由于水污染，多数人已选择用纯净水代替自来水作为日常的饮用水源。有 25%的居民主要用水源为井水，这部分居民主要分布在农村地区。另外，少部分居民会使用江河湖水或雨水，不过由于污染，这部分用水的比例有下降的趋势。

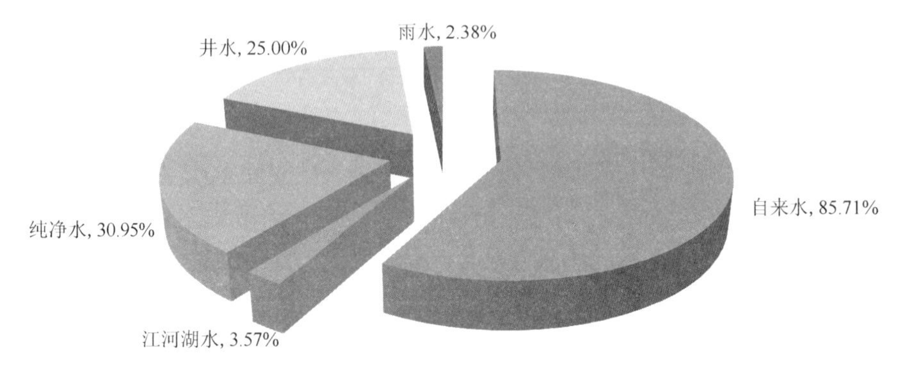

图 4-19 蚌埠居民生活用水主要水源

由图 4-20 可知，约 60.71%的居民认为水污染会导致疾病的发病率明显增加；40.4%的居民认为水污染已经干扰到他们的生活工作，大部分农村居民表示已不敢再有河水洗衣服、浇灌农田，同时，由于水污染越来越严重，农作物产量大幅缩减，部分农民除了自给自足外，基本放弃大面积种植农产品；有 32.1%的居民认为水污染明显影响了水产品质量；20.2%的居民觉得污染造成了水价的上涨，导致了生活成本的提高。

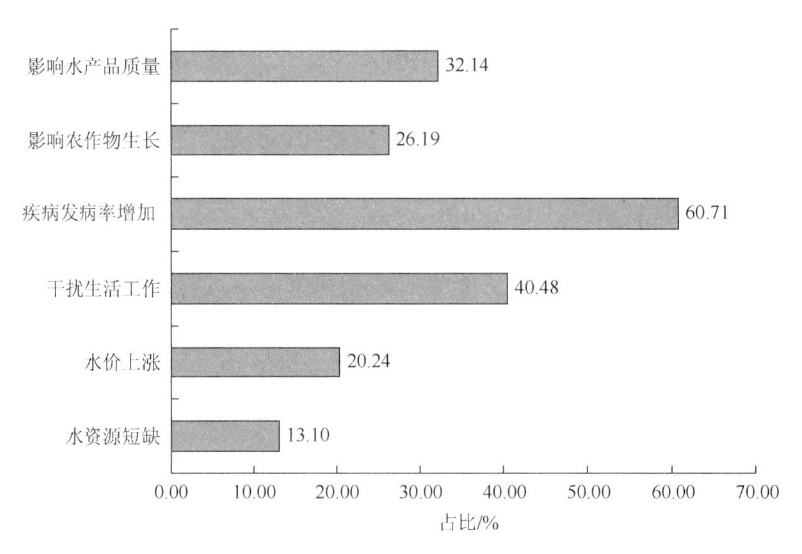

图 4-20 水污染对蚌埠居民生活造成的影响

2. 水污染对生态资源的影响

由图 4-21 可知，约 52.4%的受访者认为自己所居住的区域水生植物有所减少，认为水生动物减少的居民所占比重也较大，约为受访人数的 2/3，认为河畔林有所减少和基本没变化的居民所占比重相当，约为 30%。同时由图 4-20 可知，约 32.4%的受访者认为水质恶化是水生动植物减少的首要原因。

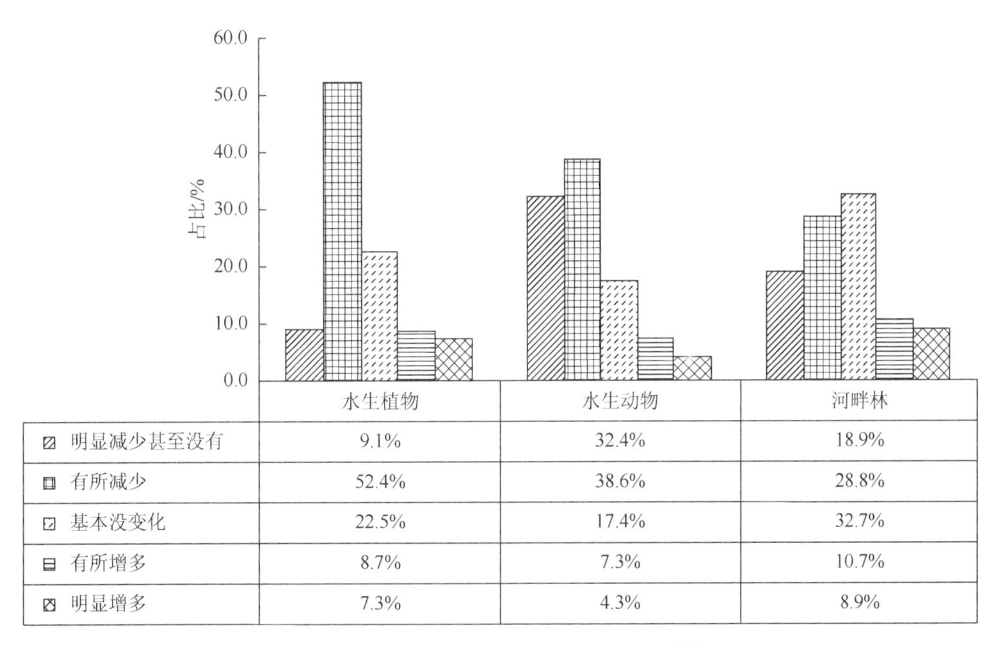

	水生植物	水生动物	河畔林
明显减少甚至没有	9.1%	32.4%	18.9%
有所减少	52.4%	38.6%	28.8%
基本没变化	22.5%	17.4%	32.7%
有所增多	8.7%	7.3%	10.7%
明显增多	7.3%	4.3%	8.9%

图 4-21　居民认为水污染对生态的影响结构图

4.5.5　淮河流域蚌埠段水污染及治理状况调查结论和建议

1. 主要结论

1）淮河流域蚌埠段水污染大致好转

从污染存在时长和污染程度来看，淮河流域蚌埠段水污染存在时长长达 20 年之久，长期处于重污染程度，水质恶化严重。但总体上来看，随着近几年政府对淮河治理的投入，淮河流域水污染防治工作取得了显著成效，淮河水质逐步好转，总体水质由 8 年前的重度污染好转为中度污染。39.84%的居民认为淮河水污染程度一般，仅 9.52%的居民认为淮河水污染较为严重。本次调查中，淮河流域蚌埠段怀远县、经济开发区污染较为严重，龙子湖区和高新区污染情况较轻。

2）淮河流域蚌埠段水污染治理效率总体偏低

2005～2006 年蚌埠水污染治理效率呈递减趋势，自 2007 年后，随着科技水平及人们对环境关注度的提高，蚌埠水污染治理的规模效率开始逐步上升，但上升速度总体偏慢，总体效率偏低，距离最佳规模仍有一定的距离。调查发现，约有 45%的受访者认为政府没有对污染企业进行处罚、责令整改或迁出、关闭，但约 30%的居民认为这些措施对水污染改善最明显；在建立完善相关法律法规、健全水污染监管机构、加大水污染防治宣传力度三大措施中，居民普遍认为对目前淮河水污染仅有轻微改善，甚至没有改善，因此加大工业企业整改对治理淮河来说势在必行。

3）居民对淮河流域蚌埠段水污染治理满意度偏低

自 20 世纪 90 年代，淮河流域污染治理成为全国水环境保护的主战场之一，但由于产业结构设置不合理，高污染、低产出、高能耗的工业企业较多，加之城市生活污水的排放逐年增长，淮河流域水质改善缓慢。在调查中，部分居民表示政府有些时候不能够及时采取措施，加上居民对一些治理措施实际作用并不了解，从而引发部分居民对政府的不满情绪。有 35.71%的受访者对政府在工业水污染治理效果表示不满意，39.46%认为政府的表现持一般态度，仅 3.4%的居民表示非常满意。

4）淮河流域蚌埠段水污染对居民生活影响较大

近几年来，由于水污染造成的癌症等疾病的时间频频曝光，一些地区更是由于水污染而寸草不生。在调查中，约 60.71%的受访者认为水污染会导致疾病的发病率明显增加；40.4%的居民认为水污染已经干扰到他们的生活工作，由于水污染越来越严重，农作物产量大幅缩减，部分农民除了自给自足外，基本放弃大面积种植农产品，可见水污染对农村居民影响之大，城镇居民由于有自来水供应影响较小，但饮用自来水的居民已经很少，居民饮用水基本为纯净水，甚至矿泉水。

5）淮河流域蚌埠段“工业污染”不减，“生活污染”增多

目前淮河主要污染源仍主要为工业污染，但生活污染、农业污染等污染源也在不断增多。加之淮河流域生活用水需求有增无减，而不断增长的城镇生活污水也未得到有效处理，不少开发区还未建立污水处理厂，淮河水生态系统正日益破坏。在调查中，60.71%的居民认为工业排污是造成淮河流域蚌埠段水污染主要成因；约 50%的居民认为生活污水、生活垃圾会造成水污染，部分居民反映，由于自己居住的地方没有生活污水处理站，生活污水尤其是厕所粪便都直接通往淮河。

2. 主要政策建议

1）减少生活污水排放，加大生活污水净化

通过调查分析，可知蚌埠近几年来生活污水排放量有所增长，污水处理站少，处理率较低。蚌埠市政府应提高城镇生活污水处理率，加快城镇污水管网配套建设工作，提高生活污水的接管率，真正发挥污水处理厂的作用；其次要做好生活垃圾处理以及垃圾无害化处理工作，在河道周围多设置垃圾桶，加大河道周边垃圾清理工作，严禁垃圾入河；同时要进一步提高全民环保意识，随着广大公民环保意识的提高，居民就会自觉地做到垃圾入箱，从而减少生活垃圾对淮河的污染。

2）加大企业转型，促进生态经济发展

经济的发展不能以牺牲环境为代价，在做好环境保护的基础之上去发展经济才是真正的强国之路。通过调查分析可知，工业废水仍为淮河水污染成因之首，故做好工业污水处理工作无疑是淮河治理的重中之重。政府可以从以下三点进行。

第一，发展生态农业，提倡农民合理使用化肥，减少农药化肥的使用量，同时使畜禽

养殖的污染治理规模化，减轻农业面源污染对水体的危害。

第二，健全企业环保机制，提升环境保护投入的效率。鼓励企业健全环保机制，使企业结合自身的生产特点，设计有效的内部环境控制体系，加强环保设备的管理工作，将环保由外部控制转变内部控制，进而提高企业环境保护工作效率。

第三，加大对废水治理的投入，减少工业废水排放。政府要加大环境执法力度，严控污水排放标准，加大惩戒力度，禁止超标排污、偷排等违法活动；各企业可以通过调整企业结构、引进和发展清洁能源等来减少污水排放量；与此同时，政府要鼓励各企业使用先进的工艺设备处理污水，提高污水处理率。

3）加大农村生态环境建设，解决居民用水隐患

通过调查可知，蚌埠市农村水污染较为严重，居民用水存在安全隐患，由饮用污水造成的癌症大多发生在农村地区，因此加大农村生态环境建设势在必行。第一，政府要进一步加大农村环境整治力度，重视农村生活垃圾、生活污水的处理；第二，农村的垃圾污染一方面与农民多年的生活习惯有关，另一方面与居民的环保意识有关，政府要进一步提高农民的环保意识，做到民与政府合力治污；第三，政府要按时排查农村用水情况，了解农村污染症结所在，及时治理农村生态污染，尽早解决居民自来水用水问题，切实保证居民的用水安全。

4）着力节约保护水资源

通过调查，可知随着淮河流域水质受到污染，淮河水体逐年减少，加大淮河水治理，一方要减少污水排放，加大污水处理；另一方面要着力节约保护水资源，实施最严格水资源管理制度，控制用水总量，提高用水效率，加强水量调度，保证重要河流生态流量。

5）提高污水重复利用率，做到“废水不废”

通过调查可知，蚌埠市污水处理率较低，污水重复利用率仅为30%左右，因此亟须提高污水重复利用率。政府要尽早迈出污水回用步伐，加强管网建设统一回用标准，在建设投入方面可以考虑“政府建网，企业建厂”，广泛引入社会资本参与，尽快使蚌埠市再生水使用形成网络化，多点供水的格局，提高利用率。

第5章　中国矿产资源消费强度研究

矿产资源是人类社会发展所必不可少的物质基础和来源，也是经济增长的重要前提，目前矿产资源提供着全世界所使用能源的95%以上，矿产资源提供80%以上的工业原材料，矿产资源提供着70%以上的农业生产资料[①]。工农业的现代化使矿产资源成为影响社会繁荣、国家富强、地区经济增长的重要决定性因素之一。目前，我国矿产资源储量基本都在增加，而优势矿产大多用量不大，一些重要的支柱性矿产多为短缺或探明储量不足，矿产资源状况仍面临诸多挑战。

本章试图在已知我国矿产资源储量时序数据的基础上，对我国各个矿产资源储量的变化趋势进行分析，并对我国各个矿产资源储量的均值进行了相关测算和分析。

5.1　中国矿产资源现状

自新中国建立以来，我国对国土资源进行大规模的勘查工作。经过多年的勘察发现，当前我国矿产资源种类已达到171多种，已探明的资源种类有158种，其中主要包括石油、天然气、煤等10多种能源资源；铁、锰、铜、等54种金属矿产；石墨、磷、硫等91种非金属矿产；地下水、矿泉水等3种水气矿产。种类丰富且储藏量相对较大。

5.1.1　我国主要能源矿产资源概况

能源矿产是我国矿产资源非常重要的组成部分，其中煤炭、石油、天然气占到一次能源消费总量的95.7%（2012年）[②]，加之矿产资源在一次能源消费中占有主导地位，因而其对我国经济和社会的发展有着非常深远的战略意义。

中国煤炭资源十分的丰富，据地质工作者对煤炭资源进行远景调查，在距地表以下2000米深以内的地壳表层范围内，预测煤炭资源远景总量达50 592亿吨。到2012年年底，我国煤炭储量达到2298.86亿吨；而到2013年年底，我国煤炭储量达到2362.90亿吨，2012～2013年，我国煤炭储量增加超过2.8%。

石油是人类赖以生存和发展的重要能源之一，是现代工业的基础。石油工业的快速发展，使世界政治和经济、国家战略与其紧密地联系在一起，使全球经济和人民生活水平发生了巨大的变化。到2012年年底，我国石油储量达到333 258.33万吨；而到2013年年底，我国石油储量达到336 732.81万吨，2012～2013年，我国石油储量增加超过3474.48万吨，我国石油储量仍在增加。

天然气是重要的能源矿产资源之一，在国内外有着相当广泛的应用。我国天然气产量

---

① 核算基于《矿产资源工艺要求手册》。

② 核算基于《2012年中国能源统计年鉴》。

也比较丰富，在煤炭盆地和石油盆地中都有一定的产出。到 2012 年年底，我国天然气储量达到 43 789.88 亿立方米；而到 2013 年年底，我国天然气储量达到 46 428.84 亿立方米①，2012～2013 年，我国天然气储量增加超过 6%。

5.1.2 我国金属矿产资源概况

我国金属矿产储量十分丰富，分布也很广泛。已探明储量的金属矿产达到了 54 多种，主要包括铁矿、铜矿、铅矿、锌矿、铝土矿、钨矿等金属矿产。由于不同矿产的地质工作程度不尽相同，其各自的丰富度也不尽相同。例如，铁、铜、锌、铅、钨等，其资源相对丰富；而铬矿等资源就相对匮乏。

5.1.3 我国非金属矿产资源概况

我国非金属矿产资源种类很多，分布也十分的广泛。已探明储量的非金属矿产资源主要包括金刚石、石墨、盐矿、钾盐、镁盐、磷矿等。我国非金属矿产资源的特点是：我国非金属矿资源储量中，地质控制程度低的部分所占比重较大；资源量大，基础储量少；经济可用性差或经济意义未确定的资源储量多，控制和推断的资源储量多，探明的资源储量少。

5.1.4 我国矿产资源分布状况

我国所有的自然资源中，矿产资源品种最为繁杂，地理分布最不均衡。例如，我国煤炭资源呈现出“井”字形分布格局，主要分布在山西、陕西、内蒙古、新疆四个省份，西多东少、北多南少，具有天然的区域分异性；磷矿资源主要分布在云南、贵州、四川、湖北四个省份，呈现“南磷北调”及“西磷东运”的局面；钾盐矿床以现代盐湖沉卤水矿为主，柴达木盆地占到全国钾盐资源储量的近 90%。东部地区地处中国主要大江、大河的下游，地形以平原为主，属中国经济发展和对外开放的前沿，工业化、城市化水平高，占有明显的科技和经济优势，且该地区采掘工业、原材料工业产品产量在全国占重要地位，其劣势是资源相对贫乏，矿产资源特别是能源严重短缺；中部地区拥有丰富的能源、多种金属和非金属矿产资源，是中国主要的基础工业（能源、原材料工业）基地，该地区生产我国大部分的原煤、原油；西部地区矿产资源的远景储量很可观，能源矿产在全国占有重要地位，但西部地区的生态环境脆弱，黄土高原、西南山区、沙漠边缘地区已经出现生态恶化现象。因此，在矿产开发时，需重视保护环境。

矿产资源作为我国经济社会发展的重要物质基础、空间载体和能量来源，这种空间分布不均衡的特性，不仅影响区域资源开发利用形式和产业结构，决定着矿业城市的兴起，且在很大程度上决定着我国区域经济发展总体格局。

① 煤炭、石油、天然气储量数据均来源于《中国统计年鉴》。

5.1.5 文献综述

中国是世界上矿产资源开发利用最多的国家之一。虽然，矿产资源开发利用有效的促进我国经济社会快速发展，但是其给生态环境也带来了巨大的破坏。对于矿产资源开发利用的环境影响，国内外学者已经进行了相应的研究。Kesler（1994）对矿产资源开发利用的环境效应的内涵进行了界定，建立了矿产资源开发利用的环境效应的基本理论分析框架。Singh（1999）通过对澳大利亚矿产资源开发利用的历史数据进行分析，得出了其造成了大气和水污染、土壤与岩体松散、土地退化、森林植被破坏、辐射危害等方面的环境问题，很好的验证和发展了 Stephen 的理论。Pagiola 等（2005）、Aigbedion 和 Iyayi（2007）、Cãpãþînã 和 Lazãr（2008）、闫军印和丁超（2008）、郑娟尔等（2010）分别以拉丁美洲、尼日利亚、罗马尼亚、中国和澳大利亚为研究对象，指出了不同国家矿产资源开采所导致的不同环境污染和破坏问题。同时，Andreoni 和 Levinson（2001）、Chikkatur 等（2009）、倪平鹏等（2010）还分别就锡矿、煤矿和稀土等矿产的开发利用所导致的环境污染进行了分析。

学者们对矿产资源开发利用环境影响的现象描述，还不能满足人们理解其发展规律的要求，基于此，一些文献对矿产资源开发利用的环境影响进行了评价研究。Kang 和 Stam（1994）构建了一个基于环境效应因子权值的定量化模型，为矿产资源开发利用的环境影响定量评价提供了基本分析框架。Griffiths（1998）提出了系统综合模糊分析法，通过构造模糊相似矩阵对环境影响在时空层面上的累积，做了相应的比较和定量评价分析。此外，Sabanov 等（2006）运用环境影响系统评价方法，分别对煤炭和油页岩矿产资源的开发利用所导致的地表结构变化、气候变化、水污染和土地使用变化进行了分析测度。陈军和成金华（2015）运用面板模型，从产业结构、技术进步和政府管理三个维度进行了理论分析与实证分析，考察了我国矿产资源开发利用的环境影响。

上述对矿产资源开发利用的环境影响的分析，为我们对中国矿产资源相关研究和分析提供了较好的理论和实践依据。本章在相关学者和专家研究的基础上，对我国矿产资源储备状况、和相关数据进行统计分析，其中根据矿产资源的分类，选取主要代表对能源资源、金属矿产资源和非金属矿产资源进行研究。

5.2 中国矿产资源储备情况及统计分析

5.2.1 我国矿产资源储备情况

我国矿产资源储备体系还处于刚刚起步阶段，部分还处于规划之中，大部分矿产资源储备方面还处于空白阶段。目前，我国矿产资源战略储备有三种形式：①战略石油储备；②矿产品战略储备；③矿产地储备。

目前我国矿产资源储备情况如下：战略石油储备已建成的四大储备基地（储油库）镇海、乔山、大连、黄岛开始储油运营，以物资产品储备方式实施的矿产品储备，实践中已经相对成熟。在矿产地储备方面，国家启动以稀土和煤炭为重点的矿产地战略储备试点方案研究。同时，启动优势矿产资源富集地区的矿产地储备调查评价与勘查及钾盐矿产保障工程的钾盐资源调查评价项目，计划在鄂尔多斯、兰坪-思茅、四川、柴达木盆地西部等相继开展盐湖环境与钾盐资源科学超千米深钻工程。

5.2.2　我国矿产资源储量的统计分析

基于 2004～2013 年我国各个矿产资源储备量的时序数据，本节对我国三类矿产资源储量的变化进行趋势分析。数据如图 5-1～图 5-4 所示。

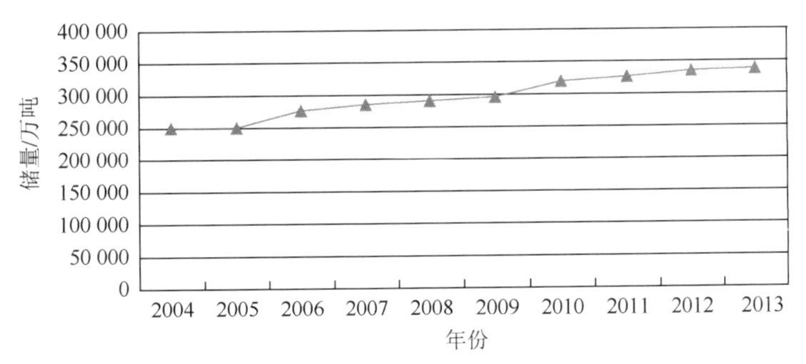

图 5-1　2004～2013 年石油储量趋势

资料来源：《中国能源统计年鉴》（2004～2013 年）

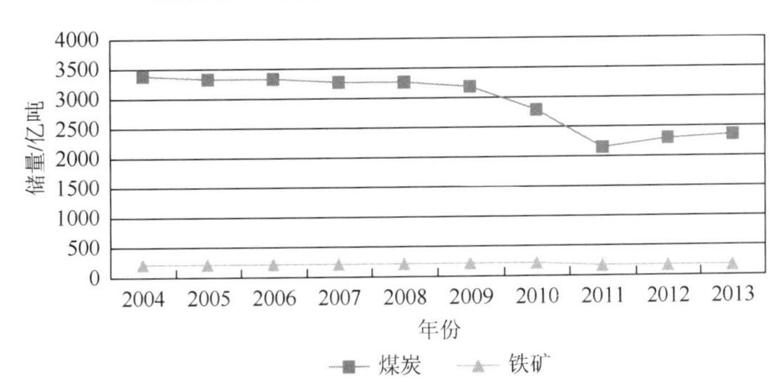

图 5-2　2004～2013 年煤炭、铁矿储量趋势

资料来源：《中国能源统计年鉴》（2004～2013 年）

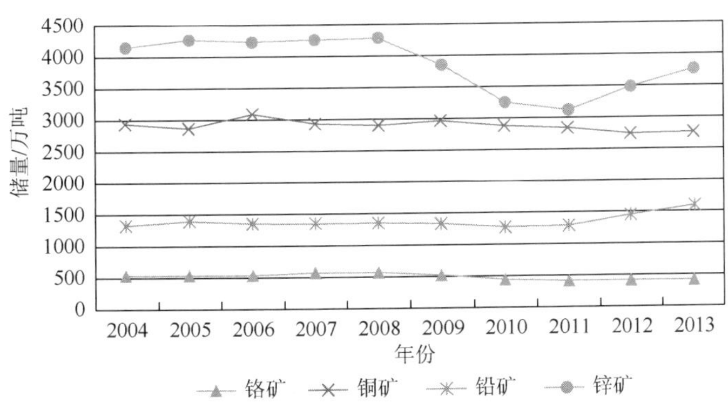

图 5-3　2004～2013 年铬矿、铜矿、铅矿、锌矿储量趋势

资料来源：《中国能源统计年鉴》（2004～2013 年）

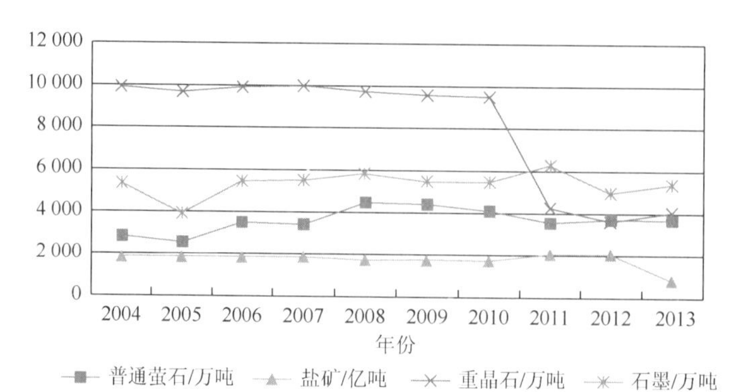

图 5-4 2004～2013 年普通萤石、盐矿、重晶石、石墨储量趋势

资料来源：《中国能源统计年鉴》（2004～2013 年）

由图 5-1 可以明显发现，石油储量在 2004～2013 年逐年增加，由原先的 249 097.90 万吨增加到 2013 年的 336 732.81 万吨，平均每年增加超过 3.9%。从图 5-2 可以看出，煤炭储量基本上呈下降趋势，特别在 2009～2011 年下降速度较快，平均每年减少超过 343.9 亿吨。铁矿整体上呈下降趋势，但并不明显。在金属矿产资源方面，通过图 5-3 可以观察到铬矿储量在 2008～2011 年这四年内下降速度较快，但之后储量发生上升，这可能由于新铬矿资源的发现；铜矿和铅矿相对比较稳定，其中铅矿在最近几年内储藏量稳定上升；锌矿储量总体上呈现下降趋势，由 2004 年的 4151.49 万吨减少到 2013 年的 3766.18 万吨。通过图 5-4 可以看到，普通萤石储量呈现波动性变化，总体呈现上升趋势。普通萤石储量由 2004 年的 2834.96 万吨增加到 2013 年的 3680.27 万吨。盐矿储量总体为下降趋势，特别在 2011～2013 年这三年内下降速度较大，由 2004 年的 1828.71 万吨下降到 2013 年的 830.19 万吨。重晶石储量总体呈现下降趋势。重晶石储量由 2004 年的 9838.96 万吨下降到 2013 年的 3986.07 万吨，平均每年下降超过 6.6%。石墨储量在 4000 万～6000 万吨上下波动，2004～2013 年，石墨储量基本一致。

接着，本章对我国 2004～2013 年部分矿产资源储量的均值和变异系数进行相关测算，并对其进行对比分析。具体如图 5-5 所示。

各种矿产资源的均值反映各个矿产资源储量在 2004～2013 年的集中趋势，其中石油在 2004～2013 年的均值最大。而变异系数（标准差和平均值的比值）能够消除测量尺度和量纲的影响。其中，铜矿储量的变异系数最小，可见铜矿储量时序数据的变异程度最小；而重晶石储量的变异系数最大，可见磷矿储量时序数据的变异程度最大。

5.3 结　　论

在我国各种矿产资源中，煤炭、天然气、铁矿等的储量较高。本章通过对我国各个矿产资源储量的时序数据进行趋势分析，将会在一定程度上预见到各个矿产资源储量的趋势走向。本章通过对我国各个矿产资源储量的统计指标的对比分析，反映出各个矿产资源储量时序数据的集中趋势及变异程度的相对大小，更加深入地分析我国矿产资源储量情况。

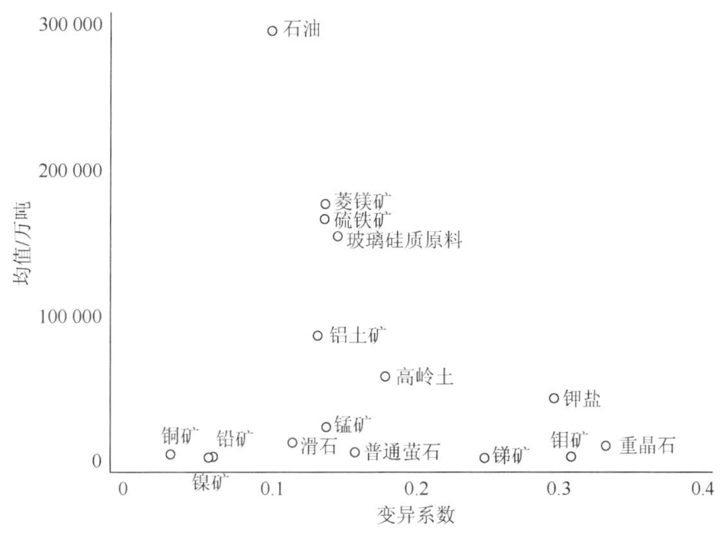

图 5-5　部分矿产资源变异系数-均值散点图

资料来源：《中国能源统计年鉴》（2004～2013 年）

5.4　案例：鄱阳湖生态经济区资源环境分析

鄱阳湖生态经济区成立以来经济高速发展，环境问题也日趋严重。主体功能区的划分也推动了鄱阳湖生态经济区的发展，为了更好地研究鄱阳湖生态经济区的全要素生产率，我们提出了共同前沿面非径向龙伯格指数（group metafrontier non-radial Luenberger productivity index，GMLPI）来对该区域 38 个县市的全要素生产率进行测度。本章首先对鄱阳湖生态经济区和主体功能区划分进行简单介绍；其次计算出各县市的 GMLPI（即环境全要素生产率），并把该指数分为效率变化（group efficiency change，GEC）、技术进步（group technical change，GTC）和与共同前沿面差距变化（metafrontier gap change，MGC）；最后进行数据分析并得出结论。

5.4.1　鄱阳湖生态经济区

1. 鄱阳湖生态经济区的基本情况介绍

鄱阳湖地区处在沿长江经济带和沿京九经济带的交汇点，连接南北方、沟通东西；毗邻武汉城市圈、长株潭城市群、皖江城市带，基础条件较好、发展潜力较大，是中部地区正在加速形成的增长极之一，在我国区域发展格局中具有重要地位。鄱阳湖生态经济区是以江西省鄱阳湖为核心，以鄱阳湖城市圈为依托，以保护生态、发展经济为重要战略构想的经济特区。鄱阳湖生态经济区旨在建设成为世界性生态文明与经济社会发展协调统一、人与自然和谐相处的生态经济示范区和中国低碳经济发展先行区。

山江湖开发治理工程、昌九工业走廊建设、九江沿江开发等一系列重大战略的实施推动了经济社会发展、生态环境的保护。鄱阳湖生态经济区是一个工业、农业、高科技产业和服务业并具，有较好基础的经济特区。多种行业的互补为鄱阳湖生态经济区的高速发展提供了便利。基础建设方面，该区域基础设施条件较好，初步形成了便捷的立体交通网络，构建了安全可靠的电力供应体系；农业方面，鄱阳湖生态经济区生态农业发展势头良好，有机食品产量位居全国前列，是我国著名的鱼米之乡和重要的商品粮油基地；工业和高新技术方面，新型工业粗具规模，初步建立了以汽车、航空及精密仪器制造、特色冶金和金属制品加工、中成药和生物制药、电子信息和现代家电产业、食品工业、精细化工及新型建材等为核心的产业体系；服务业方面，旅游业发展较快，是我国中部地区重要的旅游目的地；其他方面，教育、文化、卫生等公共服务体系较为完善。

2. 鄱阳湖生态经济区的主体功能区划分

从 2009 年国务院正式批复《鄱阳湖生态经济区规划》以来，鄱阳湖生态经济区的经济增长势头强劲，同时，在经济的高速发展下，生态环境保护工作进行有序。2011 年国务院正式发布《国家主体功能区规划》，江西省也随即发布《江西省主体功能区规划》。《国家主体功能区规划》指出：主体功能区是指基于不同区域的资源环境承载能力、现有开发密度和发展潜力等，将特定区域确定为特定主体功能定位类型的一种空间单元。按照自然生态状况、水土资源承载能力、区位特征、环境容量、现有开发密度、经济结构特征、人口集聚状况、参与国际分工的程度等多种因素将不同的区域分为优化开发区域、重点开发区域、限制开发区域和禁止开发区域四类（图 5-6）。优化开发区域是经济比较发达，人口比较密集，开发强度更大，资源环境问题更加突出，从而应该优化进行工业化城镇化开发的城市化地区。重点开发区域是有一定经济基础，资源环境承载能力较强，开发潜力大，聚集人口和经济的条件较好，从而应该重点进行工业化城镇化开发的城市化地区。优化开发区域和重点开发区域都属于城市地区，开发总体内容相同，开发强度和开发方式不同。限制开发区域分为两类：一类是农产品主分区，即耕地较多，农业发展条件较好，尽管该类地区也适宜工业化、城镇化开发，但从保障国家农产品安全及中华民族永续发展的需要出发，必须把增强农业综合生产能力作为发展的首要任务，从而应该限制进行大规模高强度工业化、城镇化开发的地区；另一类是重点生态功能区，即生态脆弱或生态功能重要，资源环境承载能力较低，不具备大规模高强度工业化、城镇化的开发的区域，必须把增强生态产品生产能力作为首要任务，从而应该限制进行大规模高强度工业化城镇化开发的地区。禁止开发区域是依法设立的各级各类自然文化区域保护区域，以及其他禁止进行工业化城镇化开发，需要特殊保护的重点生态功能区。国家层面禁止开发区域，包括国家级自然保护区、世界文化自然遗产、国家级风景名胜区、国家森林公园和地质公园。省级层面的禁止开发区域，包括省级以下各级各类自然文化资源保护区、重要水源及其他省级人民政府确定的禁止开发区域。各类主题功能区，在全国经济社会发展中具有同等重要的地位，只是功能不同，开发形式不同，保护内容不同，发展任务不同，国家支持重点不同。对城市化地区主要支持其集聚人口和经济，对农产品主产区主要支持其增强农业综合生产能力，对重点生态功能区主要支持保护和修复生态环境。

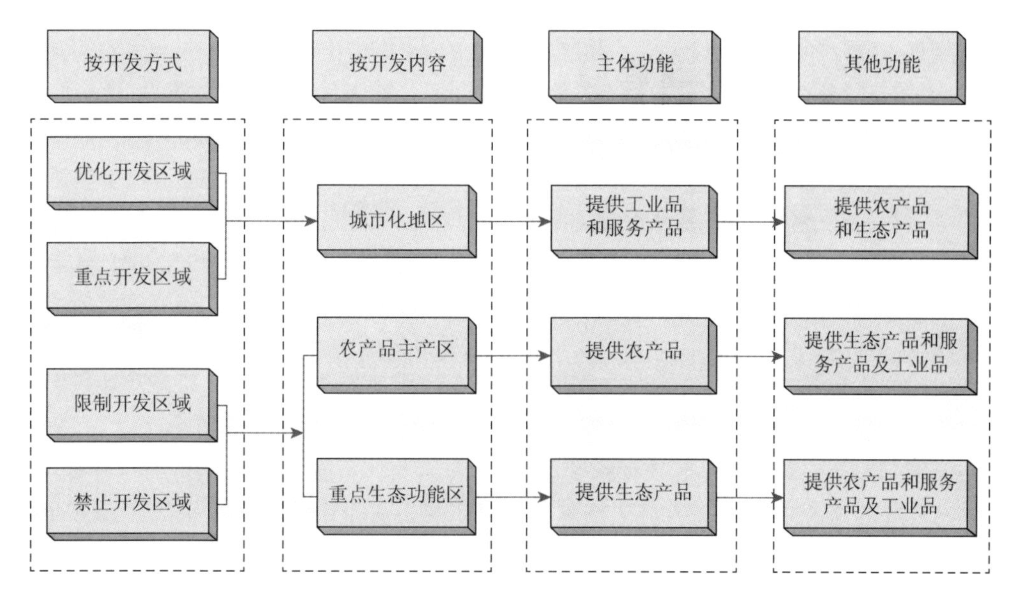

图 5-6　主体功能区分类及其功能

根据《江西省主体功能区规划》，全省国土空间被划分为重点开发区域（key development zone，KDZ）、限制开发区域（major agriculture production zone，MAPZ）和禁止开发区域（key ecological development zone，KEFZ）。这对于鄱阳湖生态经济区建设起到了极大的推动作用，使经济区各县市根据自身的经济和环境条件制定适应本地发展的方向，以达成经济与环境协调发展。鄱阳湖生态经济区包含了三个主体功能区：重点开发区、限制开发区域（农产品主产区）和限制开发区域（重点生态功能区）。如表 5-1 所示，在鄱阳湖生态经济区内，23 个县（区）被划分为重点开发区，10 个县为限制开发区（农产品主产区），5 个为限制开发区（重点生态功能区）。以下详细介绍鄱阳湖生态经济区内不同区域的功能定位和主要产业。

表 5-1　鄱阳湖生态经济区主体功能区划分情况

KDZ（1～23）					MAPZ（24～33）		KEFZ（34～38）
1 昌江县	6 贵溪市	11 庐山区	16 瑞昌市	21 月湖区	24 德安县	29 万年县	34 安义县
2 东湖区	7 湖口县	12 南昌县	17 西湖区	22 樟树市	25 东山县	30 新干县	35 浮梁县
3 丰城市	8 九江县	13 彭泽县	18 新建县	23 珠山区	26 都昌县	31 永修县	36 湾里区
4 高安市	9 乐平市	14 青山湖区	19 浔阳区		27 进贤县	32 余干县	37 武宁县
5 共青城市	10 临川县	15 青云谱区	20 渝水区		28 鄱阳县	33 余江县	38 星子县

1）重点开发区域

该区域的功能定位是：中国大湖流域综合开发示范区，长江中下游水生态安全保障区，中部崛起重要带动区，国际生态经济合作重要平台，区域性的优质农产品、生态旅游、光电、新能源、生物、航空和铜产业基地。

区域的主要产业是：以南昌、九江为中心的光电产业，新能源产业和生物产业，以九江为中心的炼油及化工产业，以及以环湖中心城市为重点的汽车及零部件生产业，中国直升机研发生产业、国家重要的高新技术产业，以景德镇为中心的特色陶瓷业。

2）限制开发区域（农产品主产区）

农产品主产区应作为保障农产品供给安全的重要区域、农民安居乐业的美好家园。农产品主产区应着力保护耕地，稳定粮食生产，增强农业综合生产能力，发展现代农业，增加农民收入，保障农产品供给，确保国家粮食安全和食物安全。

产区内的主要农产业有：优质双季稻生产，双低优质油菜生产，优质蔬菜生产，优质棉花生产，以及规模化畜禽养殖和以淡水鱼类、虾蟹为主的水产品养殖。

3）限制开发区域（重点生态功能区）

限制开发的重点生态功能区是生态系统十分重要，关系全省乃至全国的生态安全，在本地区具有较高生态功能价值的区域。鄱阳湖生态经济区包含怀玉山脉水源涵养生态功能区、武夷山脉水土保持生态功能区、幕阜山脉水土保持生态功能区、罗霄山脉水源涵养生态功能区和南岭山地森林生物多样性生态功能区共五个片区。

该区域的功能定位是：全省乃至全国的生态安全屏障，重要的水源涵养区、水土保持区、生物多样性维护区和生态旅游示范区，人与自然和谐相处的示范区。

3. 区域间异质性分析

异质性是指不同区域发展基础和过程的不均匀性及内部复杂性。鄱阳湖生态经济区的三大主体功能区的经济基础不同，发展方向和定位不同，发展的方法更是大相径庭，区域间具有很强的异质性。为了更好地对比地区异质性，我们对比了三个主体功能区在经济发展中的投入产出，如表 5-2 所示。

表 5-2　鄱阳湖生态经济区不同主体功能区投入产出的描述性统计

分区	GDP 均值/亿元	增长率/%	能源消耗均值/吨标准煤	增长率/%	资本存量均值/亿元	增长率/%	劳动力均值/万人	增长率/%	SO_2 均值/吨	增长率/%
KDZ	214.3	14.78	111.7	3.90	706.3	16.72	2.86	4.77	13 120.1	3.72
MAPZ	84.9	16.60	26.8	1.04	380.3	9.88	3.31	0.68	3 241.9	6.40
KEPZ	53.5	15.68	4.4	4.61	327.0	7.37	1.28	1.74	1 520.4	23.43
总体	117.6	15.69	47.7	3.18	471.2	11.33	2.48	2.40	5 960.8	11.18

由于固体废物和废水同 SO_2 情况类似，表 5-2 中只列出了 SO_2 的均值和增长率。显然，重点开发区以工业生产为主，相较于其他两个区域，投入最大，产出 GDP 最高，工业“三废”排放最难以控制。而限制农业开发区则集中在农业发展，投入产出较少，但劳动力最多。限制生态开发区集中保护生态环境，“三废”排放最少，GDP 也最低。三个区域投入产出的描述性统计的结果显示了地区异质性，相较于传统的全要素生长率计算，共同前沿

面的全要素生长率分析的结果和分析也更具说服力。

5.4.2　鄱阳湖生态经济区环境全要素效率分析

1. 测算方法

1）环境全要素前沿面的构建

环境技术进步可视为结合期望产出和非期望产出的生产可能性集。按照生产经济学基本原理，投入资本（K）、劳动力（L）和能源（E），得到期望产出实际 GDP（G）和非期望产出（B），其中非期望产出包括工业废水，固体废物和 SO_2。

$$T=\{(x,y,b): x \text{ can produce } (y,b)\} \tag{5-1}$$

Färe 和 Grosskopf 提出 T 应满足的条件如下：对于所有构建生产可能性集的 DMU，其有限的投入只能得到有限的产出。

由于 T 是一个有边界的闭合集，它需要满足以下假设：

（ⅰ）如果 $(x,y,b)\in T$ 并且 $0\leqslant\theta\leqslant 1$，那么 $(x,\theta y,\theta b)\in T$ 。

（ⅱ）如果 $(x,y,b)\in T$ 并且 b=0，那么 y=0。

假设（ⅰ）是弱处置假说，意味着减少非期望产出不是随意的，必须以减少 G 为代价。假设（ⅱ）为零结合，也就是说，如果非期望产出为零，那么期望产出也是零。

构建前沿面有参数法和运用 DEA 的非参数法，本节采用 DEA 的方法。假设 N 个 DMU 在规模收益不变的条件下，可构建如下方程：

$$\begin{aligned} T=\{(x,y,b)\ :&\sum_{n=1}^{N} z_n x_{mn}\leqslant x_m, m=1,\cdots,M,\\ &\sum_{n=1}^{N} z_n y_{sn}\geqslant y_s, s=1,\cdots,S,\\ &\sum_{n=1}^{N} z_n b_{jn}= b_j, j=1,\cdots,J,\\ &z_n\geqslant 0, n=1,\cdots,N\}\end{aligned} \tag{5-2}$$

其中，z_n 表示强度变量，用来构建包含各观测值的凸组合。

2）非径向方向距离函数

$$\vec{D}(x,y,b;g)=\sup\{w^{\mathrm{T}}\beta:\left((x,y,b)+g\cdot \mathrm{diag}(\beta)\right)\in T\} \tag{5-3}$$

其中，$w=(w_m^x,w_s^y,w_j^b)^{\mathrm{T}}$ 表示投入产出的权重；$g=(-g_x,g_y,-g_b)$ 表示投入产出要改变的方向；$\beta=(\beta_m^x,\beta_s^y,\beta_j^b)^{\mathrm{T}}\geqslant 0$ 表示要扩大的规模数。

由于我们计算鄱阳湖生态经济区的全要素增长率，我们设定各个要素的发展方向为 g=($-x$，y，$-b$)。

至此，我们可以得到每一个 DMU 的非径向距离函数值，方程如式（5-4）所示：

$$
\begin{aligned}
\vec{D}(x,y,b;g) = \max\ & w_m^x \beta_m^x + w_s^y \beta_s^y + w_j^b \beta_j^b \\
\text{s.t.}\ & \sum_{n=1}^{N} z_n x_{mn} \leqslant x_m - \beta_m^x g_{xm}, \quad m = 1,\cdots,M \\
& \sum_{n=1}^{N} z_n y_{sn} \geqslant y_s + \beta_s^y g_{ys}, \quad s = 1,\cdots,S \\
& \sum_{n=1}^{N} z_n b_{jn} = b_j - \beta_j^b g_{bj}, \quad j = 1,\cdots,J \\
& z_n \geqslant 0, \quad n = 1,2,\cdots,N \\
& \beta_m^x,\ \beta_s^y, \beta_j^b \geqslant 0
\end{aligned} \tag{5-4}
$$

$\vec{D}(x,y,b;g)$ 可以理解为非有效全要素替代率。

3）GMLPI

DEA 测算效率得到共同前沿面有两种方法：一是进行三个层次的考虑——同时期不同区域的环境效率（contemporaneous environmental technology）、不同时期不同区域的环境效率（intertemporal environmental technology）、整体考量的环境效率（global environmental technology），以此得到共同前沿面。Metafrontier 的另一种方法是随机法（stochastic approach），其优点是能在估算参数时得到统计学推论。但缺点也是显著的，运用随机法不能得到基于非期望产出考量的生产函数。

对同一时期不同区域环境效率测算时，对于区域 R_h 在 t 时间的生产可定义为 $T_{R_h}^c = \{(x^t, y^t, b^t) : (x^t) \text{ can produce } (y^t, b^t)\}$，此时 t=1,⋯,T。考虑不同时期不同区域的环境效率，对于区域 R_h 在 t 时间的生产可定义为 $T_{R_h}^I = T_{R_h}^1 \cup T_{R_h}^2 \cup \cdots \cup T_{R_h}^T$。不同时期不同区域的环境效率可以理解为：所有时间的同时期不同区域的环境效率对于某个特定的 R_h。整体考量的环境效率的定义是 $T^G = T_{R_1}^I \cup T_{R_2}^I \cup \cdots \cup T_{R_H}^I$，也就是所有时间所有 R_h 的集合，这也意味着每一个 R_h 都可以成为整体前沿面的创新者。

另外，不同时期不同区域的环境效率的径向方向距离函数定义为 $\vec{D}^I(\bullet) = \sup\{w^T \beta^I : \left((K,L,F,Y,C) + g \cdot \text{diag}(\beta^I)\right) \in T_{R_h}^I\}$ 整体考量的环境效率的径向方向距离函数：$\vec{D}^G(\cdot) = \sup\{w^T \beta^G : \left((K,L,F,Y,C) + g \cdot \text{diag}(\beta^G)\right) \in T^G\}$。

为了计算和分解 GMLPI，我们必须算六组不同的 DDFs：$\vec{D}^C(K^s, L^s, F^s, Y^s, C^s)$，$\vec{D}^I(K^s, L^s, F^s, Y^s, C^s)$，$\vec{D}^G(K^s, L^s, F^s, Y^s, C^s)$，$S$=$t$,$t$+1。我们用以下模型来计算非径向方向距离函数：

$$
\begin{aligned}
\vec{D}^d(x^s, y^s, b^s; g) = \max\ & w_x \beta_x^d + w_y \beta_y^d + w_b \beta_b^d \\
\text{s.t.}\ & \sum_{\text{con}} z_n^s x_n^s \leqslant x_{n'} - \beta_x^d g_x \\
& \sum_{\text{con}} z_n^s y_n^s \geqslant y_{n'} + \beta_y^d g_y \\
& \sum_{\text{con}} z_n^s b_n^s = b_{n'} - \beta_b^d g_b \\
& z_n^s \geqslant 0, \quad \beta^d \geqslant 0
\end{aligned} \tag{5-5}
$$

其中，d 表示不同类型的非径向方向距离函数，可以是同时期不同区域的环境效率、不同时期不同区域的环境效率或整体考量的环境效率；con 表示满足不同非径向方向距离函数类型的条件。对于同一时期不同区域的环境效率非径向方向距离函数，$d\equiv C$ 且 $\text{con}\equiv\{n\in R_h\}$；不同时期不同区域的环境效率的非径向方向距离函数中，$d\equiv I$ 且 $\text{con}\equiv\{n\in R_h,\ s\in[1,2,\cdots,T]\}$；整体考量的环境效率的非径向方向距离函数，$d\equiv G$ 且 $\text{con}\equiv\{n\in[R_1\cup R_2\cup\cdots\cup R_H],s\in[1,2,\cdots,T]\}$。

$$\text{GMLPI}(x^S,y^S,b^S)=\vec{D}^G(x^{t+1},y^{t+1},b^{t+1})-\vec{D}^G(x^t,y^t,b^t) \tag{5-6}$$

由等式可知，GMLPI 测量了从 t 到 t+1，n 的前沿面远离或趋近整体前沿面。如果 GMLPI＞0，n 的前沿面向整体前沿面靠近；如果 MNLCPI=0，没有发生改变；如果 GMLPI＜0，n 的前沿面远离整体的前沿面。

GMLPI 能分解为效率变化（efficiency change，EC）、技术进步（technical change，TC），以及与前沿面差距变化（metafroniter technology gap change，MGC）。EC 是指追赶效应，表示 n 的前沿面与不同时期不同区域的环境效率的前沿面的距离。而 TC 是技术进步。MGC 是 n 的不同时期不同区域的环境效率前沿面与整体考量的环境效率前沿面的距离。

2. 数据分析

1）数据来源和处理

我们采用 GMLPI 对鄱阳湖生态经济区 38 个县市的环境全要素增长率（environment total factor productivity，ETFP）进行测算和分析，并选取 2009～2013 年的 38 个县市的数据进行测算。

综合前人的研究成果，本节从多项指标中选出投入产出，作为评价鄱阳湖生态经济区的基础指标。考虑到本节的研究重心为地区经济发展，选取地区实际国民生产总值（Real GDP）作为期望产出。至于非期望产出则为工业“三废”，包括工业废水、工业废气、工业固体废物。对于工业废气，本节主要是指工业排放 SO_2。我们以劳动力、资本存量、能源总消耗为投入。其中，资本存量不能直接获得，我们根据已有的资本量和每年的投资数据，采用永续盘存法来计算每个县市的资本存量，如式（5-7）所示：

$$K_{n,t}=\frac{\Delta k_{n,t+1}}{(\delta_n+g_n)} \tag{5-7}$$

其中，$K_{n,t}$ 表示地区 n 在 t 时间的资本存量；$\Delta k_{n,t+1}$ 表示地区 n 在 t+1 时间的投资额；δ_n 和 g_n 分别表示地区 n 的折旧率和 GDP 增长率。δ_n 采用 Wu（2009）提出的方法。

总能源消耗包括所有形式的能源，如煤、石油和天然气等。所有的能源的单位采用吨标准煤，以方便计算。以上所有的鄱阳湖生态经济区县市发展的大数据都来源于 www.poyanglake.net。

2）测量指标的描述性分析

对 2009～2013 年鄱阳湖生态经济区 38 个县市测量指标进行描述性统计，结果如表 5-3 所示。

表 5-3 2009～2013 年鄱阳湖生态经济区各县市测量指标的描述性统计

变量	单位	分组	均值	标准差	最大值	最小值
废水	万吨	KDZ	4 783.84	0.33	25 921.71	289.10
		MAPZ	2 024.24	29.67	3 252.51	393.57
		KEFZ	124 808.37	7 159.16	1 977.24	280.84
SO_2	吨	KDZ	4 775.51	10 117.36	58 524.10	41.18
		MAPZ	1 968.10	2 471.46	15 818.81	263.00
		KEFZ	178 100.20	303 723.94	5 471.49	124.00
固体废物	吨	KDZ	4 819.95	101 09.44	94 012.75	20.34
		MAPZ	1 781.87	2 449.69	7 237.18	83.00
		KEFZ	311 482.39	359 370.65	14 631.21	57.60
劳动力	万人	KDZ	2.859	1.840	6.895	0.487
		MAPZ	3.308	2.236	9.396	0.758
		KEFZ	1.277	0.524	1.854	0.378
能源消耗量	吨标准煤	KDZ	111.74	147.35	671.68	0.05
		MAPZ	26.81	47.08	120.63	0.68
		KEFZ	4.42	3.40	10.37	0.32
GDP	亿元	KDZ	214.32	141.58	814.92	20.47
		MAPZ	84.95	73.22	275.81	27.40
		KEFZ	53.54	20.05	89.51	22.73
资本存量	亿元	KDZ	706.26	425.64	2 516.58	81.66
		MAPZ	380.26	359.03	763.26	63.89
		KEFZ	327.02	222.70	709.69	54.20

从表 5-3 及图 5-7～图 5-9 可以看出随着 GDP 的增长，工业“三废”也呈现上升趋势，尤其是 2012～2013 年工业“三废”排放量增长迅速。能源消耗增长速度缓慢，也在一定程度反映了鄱阳湖生态经济区各市县产业转型和节能减排的作用。资本的增长趋势平稳，没有出现一年增长过快，一年又急速下降的迹象，也反映了宏观政策促使投资平稳，更加有利于经济的平稳增长。

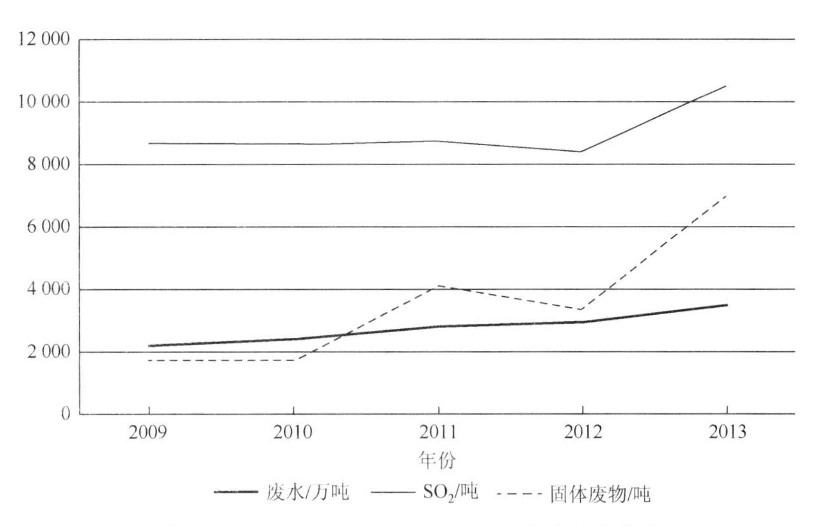

图 5-7　2009～2013 年工业“三废”产出均值变化

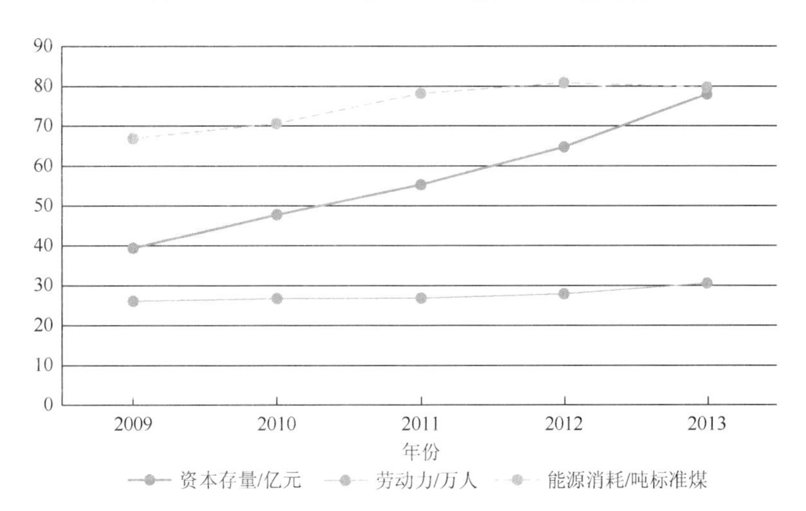

图 5-8　2009～2013 年资本、劳动力和能源消耗变化

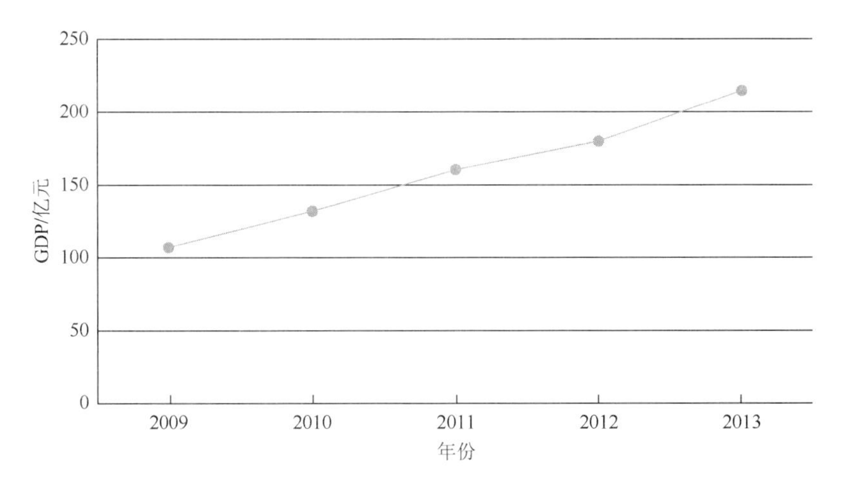

图 5-9　2009～2013 年鄱阳湖生态经济区各县市 GDP 变化

3. 结果分析和政策建议

1）结果分析

我们计算了 38 个县市的 GMLPI 来获取结合异质性考量的 ETFP。从表 5-4 可以看出，GMLPI 在 2009～2013 年的平均增长率为 8.71%，即表明鄱阳湖生态经济区在主体功能区规划下，有了显著的发展。但值得注意的是，在 2011 年，11 个县市的 GMLPI 出现了下滑趋势，其中彭泽县出现了 0.06%的下滑。而其他县市则有不同程度的增长，尤其是西湖区、南昌县、东湖区的 GMLPI 增长分别达到 45.7%、44.6%和 43.8%。从纵向来看，平均 SMLPI 每年均有所增长，到了 2009～2011 年，上升速度达到了较高的 10.8%。

表 5-4　2009～2013 年的 GMLPI 变化

地区	分组	2009～2010 年	2010～2011 年	2011～2012 年	2012～2013 年	均值
昌江县	KDZ	−0.0321	0.0844	0.0313	−0.1287	−0.0113
东湖区	KDZ	0.1289	0.4756	0.5794	0.5665	0.4376
丰城市	KDZ	0.1651	−0.1665	0.0369	0.0027	0.0096
高安市	KDZ	0.1779	−0.1561	0.0241	0.0029	0.0122
共青城市	KDZ	0.2365	0.2665	0.0407	0.3773	0.2302
贵溪市	KDZ	0.0520	0.0335	0.1033	0.0712	0.0650
湖口县	KDZ	−0.0567	0.0402	−0.0011	0.0326	0.0037
九江县	KDZ	0.2161	−0.2220	0.0134	−0.0050	0.0006
乐平市	KDZ	0.0944	0.0447	0.0313	0.0339	0.0511
临川区	KDZ	0.1216	−0.0497	0.0347	0.0376	0.0360
庐山区	KDZ	0.0074	0.0303	−0.0664	0.0236	−0.0013
南昌县	KDZ	0.4824	0.9346	0.0673	0.2994	0.4459
彭泽县	KDZ	0.0719	−0.2907	0.0128	−0.0354	−0.0604
青山湖区	KDZ	−0.1203	0.0304	−0.0675	−0.0195	−0.0442
青云谱区	KDZ	−0.0876	0.3561	−0.0230	0.0624	0.0770
瑞昌市	KDZ	0.0263	0.0177	0.0198	−0.0262	0.0094
西湖区	KDZ	0.1284	0.6217	0.4899	0.5858	0.4565
新建县	KDZ	0.1035	0.2447	0.0468	0.1279	0.1307
浔阳区	KDZ	0.3050	0.2480	0.0654	0.1558	0.1935
渝水区	KDZ	0.1301	−0.0368	−0.0251	0.0727	0.0352
月湖区	KDZ	0.1114	0.7385	0.1531	0.1672	0.2926
樟树市	KDZ	0.1418	−0.2544	0.0692	−0.0223	−0.0164
珠山区	KDZ	0.1510	0.1819	0.3417	0.2329	0.2269
德安县	MAPZ	0.2592	0.0717	0.1484	0.1521	0.1578
东山县	MAPZ	0.1841	0.0532	0.0984	0.1316	0.1168
都昌县	MAPZ	0.0496	−0.1909	0.0344	0.0039	−0.0257

续表

地区	分组	2009～2010 年	2010～2011 年	2011～2012 年	2012～2013 年	均值
进贤县	MAPZ	0.1528	0.2462	0.0989	0.0446	0.1356
鄱阳县	MAPZ	0.1015	–0.1046	0.0249	–0.0228	–0.0002
万年县	MAPZ	–0.1184	0.2891	0.2998	0.1307	0.1503
新干县	MAPZ	0.1648	–0.1334	0.0764	0.0074	0.0288
永修县	MAPZ	0.0672	–0.1189	0.1854	–0.0282	0.0264
余干县	MAPZ	0.3548	–0.2645	0.0992	–0.0337	0.0389
余江县	MAPZ	0.3646	0.0349	–0.0191	–0.0147	0.0914
安义县	KEFZ	0.0799	0.0372	0.0128	0.0369	0.0417
浮梁县	KEFZ	0.0385	0.0201	–0.0707	0.0102	–0.0005
湾里区	KEFZ	0.0244	0.1595	–0.1003	0.0015	0.0212
武宁县	KEFZ	0.2181	–0.2689	0.0170	–0.0075	–0.0103
星子县	KEFZ	–0.3823	0.1517	0.1315	–0.0774	–0.0441
均值		0.1082	0.0830	0.0793	0.0776	0.0871

我们把 GMLPI 被分解为三个部分：主体功能区效率变化（EC）、技术进步（TC）、与前沿面差距变化。

A. 主体功能区效率变化

如表 5-5 所示，鄱阳湖生态经济区的平均效率变化为–3.06%，因为区内经济基础不尽理想，技术水平尚未达到理想高度，生产效率无法得到有力提高。按单个县市分析，24 个县市的 EC 出现了下降，9 个县市的 EC 基本没有变化，仅有 5 个县市的有所上升，增长率最高的东山区达到 10.3%，跌幅最高的彭泽县为 14.1%，我们认为一部分原因是发展状况良好的县市提高了前沿面。

表 5-5　2009 ~ 2013 年鄱阳湖生态经济区各县市 EC 变化

地区	分组	2009～2010 年	2010～2011 年	2011～2012 年	2012～2013 年	均值
昌江县	KDZ	–0.0923	–0.2270	0.0121	–0.2074	–0.1286
东湖区	KDZ	0.0000	0.0000	0.0000	0.0000	0.0000
丰城市	KDZ	–0.0311	–0.4497	0.0374	–0.0658	–0.1273
高安市	KDZ	0.0880	–0.2899	0.0130	–0.0805	–0.0674
共青城市	KDZ	0.0000	0.0000	0.0000	0.0000	0.0000
贵溪市	KDZ	–0.0242	–0.0263	0.0193	–0.0292	–0.0151
湖口县	KDZ	–0.1293	–0.0384	–0.0028	0.0233	–0.0368
九江县	KDZ	0.0000	–0.2827	–0.0789	–0.0798	–0.1103
乐平市	KDZ	–0.0106	–0.0591	0.0068	–0.0308	–0.0234
临川区	KDZ	0.0530	–0.1901	0.0180	–0.0059	–0.0312

续表

地区	分组	2009～2010 年	2010～2011 年	2011～2012 年	2012～2013 年	均值
庐山区	KDZ	–0.1146	–0.1168	–0.0803	–0.0012	–0.0782
南昌县	KDZ	0.3302	0.0000	0.0000	0.0000	0.0825
彭泽县	KDZ	–0.1266	–0.3513	–0.0239	–0.0606	–0.1406
青山湖区	KDZ	–0.1667	–0.0022	–0.0675	–0.0212	–0.0644
青云谱区	KDZ	–0.1339	0.0891	–0.0554	0.0007	–0.0249
瑞昌市	KDZ	–0.0799	–0.0959	–0.0371	–0.0797	–0.0731
西湖区	KDZ	0.0000	0.0000	0.0000	0.0000	0.0000
新建县	KDZ	–0.0551	0.1064	0.0089	–0.0121	0.0120
浔阳区	KDZ	0.0000	0.0000	0.0000	0.0000	0.0000
渝水区	KDZ	0.0000	–0.1211	–0.0995	0.0230	–0.0494
月湖区	KDZ	0.0674	0.0006	0.0000	0.0000	0.0170
樟树市	KDZ	0.0000	–0.2699	0.0123	–0.0816	–0.0848
珠山区	KDZ	0.0000	0.0000	0.0000	0.0000	0.0000
德安县	MAPZ	0.0041	0.0000	0.0000	0.0000	0.0010
东山县	MAPZ	0.0282	0.0704	0.1479	0.1634	0.1025
都昌县	MAPZ	–0.1189	–0.0578	–0.1260	0.0994	–0.0508
进贤县	MAPZ	0.0000	0.0000	0.0000	0.0000	0.0000
鄱阳县	MAPZ	0.0000	0.0000	0.0000	0.0000	0.0000
万年县	MAPZ	–0.0906	0.0906	0.0000	0.0000	0.0000
新干县	MAPZ	–0.0087	–0.1305	–0.0219	–0.0451	–0.0516
永修县	MAPZ	–0.0167	–0.0454	0.0414	–0.0353	–0.0140
余干县	MAPZ	0.0372	–0.2363	0.1023	0.0272	–0.0174
余江县	MAPZ	0.0000	0.0000	–0.1130	–0.1417	–0.0637
安义县	KEFZ	–0.0851	–0.0057	0.0034	0.0390	–0.0121
浮梁县	KEFZ	0.0000	0.0000	–0.0330	0.0040	–0.0073
湾里区	KEFZ	0.0000	0.0000	0.0000	0.0000	0.0000
武宁县	KEFZ	0.0000	–0.2230	0.0555	–0.1022	–0.0674
星子县	KEFZ	–0.1080	–0.0171	0.1251	–0.1594	–0.0398
均值		–0.0206	–0.0758	–0.0036	–0.0226	–0.0306

对各主体功能区进行区内分析，南昌县是重点开发区内发展情况最佳的县市，平均增长率达到 8.25%；彭泽县的效率最差。在农业主产区中，东山区的效率值最高，而最低的于江县为–6.37%。在重点生态功能区中，所有县市均没有增长，武宁县效率变化的表现最差，为–6.74%，我们认为，由于生态功能区主导保护环境，在工农业发展方面未作过多投入，效率变化不明显。

B. 技术进步

观察表 5-6 可知，在研究年份内，平均 TC 增长值为 0.1530，这表明大部分县市都有可观的进步，除了青山湖区和安义县仅有小幅技术进步。在 2010～2011 年，有的区域的技术进步非常显著，如湾里区（1.105）、月湖区（0.674）、西湖区（0.622）。

表 5-6　2009～2013 年鄱阳湖生态经济区各县市 TC 变化

地区	分组	2009～2010 年	2010～2011 年	2011～2012 年	2012～2013 年	均值
昌江县	KDZ	0.0602	0.3114	0.0192	0.0812	0.1180
东湖区	KDZ	0.1289	0.4753	0.5794	0.5665	0.4375
丰城市	KDZ	0.2034	0.2592	0.0008	0.0574	0.1302
高安市	KDZ	0.0968	0.1264	0.0099	0.0770	0.0775
共青城市	KDZ	0.2159	0.2636	0.0407	0.3773	0.2244
贵溪市	KDZ	0.0720	0.0571	0.0705	0.1004	0.0750
湖口县	KDZ	0.0745	0.0752	0.0017	0.0092	0.0402
九江县	KDZ	0.1633	0.1414	0.0461	0.0681	0.1047
乐平市	KDZ	0.0388	0.0883	0.0131	0.0573	0.0494
临川区	KDZ	0.0667	0.1375	0.0069	0.0379	0.0623
庐山区	KDZ	0.1123	0.1426	0.0139	0.0247	0.0733
南昌县	KDZ	0.1412	0.9345	0.0671	0.2994	0.3606
彭泽县	KDZ	0.1991	0.0989	0.0267	0.0217	0.0866
青山湖区	KDZ	0.0463	0.0326	0.0000	0.0017	0.0202
青云谱区	KDZ	0.0463	0.2670	0.0324	0.0624	0.1020
瑞昌市	KDZ	0.0168	0.0941	0.0439	0.0462	0.0503
西湖区	KDZ	0.1284	0.6217	0.4899	0.5858	0.4565
新建县	KDZ	0.0497	0.1390	0.0303	0.1446	0.0909
浔阳区	KDZ	0.3050	0.2513	0.0733	0.1558	0.1963
渝水区	KDZ	0.1199	0.0864	0.0744	0.0497	0.0826
月湖区	KDZ	0.0407	0.6737	0.1486	0.1672	0.2575
樟树市	KDZ	0.1165	0.1035	0.0320	0.0473	0.0748
珠山区	KDZ	0.2179	0.3225	0.4438	0.2436	0.3069
德安县	MAPZ	0.2742	0.2241	0.1785	0.2459	0.2307
东山县	MAPZ	0.1233	0.0399	0.1961	0.1474	0.1267
都昌县	MAPZ	0.1664	0.0173	0.1275	0.0357	0.0867
进贤县	MAPZ	0.1660	0.4084	0.4343	0.1614	0.2925
鄱阳县	MAPZ	0.1656	0.1451	0.0631	0.1070	0.1202
万年县	MAPZ	0.0219	0.1841	0.3351	0.1684	0.1774
新干县	MAPZ	0.2140	0.0685	0.1282	0.0866	0.1243

续表

地区	分组	2009～2010 年	2010～2011 年	2011～2012 年	2012～2013 年	均值
永修县	MAPZ	0.1343	0.1047	0.1714	0.1423	0.1382
余干县	MAPZ	0.3095	0.0274	0.0497	0.0119	0.0996
余江县	MAPZ	0.4023	0.4524	0.1623	0.1015	0.2796
安义县	KEFZ	0.1249	0.0357	0.0000	0.0376	0.0496
浮梁县	KEFZ	0.0599	0.0463	0.0027	0.0244	0.0333
湾里区	KEFZ	0.2610	1.1047	0.1176	0.0670	0.3876
武宁县	KEFZ	0.2025	0.1164	0.0064	0.0346	0.0900
星子县	KEFZ	0.0739	0.2481	0.0297	0.0525	0.1010
均值		0.1411	0.2349	0.1123	0.1239	0.1530

C. 与前沿面差距变化

MGC 可以衡量各主体功能区到整个鄱阳湖生态经济区的共同前沿面的距离，同时反映出功能区之间的技术异质性差异，即在 ETFP 量化下，区域技术水平与总体前沿面的距离。如表 5-7 所示，平均 MGC 为–0.035，表明区域前沿面与共同前沿面的差距在变大。这可能由于鄱阳湖生态经济区的发展还不是以科技主导的。在 38 个县市中，在限制开发区中，仅有重点生态功能区内的一个区可以作为分组内的前沿面创新者。整个鄱阳湖生态经济区的技术进步主要依靠重点开发区的技术革新。

表 5-7　2009～2013 年鄱阳湖生态经济区各县市 MGC 变化

地区	分组	2009～2010 年	2010～2011 年	2011～2012 年	2012～2013 年	均值
昌江县	KDZ	0.0000	0.0000	0.0000	–0.0025	–0.0006
东湖区	KDZ	0.0000	0.0004	0.0000	0.0000	0.0001
丰城市	KDZ	–0.0072	0.0240	–0.0013	0.0110	0.0066
高安市	KDZ	–0.0069	0.0074	0.0012	0.0064	0.0020
共青城市	KDZ	0.0206	0.0028	0.0000	0.0000	0.0059
贵溪市	KDZ	0.0042	0.0027	0.0135	0.0000	0.0051
湖口县	KDZ	–0.0020	0.0034	0.0000	0.0000	0.0004
九江县	KDZ	0.0528	–0.0807	0.0462	0.0067	0.0062
乐平市	KDZ	0.0662	0.0155	0.0114	0.0074	0.0251
临川区	KDZ	0.0019	0.0029	0.0098	0.0055	0.0050
庐山区	KDZ	0.0097	0.0045	0.0000	0.0001	0.0036
南昌县	KDZ	0.0110	0.0000	0.0002	0.0000	0.0028
彭泽县	KDZ	–0.0006	–0.0383	0.0100	0.0036	–0.0063
青山湖区	KDZ	0.0000	0.0000	0.0000	0.0000	0.0000
青云谱区	KDZ	0.0000	0.0000	0.0000	–0.0007	–0.0002

续表

地区	分组	2009～2010 年	2010～2011 年	2011～2012 年	2012～2013 年	均值
瑞昌市	KDZ	0.0894	0.0194	0.0129	0.0073	0.0323
西湖区	KDZ	0.0000	0.0000	0.0000	0.0000	0.0000
新建县	KDZ	0.1089	−0.0007	0.0075	−0.0046	0.0278
浔阳区	KDZ	0.0000	−0.0033	−0.0079	0.0000	−0.0028
渝水区	KDZ	0.0102	−0.0021	0.0000	0.0000	0.0020
月湖区	KDZ	0.0033	0.0642	0.0044	0.0000	0.0180
樟树市	KDZ	0.0254	−0.0879	0.0249	0.0120	−0.0064
珠山区	KDZ	−0.0669	−0.1406	−0.1021	−0.0107	−0.0801
德安县	MAPZ	−0.0191	−0.1524	−0.0301	−0.0938	−0.0739
东山县	MAPZ	0.0326	−0.0571	−0.2455	−0.1793	−0.1123
都昌县	MAPZ	0.0021	−0.1504	0.0329	−0.1312	−0.0617
进贤县	MAPZ	−0.0132	−0.1623	−0.3354	−0.1168	−0.1569
鄱阳县	MAPZ	−0.0640	−0.2496	−0.0382	−0.1298	−0.1204
万年县	MAPZ	−0.0497	0.0144	−0.0353	−0.0377	−0.0271
新干县	MAPZ	−0.0405	−0.0713	−0.0298	−0.0341	−0.0439
永修县	MAPZ	−0.0504	−0.1781	−0.0274	−0.1352	−0.0978
余干县	MAPZ	0.0081	−0.0556	−0.0528	−0.0728	−0.0433
余江县	MAPZ	−0.0377	−0.4174	−0.0684	0.0255	−0.1245
安义县	KEFZ	0.0400	0.0073	0.0094	−0.0397	0.0043
浮梁县	KEFZ	−0.0214	−0.0262	−0.0404	−0.0181	−0.0265
湾里区	KEFZ	−0.2367	−0.9453	−0.2180	−0.0656	−0.3664
武宁县	KEFZ	0.0156	−0.1623	−0.0450	0.0601	−0.0329
星子县	KEFZ	−0.3481	−0.0793	−0.0233	0.0295	−0.1053
均值		−0.0122	−0.0761	−0.0294	−0.0236	−0.0353

D. GMLPI 的动态分析及其分解

图 5-10 为鄱阳湖生态经济区的 GMLPI 动态分析及其分解，通过观察，我们可以发现，在 2009～2013 年，整体 GMLPI 的增长都达到 5%以上。TC 的增长趋势更是明显，这表明技术进步已逐渐成为区域发展的重要驱动力。尽管 TC 的上升趋势比较瞩目，但是 EC 和 MGC 均呈现一定程度的下降趋势，这很可能说明了，由于效率不高，分区与共同前沿面的距离正在拉大。通过图 5-11，我们可以看到三个分区的共同前沿面的状况。重点开发区保持着约为 10%的增长。农业主产区则大体上保持着一定程度上的增长，除了在 2011 年有微幅下降。出于注重保护生态环境的倾向，重点生态功能区的增长率在 0 处上下波动。

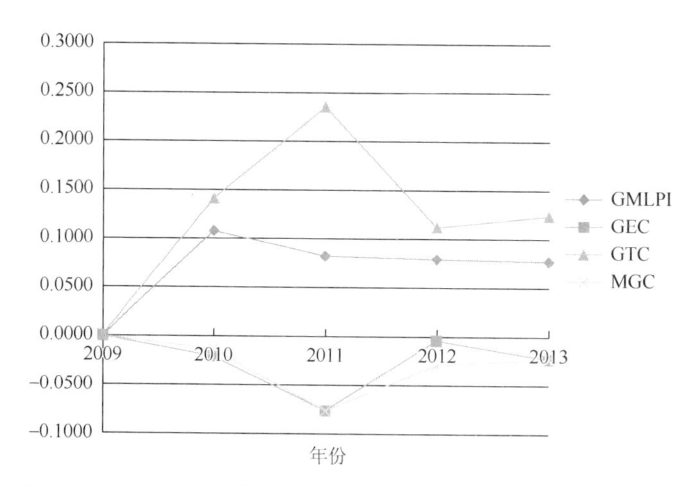

图 5-10　2009～2013 年鄱阳湖生态经济区的 GMLPI 动态变化图

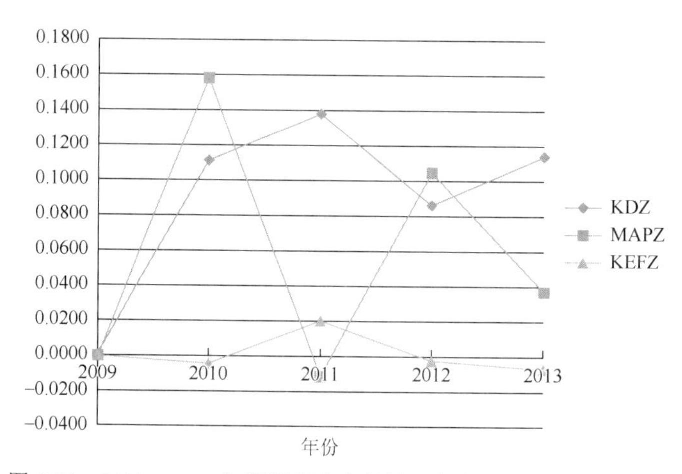

图 5-11　2009～2013 年鄱阳湖生态经济区各分区 GMLPI 动态变化

观察图 5-12，我们可以看见三个分区的 EC 趋势走向。在 2009～2011 年，EC 指数呈现下降趋势，2011 年重点开发区更出现约 10%的降幅。不过，2011 年同时也是一个

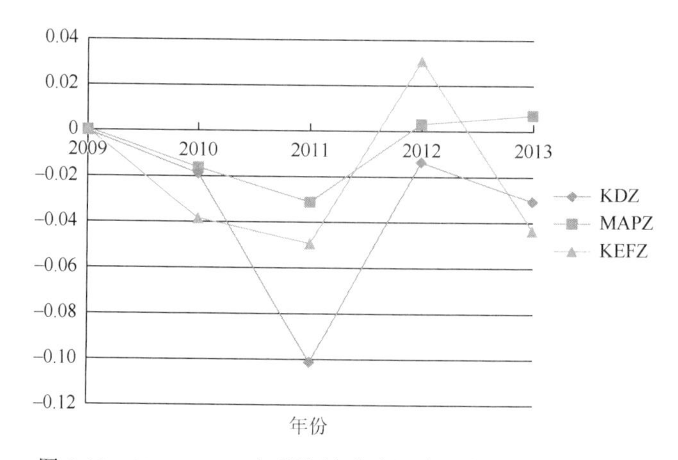

图 5-12　2009～2013 年鄱阳湖生态经济区各分区 EC 变化图

转折点，三个分区的 EC 指数都向 0 靠近，其中，发展程度相对较低的农业主产区和重点生态功能区，追赶效应相对更大，在 2012 年实现了效率增长，只是农业主产区在 2013 年的增长势头有所回落。

由图 5-13 可知，TC 在 2009～2013 年有了可观的增长。在这方面，重点开发区有着很好的表现，这是很容易理解的：经济基础比较好的区域，愿意投入更多的资源在技术革新上。至于农业主产区与重点生态功能区，它们的 TC 曲线分别为倒“V”形与“M”形，这表明这些区域的发展并不稳定，这要归结于区域技术进步不显著。

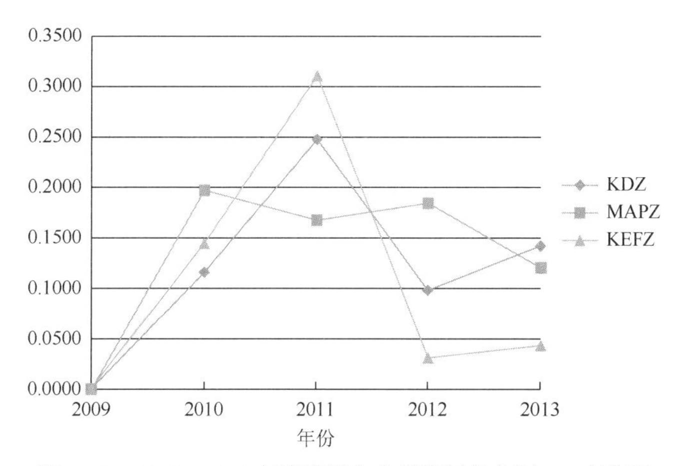

图 5-13　2009～2013 年鄱阳湖生态经济区各分区 TC 变化图

结合图 5-12、图 5-13 的波动情况，我们推断效率变化很大程度上与技术进步存在相关性，由此我们进一步推断技术进步可以推进效率的提高。比如，在技术进步较大的年份，效率变化也比较大，EC 曲线的波动幅度也与 TC 的波动幅度较为类似。

根据对图 5-14 的分析，我们发现重点开发区的 MGC 曲线在 0 上下波动，这表明重点开发区对于共同前沿面的追赶效应比较弱，不过这个现象的出现有可能缘于共同前沿面主要由重点开发区构成。分析农业主产区及重点生态区的 MGC 曲线，我们认为，尽

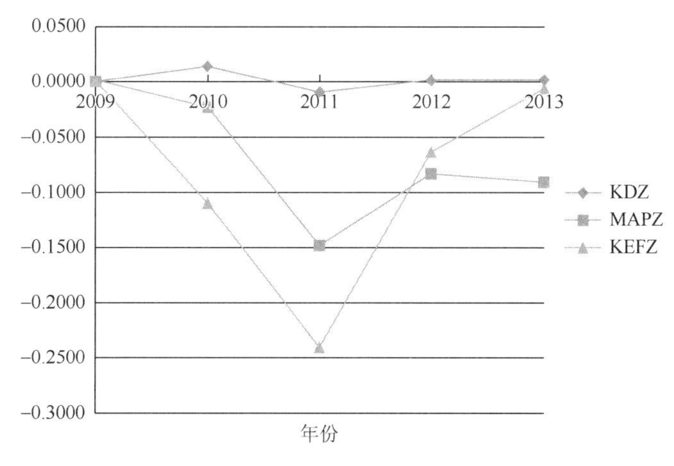

图 5-14　2009～2013 年鄱阳湖生态经济区各分区 MGC 变化图

管它们离共同前沿面的距离在增大，曲线的增长趋势是显而易见的，限制开发区正在追赶重点开发区。

2）结论和政策建议

本章从 GMLPI 的角度，分析鄱阳湖生态经济区内三种功能区的异质性；并计算了 GMLPI，将其分解为 EC、TC、GC，并以此对三种功能区的发展状况进行分析。经过数据分析，我们得出以下结论。

在研究期间，主体功能区规划对促进鄱阳湖生态经济区的发展有效。技术进步已经成为鄱阳湖生态经济区经济发展的主要驱动力，效率变化很大程度上需要技术进步推进。但是在经济基础比较弱的县市，由于投入不足，技术水平无法得到较大的提高，其对前沿面的追赶，主要依靠现发展阶段存在的追赶效应，而不是技术进步。这从长远来看是不可明智的发展方式，可能会在后续的发展进程中被前沿面拉开更大的距离。由此结论，我们给出如下政策建议。

（1）重视技术进步。重点开发区要积极引进先进生产技术，提高生产效率。政府可以通过政策扶持，鼓励产业技术改进，促进高科技产业发展，淘汰落后的生产企业。在农业主产区要注重科学发展农业。因地制宜，发展与地方环境条件相适应的农产业；引用更先进的农业生产工具；合理使用农药化肥。事实上，在国家主体功能区规划以后，江西省政府推出了一系列有效举措。以前文提及的增长情况非常好的东湖区为例，在 2009～2011 年，东湖区大量的高耗能、高污染企业被政府勒令整改或搬迁出东湖区，这是东湖区得以保持较高增长速度的重要原因。

（2）防止过激手段，保持经济健康发展。在观察到部分县市有着较为喜人的成果的同时，我们也发现部分县市的污染排放量在 2011 年后出现急剧下落，并在往后的年份保持接近的量级。降低污染排放固然是我们愿意看到的，但是排污削减过于迅猛，这很可能意味着政府在减排行动上操之过急，淘汰落后的生产企业及排污监控的手段太过严厉。这通常是不利于经济健康发展的。政府应当逐步、有序地实现计划，实现经济健康，平稳地发展。

第 6 章　中国森林资源基本状况分析

森林资源是自然界中物种最丰富、生产力最宏大的陆地生态系统。新中国成立以来我国的林业发展经历了从木材生产到生态建设为主的过程。本章基于 20 世纪 70 年代末以来我国陆续启动的防护林体系建设工程、天然林资源保护工程、退耕还林工程和京津风沙源治理工程等国家林业重点生态工程，对我国森林资源状况进行了回顾和分析。在国家一系列林业建设工程和措施的推行过程中，我国森林资源面积和森林覆盖率明显增加。目前，我国森林资源发展进入了数量增长、质量提升的稳步发展阶段，但森林资源状况仍然不容乐观，林业发展面临挑战。

6.1　中国森林资源简要概述

在中国传统思想中，自古就把天地万物看成是一个整体，而将人和万物都看作是天地的衍生。森林作为万物之一，在自然万物中占有重要位置（江泽慧，2008）。森林在陆地生态系统中居于主体地位，是自然界中层次结构最复杂、多样性最丰富、物种最繁多、生产力最宏大的陆地生态系统，也是陆地上面积最大、最重要的生态系统。森林具有涵养水源、保持水土、防风固沙、保护物种、固碳释氧、净化环境等独特功能，是人类生存不可缺少的生态产品（国家林业局，2006）。

6.1.1　森林资源的概念和特点

森林资源是林地及其所生长的森林有机体的总称。《中华人民共和国森林法实施条例》（中华人民共和国国务院令第 278 号）第一章第二条规定，森林资源包括森林、林木、林地，以及依托森林、林木、林地生存的野生动物、植物和微生物。

森林，包括乔木林和竹林。

林木，包括树木和竹子。

林地，包括郁闭度 0.2 以上的乔木林地，以及竹林地、灌木林地、疏林地、采伐迹地、火烧迹地、未成林造林地、苗圃地和县级以上人民政府规划的宜林地。

侯元兆（1995）提到，森林资源的确切定义为：以乔、灌木为主体，由植物、动物、微生物组成的生物群落与自然环境相结合的综合体，能为社会提供木材和各种林、副、特产品，并具有保护环境功能的地域或空间。

森林资源的特点包括：①可更新性，森林资源是可更新资源，在合理经营的前提下是可再生的；②多功能性，森林资源具有生态、产品、文化和社会功能；③开发利用的瞬时性和培育的长期性，森林资源的开发利用是一次性的，但其培育和生长则需要几年、十几年，甚至上百年的时间；④森林资源培育的制约因素多，风险性大，如土壤、气候和生物引种及自然灾害等的影响；⑤较高的复杂性和多样性；⑥具有广阔的地域性，森林资源分布的空间范围广、地域大；⑦社会共享性，森林资源的生态、环境以及产品等多种效益具有广泛的社会共享性（江泽慧，2008）。

6.1.2 中国森林分布

中国位于亚洲东部，太平洋西岸。国土面积 960 万平方千米，大陆海岸线 1.8 万多千米，地跨寒温带、温带、亚热带及热带等气候带。辽阔的地域范围和复杂的自然地理环境，孕育了类型多样、种类繁多、结构丰富的森林资源，构成了我国独特的森林景观。我国森林主要类型由北向南依次为针叶林、针阔混交林、落叶阔叶林、常绿阔叶林、季雨林和雨林。表 6-1 统计了我国天然林类型及分布情况。

表 6-1　我国天然林类型及分布表

天然林类型		主要分布地区	主要树种
针叶林	北方针叶林和亚高山针叶林	大兴安岭和阿尔泰山	落叶松、云杉、冷杉、樟子松、圆柏
	温暖带针叶林	华北和辽东半岛	油松、赤松、侧柏、白皮松
	亚热带针叶林	亚热带地区	马尾松、云南松、华山松、杉木、柳杉、柏木等
针叶和落叶阔叶混交林	红松阔叶混交林	东北长白山和小兴安岭一带的山地	红松、核桃树、水曲柳、紫椴、色木、春榆
	铁杉阔叶树混交林	亚热带山地	铁杉与壳斗科植物
阔叶林	落叶阔叶林	温带、暖温带和亚热带的广阔范围内	栎树、赤杨、钻天柳、栗树、拟赤杨、枫香、化香、青檀、榔榆、黄连木
	常绿阔叶林	亚热带地区，主要见于长江流域的南部	青冈、栲类、石栎、润楠、厚壳桂、木荷等
	硬叶常绿阔叶林	川西、滇北和藏东南一带，主要见于海拔 2000～3000 米的山地阳坡	高山栎、黄背栎、帽斗栎、川西栎、铁橡栎等
	落叶阔叶与常绿阔叶混交林	东南亚热带山 1000～1200 米以上至 2200 米左右，及亚热带石灰岩山地	水青冈属、化香属、合欢属、枫香属、青冈属、栲属、石栎属、木荷属树种
	季雨林	较干旱的丘陵台地、盆地及河谷地区	麻楝、毛麻栎、中平树、山黄麻、劲直刺桐、木棉、榴树、海南榄仁树

资料来源：黄建文，胡庭兴，张忠辉. 天然林资源保护工程监测技术[M]. 北京：中国林业出版社，2012：5

1. 按地区分布

根据《中国森林资源状况》，在行政区划的基础上，依据自然条件、历史条件和发展水平，我们把全国划分为：东北地区、华北地区、西北地区、西南地区、华南地区、华东地区和华中地区。

1）东北地区

东北地区是我国重要的重工业和农林牧生产基地，包括辽宁、吉林和黑龙江省，跨越寒温带、中温带、暖温带，属大陆性季节气候。除长白山部分地段外，地势平稳，分布落叶松、红林松、云杉、冷杉和针阔混交林，是中国森林资源最集中分布区之一。

2）华北地区

华北地区包括北京、天津、河北、山西和内蒙古。该区自然条件差异较大，跨越温带、暖温带，以及湿润、半湿润、干旱和半干旱区，属大陆性季节气候。分布着松柏林、松栎林、云杉林、落叶阔叶林，以及内蒙古东部兴安落叶松林等多种森林类型，除内蒙古东部的大兴安岭为森林资源集中分布的林区外，其他地区均为少林区。由于华北地区独特的地理位置，保护和发展森林资源，发展防沙治沙工程，改善生态状况，已成为该区林业和生态建设的重要任务。

3）华中地区

华中地区包括安徽、江西、河南、湖北和湖南。该区南北温差大，夏季炎热，冬季比较寒冷，降水量丰富，常年降水量比较稳定，水热条件优越。森林主要分布在神农架、沅江流域、资江流域、湘江流域、赣江流域等处，主要为常绿阔叶林，并混生落叶阔叶林，马尾松、杉木、竹类分布面积也非常广。该区是中国集体林主要分布区之一，也是速生丰产林基地建设的重点地区。

4）华南地区

华南地区包括广东、广西、海南和福建。该区气候炎热多雨，无真正的冬季，跨越南亚热带和热带气候区，分布着南亚热带常绿阔叶林、热带雨林和季雨林，该区植被茂盛，树种，动植物种类最为丰富。

5）华东地区

华东地区包括上海、江苏、浙江和山东。该区邻近海岸地带，其大部分地区因受台风影响获得降水，降水量丰富，而且四季分布比较均匀，森林类型多样，树种丰富，低山丘陵以常绿阔叶林为主，该区人工林发展对推进林业生态建设，建立农业生态屏障，促进区域经济发展发挥了积极的作用。

6）西南地区

西南地区包括重庆、四川、云南、贵州和西藏。该区垂直高差大，气温差异显著，形成明显的垂直气候带与相应的森林植被带，森林类型多样，树种丰富，森林主要分布在岷江上游流域、青衣江流域、大渡河流域、雅砻江流域、金沙江流域、澜沧江和怒江流域、滇南地区、大围山、渠江流域、峨眉山流域等处。该区是中国天然林主要分布区之一，生态多样性十分丰富。

7）西北地区

西北地区包括陕西、甘肃、宁夏、青海和新疆。该区自然条件差，生态环境脆弱，境内大部分为大陆性气候，寒暑变化剧烈，除陕西和甘肃东南部降水丰富外，其他地区降水量稀少，为全国最干旱的地区，森林资源稀少。森林主要分布在秦岭、大巴山、小陇山、洮河和白龙江流域、黄河上游、贺兰山、祁连山、天山、阿尔泰山等处，以暖温带落叶阔叶林、北亚热带常绿落叶阔叶混交林以及山地针叶林为主。该区是西部大开发和全国生态建设的战略重点区域之一①。

2. 按主要流域分布

在我国十大流域中，长江、黑龙江、珠江、黄河、辽河、海河及淮河等七个流域森林面

① 本章使用的森林资源地区划分参照江泽慧（2008）。

积占全国森林面积的70%左右，森林蓄积占全国森林蓄积的60%左右（根据全国第七次森林清查主要结果）。其中，长江、黑龙江两流域的森林面积和森林蓄积均约占全国的一半。

1）长江流域

长江是中国第一大河流，全长6397千米，流经全国19个省（自治区、直辖市。长江流域地貌类型多样，绝大部分区域处于亚热带，气候比较温和，自然条件优越，雨量较充沛，很适宜林木生长，故长江流域森林资源较丰富，在全面森林资源和生态建设中起到重要作用。

2）黄河流域

黄河流域全长5464千米，流经全国9个省（自治区），黄河流域地处我国北方中纬度地带，所经流域气候差异较大，地貌变化明显，黄河流域生态环境较为脆弱，改善黄河流域的生态状态，对于我国森林资源和生态状态具有重要意义。

3）黑龙江流域

黑龙江流域在我国境内面积达9313.47万公顷，约占全流域面积的48%，该流域跨越我国黑龙江、吉林两省和内蒙古自治区，季节变化明显，气候主要为大陆性季风气候。流域内重峦叠嶂，森林资源丰富，素有“红松之乡”和“林海”之称。

4）辽河流域

辽河流域位于东北和华北地区，流域途经我国河北、吉林、辽宁三省和内蒙古自治区，面积达2191.31万公顷。辽河流域上游气候较为干旱，水土流失严重，森林植被较稀少，而中下游流域雨量较充沛，森林植被较为丰富。

5）海河流域

海河流域东临渤海，西靠云中山及太岳山，南邻黄河，北依蒙古高原，该流域面积2622.70万公顷，地处于干旱气候和湿润气候的过渡区，又因流经幅员辽阔的华北大平原，该流域森林资源较少。

6）淮河流域

淮河流域地处我国东部地区，位于长江流域和黄河流域间，流经我国山东、河南、湖北、江苏、安徽五省，面积达2692.83万公顷。该流域气候温和，主要发展平原林业。

7）珠江流域

珠江流域面积4421.00万公顷，地跨我国湖南、江西、云南、贵州、广东、广西六省（自治区），地处亚热带气候区，气候温和，雨量充沛，森林资源丰富。

6.2　中国森林资源发展历程和现状

新中国成立之初，我国效仿苏联1930～1948年的做法，运行林业经济机制，故这一时期林业的主要任务就是生产木材。国家先后在东北、西北、西南等天然林资源相对丰富的地区，建立了135个森工采运企业，对森林资源进行大规模采伐，且对森林资源的过度采伐一直持续到到20世纪70年代末，在这一时期内，我国森林资源尤其是天然林资源遭到大面积破坏。为国民经济建设和发展做出巨大贡献的同时，森林资源付出了沉重的代价。我国东北、内蒙古等国有林区的成熟林开采待竭，取而代之的是大面积的次生林、过伐林及疏林地。另外，由于原始天然林破坏后，再难以恢复原貌，故这一时期我国的森林生态系统也遭到了严重破坏。

随着森林资源的破坏和一系列生态问题的出现，中国政府越来越认识到保护森林资源和生态环境的重要性。自 20 世纪 70 年代末起，针对存在的森林资源及生态环境问题，中国政府做出一系列生态建设重大战略决策，先后启动了防护林体系工程、天然林资源保护工程、退耕还林工程、京津风沙源治理工程等多个林业重点生态工程，以大力推进林业发展。在国家政策的支持和各地方的积极配合和努力下，这些建设工程取得了较大成效，我国森林资源得到了有效保护和恢复，森林生态系统稳定性也得到提升。

国家森林资源连续清查是全国森林资源检测体系的重要组成部分，能够客观反映资源资源保护发展的最新动态。从 1973 年开始，中国已经进行了八次全国森林资源连续清查（每五年一个周期）。清查结果主要指标如表 6-2 所示，为更直观地观察我国森林资源变化情况，我们根据表 6-2 的数据绘制了历次全国森林资源清查主要指标系列图（图 6-1）。

表 6-2　历次全国森林资源清查结果主要指标表

清查期	活立木蓄积/万立方米	森林面积/万公顷	森林蓄积/万立方米	森林覆盖率/%
第一次（1973～1976 年）	953 227.00	12 186.00	865 579.00	12.70
第二次（1977～1981 年）	1 026 059.88	11 527.74	902 795.33	12.00
第三次（1984～1988 年）	1 057 249.86	12 465.28	914 107.64	12.98
第四次（1989～1993 年）	1 178 500.00	13 370.35	1 013 700.00	13.92
第五次（1994～1998 年）	1 248 786.39	12 894.09	1 126 659.14	16.55
第六次（1999～2003 年）	1 361 810.00	17 490.92	1 245 584.58	18.21
第七次（2004～2008 年）	1 491 300.00	19 545.22	1 372 100.00	20.36
第八次（2009～2013 年）	1 643 300.00	20 800.00	1 513 700.00	21.63

资料来源：中国林业网 http：//www.forestry.gov.cn/

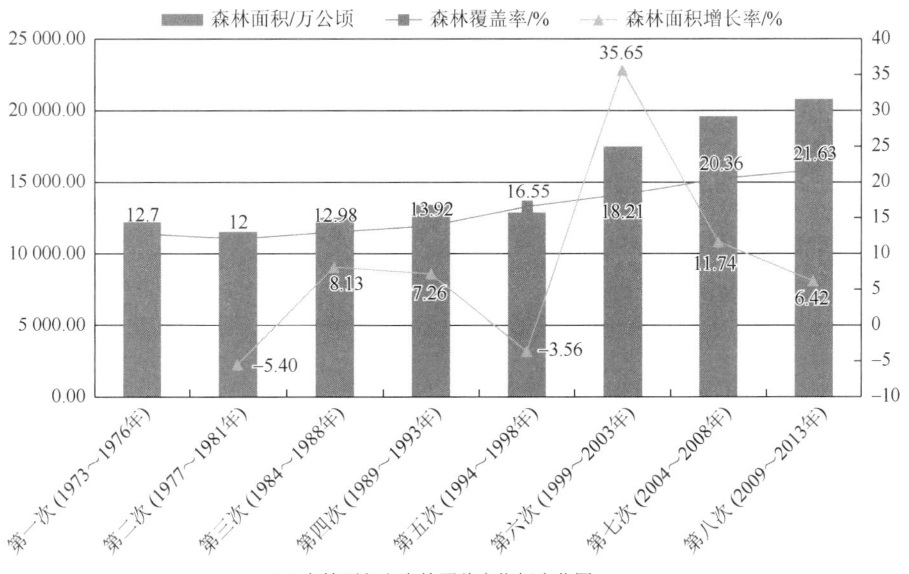

(a) 森林面积和森林覆盖率指标变化图

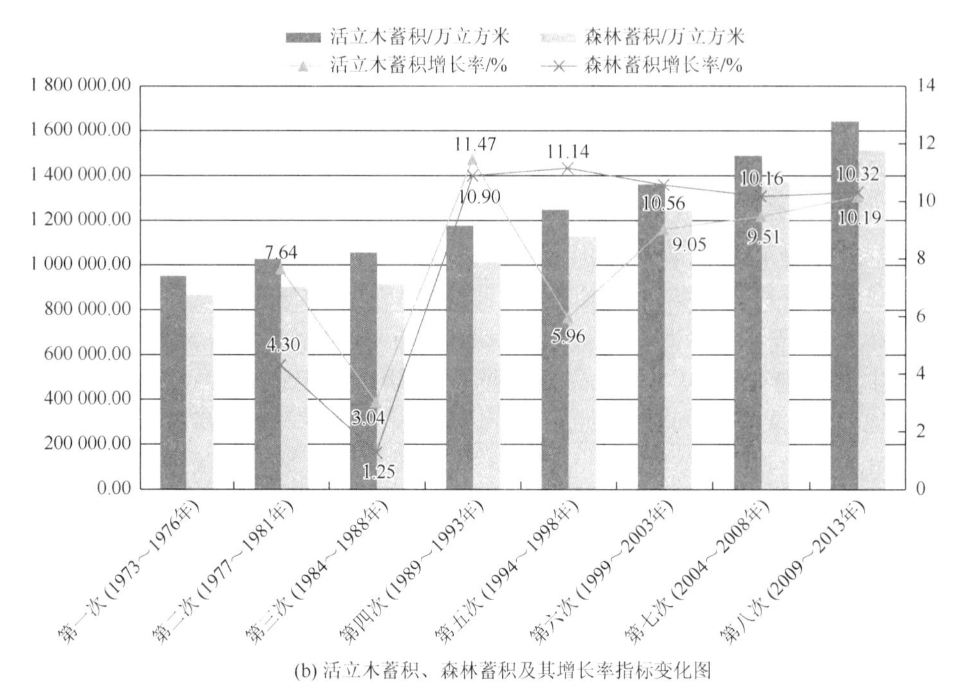

(b) 活立木蓄积、森林蓄积及其增长率指标变化图

图 6-1　历次全国森林资源清查主要指标系列图

资料来源：中国林业网 http：//www.forestry.gov.cn/

从历次全国森林资源清查结果来看，新中国森林资源变化大体经历了三个阶段。

第一阶段：从新中国成立初期到 20 世纪 70 年代末期，森林资源主要处于以木材利用为中心的发展阶段，林业为国民经济的恢复、建设和发展做出了重大贡献。根据 1962 年主要林区森林资源调查的结果，全国森林覆盖率为 11.81%。1973～1976 年开展的第一次全国森林资源清查结果显示，森林覆盖率为 12.7%。1977～1981 年开展第二次全国森林资源清查，森林面积有所减少，森林覆盖率为 12.0%。（另外，根据数据显示，在林种结构中，用材林所占比重高达 70%以上，防护林所占比重不足 10%。）

第二阶段：20 世纪 70 年代末期到 90 年代后期，森林资源处于木材利用为主和兼顾生态建设的发展阶段，在满足国家经济建设和人民生产生活需求的同时，逐步得到了有效保护与发展，步入了较快增长时期。这一时期的第三、第四、第五次全国森林资源清查结果显示，我国森林面积、蓄积出现了双增长的良好局面，森林覆盖率从 12.0%增加到 16.55%。全国用材林所占比例保持在 60%以上，防护林所占比重有所加大，但不足 15%。

第三阶段：从 20 世纪末至今，以六大林业重点工程实施为标志，林业建设开始步入以生态建设为主的新时期，森林资源进入快速发展阶段。从第六次到第八次森林资源连续清查结果来看，全国第八次森林清查与第六次清查间隔期内，森林面积由 1.75 亿公顷增加到 2.08 亿公顷，森林覆盖率由 18.21%提高到 21.63%，提高 3.42 个百分点。

据国家林业局公布的第八次全国森林资源清查主要结果（2009～2013 年），最新森林资源数据为：全国森林面积 2.08 亿公顷，森林覆盖率 21.63%。活立木总蓄积 164.33 亿立方米，森林蓄积 151.37 亿立方米。天然林面积 1.22 亿公顷，蓄积 122.96 亿立方米；人工林面积 0.69 亿公顷，蓄积 24.83 亿立方米。森林面积和森林蓄积分别位居世界第 5 位和第

6 位，人工林面积仍居世界首位。

至 2013 年，全国林地面积达到 31 046.18 万公顷，森林面积 20 555.91 万公顷，活立木蓄积达到 6160.74 亿立方米，森林蓄积量则达到了 1477.91 亿立方米。具体分地区森林资源情况如表 6-3 所示。

表 6-3　2013 年全国分地区森林资源情况

地区	林地面积/万公顷	活立木蓄积/万立方米	森林面积/万公顷	森林蓄积/万立方米
全国合计	31 046.18	61 607 406.22	20 555.91	1 477 908.82
华北地区	5 999.49	174 819.55	3 279.61	156 843.91
东北地区	3 763.48	300 227.97	3 283.31	281 790.67
华东地区	1 178.43	45 427.34	1 024.87	37 255.89
华中地区	4 120.45	160 259.39	3 467.1	137 762.27
华南地区	3 744.92	170 040.3	3 237.87	156 319.49
西南地区	7 880.44	645 724.18	6 059.28	608 244.47
西北地区	4 358.97	110 907.49	2 527.13	99 692.12

资料来源：《中国林业统计年鉴 2013》

注：森林资源统计数据未包含香港、澳门特别行政区和台湾省的数据。所用的地区划分不同于行政划分，根据《中国森林资源状况》，参照《中国现代林业》（江泽慧，2008）将各省份进行地区划分。森林面积中含国家特别规定的灌木林新增面积

西南地区是我国天然林的主要分布区之一，森林资源丰富。从图 6-2 中可以看出，2013 年西南地区森林资源林地面积、森林面积、活力木蓄积和森林蓄积在各地区中均居于首位，其中，2013 年西南地区森林面积 6059.28 万公顷，占全国森林面积的 29.48%，而其森林蓄积量 608 244.47 万立方米，占到全国森立蓄积量的 41.16%。由此也可看出，西南地区不仅森林资源丰富，且多高大林木，森林资源质量相对较高。而华东地区由于其地域内多为平原，成为经济发展较好的人员聚集区，天然林资源较稀少，2013 年华东地区森林资源林地面积、森林面积、活力木蓄积和森林蓄积在各地区中均居于末位。2013 年，华东地区森林面积为 1024.87 万公顷，仅占全国森林面积的 5%，森林蓄积量也仅为 37 255.89 万立方米，占全国森林蓄积量的 2%。

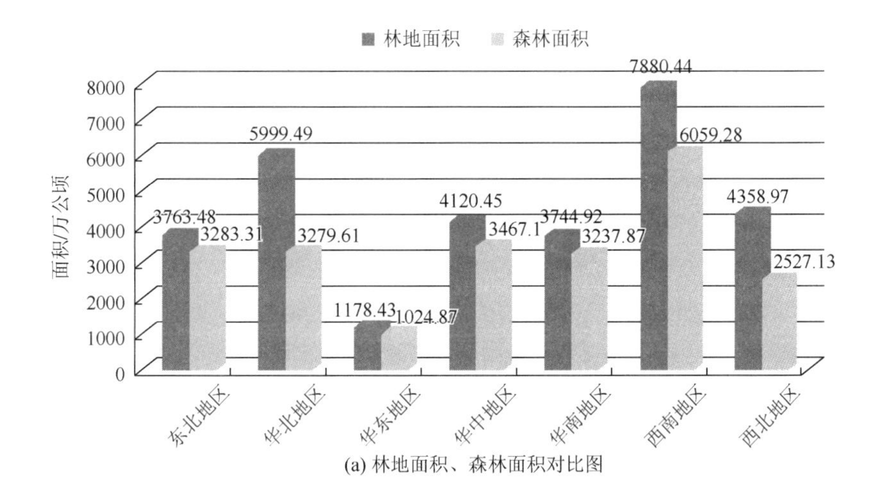

(a) 林地面积、森林面积对比图

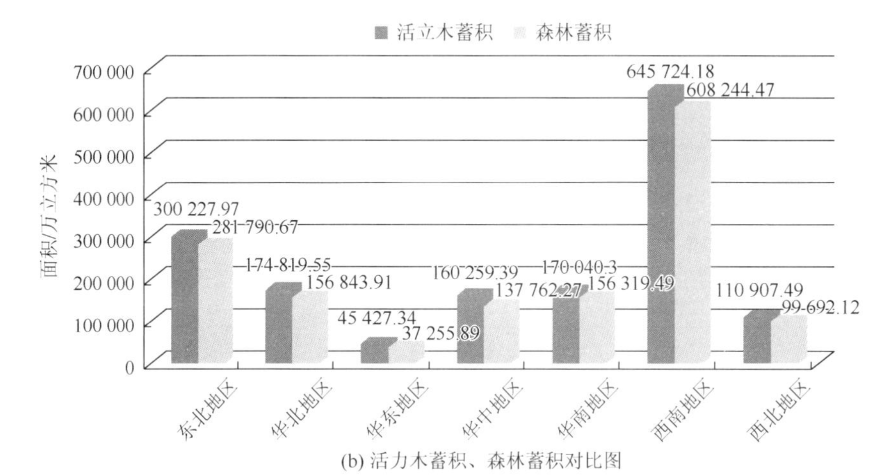

(b) 活力木蓄积、森林蓄积对比图

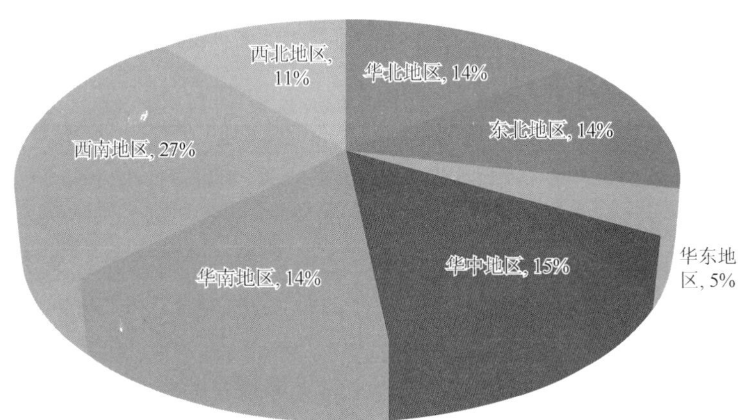

(c) 森林面积百分比对比图

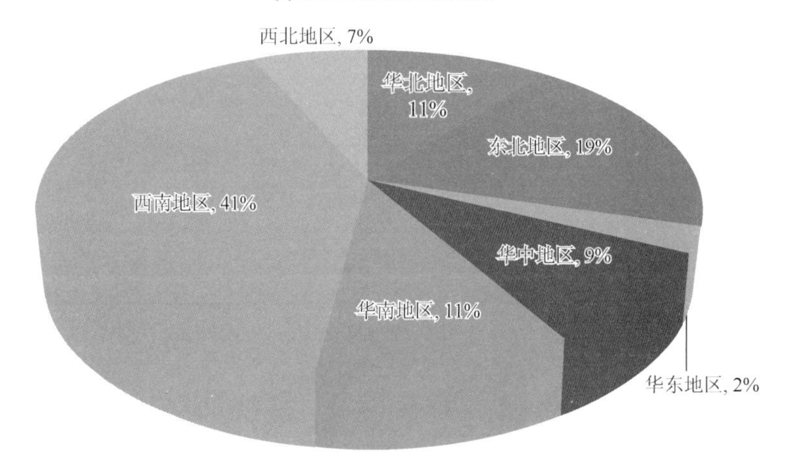

(d) 森林蓄积百分比对比图

图 6-2　2013 年全国分地区森林资源情况对比图

资料来源：《中国林业统计年鉴 2013》

6.3　中国重点林业生态工程建设分析

根据历年全国森林资源清查数据，我们可以充分肯定：我国森林资源进入了数量增长、质量提升的稳步发展时期。我国确定的林业发展和生态建设一系列重大战略决策，尤其是实施的一系列重点林业生态工程，取得了显著成效。接下来本书就将对防护林体系工程、天然林资源保护工程、退耕还林工程、京津风沙源治理工程等主要林业重点生态工程情况进行简要介绍和分析，以探究我国森林资源增长的背后机理。

6.3.1　防护林体系工程

该工程包括三北地区、长江流域、珠江防护林体系建设工程和太行山以及平原绿化工程，主要通过因地制宜、因害设防地营造各种防护林，解决三北地区的土地沙化问题和其他地区各不相同的生态问题。

1. 三北防护林

三北防护林建设工程是指在中国三北地区（西北、华北和东北）建设的大型人工林业生态工程。中国政府为改善生态环境，1979 年将这项工程列为国家经济建设的重要项目。该工程于 1978 年启动建设，国务院批准启动该工程的同时，批准成立国家林业总局西北华北东北防护林建设局。

1）工程范围

三北防护林程建设范围东起黑龙江宾县，西至新疆的乌兹别里山口，北抵北部边境，南沿海河、永定河、汾河、渭河、洮河下游、喀喇昆仑山，包括新疆、青海、甘肃、宁夏、内蒙古、陕西、山西、河北、辽宁、吉林、黑龙江、北京、天津等 13 个省份的 559 个县（旗、区、市），总面积 406.9 万平方千米，占我国陆地面积的 42.4%。

2）工程规划

按照总体规划，三北工程从 1978 年开始到 2050 年结束，建设期限为 73 年，分三个阶段（1978～2000 年、2001～2020 年、2021～2050 年）、八期（1978～1985 年、1986～1995 年、1996～2000 年，以后每 10 年为一期）工程进行建设（目前正在进行第五期工程建设）。工程建设在保护和经营好现有森林资源的基础上，通过大力造林、育林，使区域内的森林面积增加 3508.3 万公顷，森林覆盖率由 1977 年的 5.05%提高到 2000 年的 14.95%，力争到 21 世纪中叶能基本控制风沙危害和水土流失，改善三北地区的生态环境，人民群众的生产生活条件从根本上得到改善。

3）工程建设情况

根据中国国际投资工程咨询公司进行的评估，到 2000 年，第一阶段累计完成完成造林 2203.72 万公顷，其中人工造林 1538.60 万公顷。区域内森林总蓄积净增加 2.35 亿立方米，占同期全国森林蓄积净增量的 50%。表 6-4 和图 6-3 是三北防护林工程第一阶段造林情况统计。

表 6-4　三北防护林工程第一阶段完成造林情况统计

分期		合计	人工造林	飞播造林	封山封沙育林
第一阶段总体	规划任务/万公顷	1801.68	1485.72	45.83	270.13
	保存面积/万公顷	2203.72	1538.60	88.17	576.95
	完成比重/%	122.31	103.56	192.37	213.58
一期工程	规划任务/万公顷	593.33	593.33	0.00	0.00
	保存面积/万公顷	534.72	459.12	3.77	71.83
	完成比重/%	90.12	77.38	—	—
二期工程	规划任务/万公顷	808.27	636.65	17.09	154.53
	保存面积/万公顷	1077.62	726.69	45.49	305.44
	完成比重/%	133.32	114.14	266.23	197.66
三期工程	规划任务/万公顷	400.08	255.74	28.74	115.59
	保存面积/万公顷	591.38	352.80	38.91	199.67
	完成比重/%	147.82	137.95	135.36	172.73

资料来源：中国林业工作手册编纂委员会. 中国林业工作手册[M]. 北京：中国林业出版社，2006：66

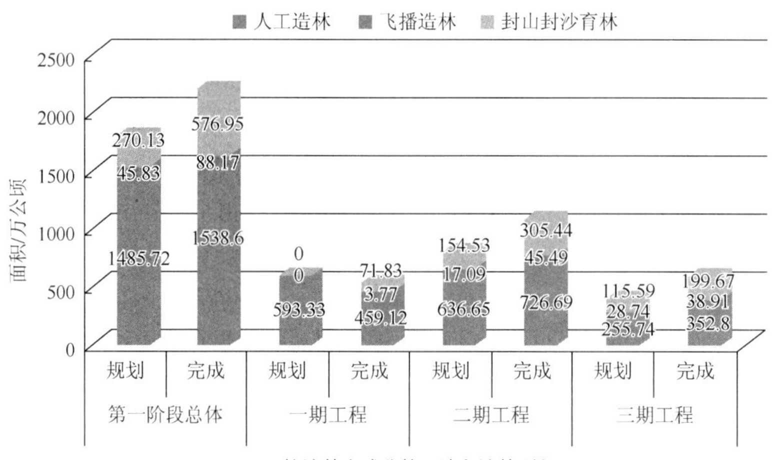

(a) 按造林方式分第一阶段造林面积

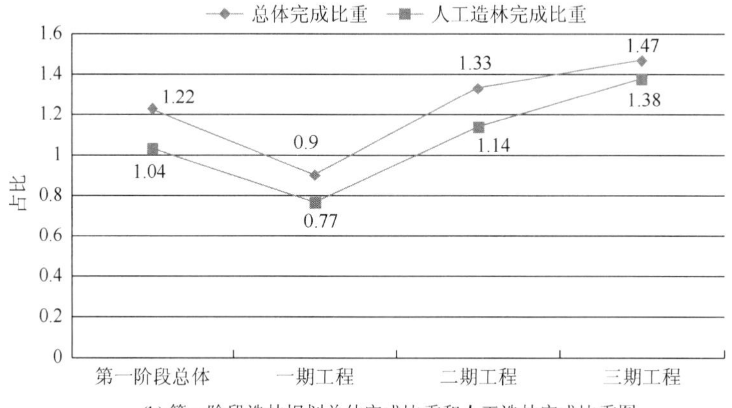

(b) 第一阶段造林规划总体完成比重和人工造林完成比重图

图 6-3　三北防护林工程第一阶段完成造林情况统计系列图

资料来源：中国林业工作手册编纂委员会. 中国林业工作手册[M]. 北京：中国林业出版社，2006：66

三北防护林工程建设第一阶段取得了很大成就。总体实际造林面积 1801.68 万公顷，超出规划任务 22.31%，一期、二期、三期工程分别完成造林面积 534.72 万公顷、1077.62 万公顷、591.38 万公顷，其中人工造林面积分别达到 459.12 万公顷、726.69 万公顷、352.80 万公顷，整体达到 1538.60 万公顷，占总造林面积的 69.82%。

1987 年以来，先后有三北防护林建设局、新疆和田等十几个单位被联合国环境规划署授予“全球 500 佳”称号。2003 年 12 月 18 日，三北防护林工程获得世界上“最大的植树造林工程”吉尼斯证书。

4）生态成效

通过第一阶段的建设，缓解了我国生态状况进一步恶化的趋势。营造防风固沙林 476 万公顷，使工程区内 20%的沙化土地得到初步治理。营造草场防护林 37 万万公顷，使 1000 多万公顷沙化、盐渍化和严重退化的牧场得到保护和恢复。营造水土保持林和水源涵养林 663 万公顷，使黄土高原 40%的水土流失面积得到了初步治理。营造农田防护林 213 万公顷，64%的农田实现了林网化，使 2130 万公顷农田得到了有效保护。工程区森林蓄积量由 1977 年的 7.2 亿立方米增加到 2000 年的近 10 亿立方米，木材供需矛盾得到了缓解。营造薪炭林 91 万公顷，灌木饲料林 500 多万公顷，经济林 369 万公顷。

2. 长江流域等防护林工程

随着三北防护林体系工程建设的顺利进行，为加快生态建设步伐，改善“江、河、山、原”区域生态环境，1989 年、1990 年、1987 年、1994 年、1996 年先后启动长江中上游、平原绿化、太行山绿化、珠江流域、全国沿海等重点防护林体系建设工程。到 2000 年年底，一期工程建设结束，2010 年年底二期工程基本完成。目前三期工程（2011～2020 年）正在进行，规划完成造林 2167.2 万公顷，促进工程区防护林体系更趋健全，结构日益完善，功能明显提升，生态状况明显改善，森林覆盖率平均提升 4.1%以上，开启了针对“江、河、山、原”等特定地域的生态治理模式探索。

1）工程范围

长江流域等防护林二期工程涉及全国 31 个省（自治区、直辖市）的 1900 多个县（市、区），基本覆盖了我国主要的水土流失、风沙和盐碱等生态环境脆弱的地区。其中长江流域防护林体系建设二期工程涉及 17 个省（自治区、直辖市）1035 个县（市、区），珠江流域防护林建设二期工程涉及 6 个省（自治区）187 个县（市、区），全国沿海防护林建设二期工程涉及 11 个省（自治区、直辖市）221 个县（市、区），太行山绿化二期工程涉及 4 个省（直辖市）77 个县（市、区），全国平原绿化二期工程涉及 26 个省（自治区、直辖市）944 个县（市、区）。

三期遵循流域完整性原则，扩大了工程范围，长防工程将福建“六江二溪”源头的 32 个县（市、区）和西藏雅鲁藏布江流域的 28 个县（区）纳入三期工程建设范围。珠防工程增加了 28 个县级单位，工程范围扩大了 113.0 万公顷。太行山绿化工程增加了河南省焦作市的 1 个区，覆盖了太行山全域。

2）工程规划

工程二期规划建设期为 10 年（2001～2010 年），规划营造林任务为 1677 万公顷，其中人工造林 1015.1 万公顷，封山育林 597.3 万公顷，飞播造林 64.4 万公顷。规划低效防护林改造 944.8 万公顷。

三期规划人工造林任务增加了 135.3 万公顷，封山育林任务增加了 587.5 万公顷，特别针对一期和二期建设出现的低效防护林问题，一定幅度地增加了三期工程低效林改造任务，建设面积达 1070.0 万公顷，比二期工程增加 296.0 万公顷，增幅达 27.7%。

3）工程建设情况

（1）一期工程建设基本情况：长江流域等防护林工程一期规划造林（不含平原绿化）为 1470.4 万公顷。到 2000 年年底，共完成造林 1371.66 万公顷（不含平原绿化），为一期规划的 93.3%。长江中上游防护林体系建设一期工程累计完成营造林面积 685.5 万公顷。其中，人工造林 422.5 万公顷，飞播造林 7.5 万公顷，封山育林 221 万公顷。幼林抚育 34.5 万公顷。

珠江流域防护林体系建设一期工程从 1996 年，首批启动实施了 13 个县，1998 年国家实施积极的财政政策，加大了珠防建设的资金投入和支持力度，又先后试点启动了 34 个县。到 2000 年，一期工程建设共完成营造林 67.28 万公顷，其中人工造林 23.45 万公顷，飞播造林 2.76 万公顷，封山育林 28.19 万公顷。完成低效防护林改造任务 12.88 万公顷，四旁植树 1.7 亿株。

沿海防护林体系建设一期工程累计完成造林 323.68 万公顷，其中人工造林 246.44 万公顷，封山育林 71.98 万公顷，飞播造林 5.26 万公顷。通过一期工程建设，全国大陆海岸线长 18 340 千米，已有 17 000 千米的海岸基干林带已基本合拢。

太行山绿化一期工程累计完成造林 295.2 万公顷，其中人工造林 164.57 万公顷，飞播造林 30.63 万公顷，封山育林 100 万公顷。此外，还完成四旁植树 1.7 亿株。

平原绿化工程截至 2000 年年底，全国 920 个平原、半平原、部分平原县（市、旗、区）中有 869 个达到了部颁“平原县绿化标准”，占规划数的 94.5%。全国平原绿化累计完成造林 698 万公顷，新造农田防护林 376.8 万公顷，保护农田 3 256 万公顷，农田林网控制率由 1987 年的 59.6%增加到现在的 70.7%，提高了 11 个百分点，道路、沟渠、河流两岸绿化率达到了 85%以上。目前，平原地区有林地面积已达 1518 万公顷，活立木蓄积达 6.2 亿立方米。

表 6-5 和图 6-4 统计了长江流域、全国沿海、珠江流域、太行山绿化、平原绿化等防护林一期工程分方式造林面积。

表 6-5 长江流域等防护林一期工程完成造林面积情况（单位：万公顷）

工程名称	合计	人工造林	飞播造林	无林地和疏林地新封
长江流域防护林	685.50	422.5	7.50	221.00
全国沿海防护林	323.68	246.44	5.28	71.98
珠江流域防护林	67.28	23.45	2.76	28.19
太行山绿化	295.20	164.57	30.63	100.00
平原绿化	698.00	—	—	—
总计	2069.66	856.96	46.17	421.17

资料来源：中国林业工作手册编纂委员会. 中国林业工作手册[M]. 北京：中国林业出版社，2006：71

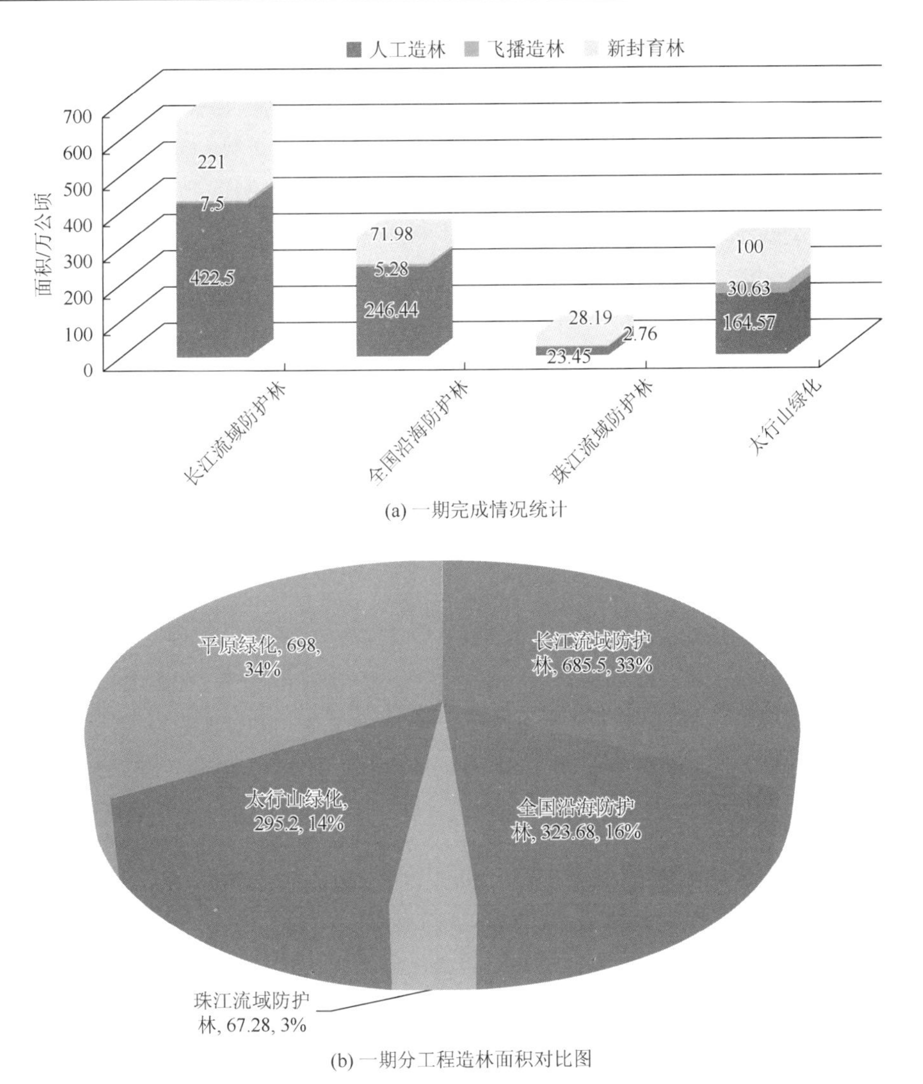

(a) 一期完成情况统计

(b) 一期分工程造林面积对比图

图 6-4　长江流域等防护林一期工程完成造林面积统计系列图

资料来源：中国林业工作手册编纂委员会. 中国林业工作手册[M]. 北京：中国林业出版社，2006：71

一期工程平原绿化按造林方式分的造林数据不详，故图 6-4（a）未计入平原绿化工程数据

在一期工程中，五大防护林工程共完成造林 2069.66 万公顷，其中长江流域造林面积最大，达 685.50 万公顷，一期工程人工造林面积 422.5 万公顷，占总造林面积的 33%，全国沿海防护林、太行山绿化和平原绿化分别完成造林 323.68 万公顷、295.20 万公顷和 698 万公顷，分别占一期总造林面积的 16%、14%和 34%，珠江流域防护林造林面积最小，为 67.28 万公顷，占一期总造林面积的 3%。

（2）二期工程建设基本情况：2001～2010 年，长江流域等防护林工程二期建设顺利完成。长江中上游防护林、平原绿化、太行山绿化、珠江流域共完成造林 1174.2 万公顷，低效林改造 31.4 万公顷。截至 2010 年，五个工程区有林地面积增幅明显，森林覆盖率平均增加 6 个百分点，森林蓄积量平均增加 1.4 个百分点。长江中上游防护林、平原绿化、太行山绿化、珠江流域、全国沿海防护林森林覆盖率分别达到 38.0%、56.8%、

17.1%、36.9%和 21%，比 2001 年分别增加 4.7%、12.2%、7.7%、1.3%和 4.3%，森林资源持续增长。另外，工程区的森林质量不断提高，混交林比例显著提升，林分结构日趋优化。太行山绿化工程区混交林面积已占其有林地面积的 19.3%，上升了 9 个百分点。五个工程区的中幼龄林面积由 92%下降到 73.7%，防护林比例占到 68.9%，林种比例渐趋合理。防护功能有效增强。各工程区森林植被恢复迅速，以往的荒山秃岭变成了青山翠岗，保持水土、涵养水源的能力明显提升，抵御旱涝、海啸、滑坡、泥石流和干热风等自然灾害的能力有效增强。

4）生态成效

（1）减少了水土流失，促进了大型水利设施功能的长久发挥。经过多年的长江流域等防护林工程建设，长江、珠江等大江大河上游森林资源显著增加，水土流失总量逐年下降，森林保持水土、涵养水源的功能逐步增强。

（2）增强了抵御自然灾害的能力，促进了农业稳产增收。长江流域等防护林工程按照统一规划，突出重点，因地制宜，因害设防的原则，针对不同的自然条件、社会条件和自然灾害的种类，营造了功能各异的防护林，初步建立了具有区域特色的生态屏障，增强了抵御台风、干旱、洪涝、风沙等自然灾害的能力。

3. 防护林工程体系总体完成情况及近期进展

根据《中国林业统计年鉴 2013》提供的统计数据，绘制了表 6-6 和图 6-5，直观展示 1979～2013 年防护林体系工程造林面积情况。

表 6-6 防护林体系工程造林面积情况（1979～2013 年）（单位：万公顷）

年份	合计	三北防护林工程	长江流域防护林工程	沿海防护林工程	珠江流域防护林工程	太行山绿化工程	平原绿化工程
1979～1985 年	1010.98	1010.98	—	—	—	—	—
1986～1990 年	589.93	517.49	36.99	—	—	35.46	—
1991～1995 年	1141.92	617.44	270.17	84.67	—	151.86	17.78
1996～2000 年	1048.75	615.09	193.71	29.73	15.93	170.44	23.84
2001～2005 年	316.06	172.10	56.10	23.80	18.07	32.69	13.29
2006～2010 年	516.05	339.04	56.83	50.05	23.21	45.73	1.20
2011～2013 年	318.94	193.51	49.31	47.39	16.79	11.04	0.91
总计	4942.64	3465.65	663.10	235.64	74.00	447.22	57.02

资料来源：《中国林业统计年鉴 2013》

从表 6-7、图 6-6 中可以看出，1979～2013 年，防护林工程建设体系已累计完成造林面积 49 426.37 万公顷，其中三北防护林自 1979 年启动至 2013 年，累计造林面积 34 656.50 万公顷，占整个防护林工程建设体系造林面积的 70.12%。三北防护林建设在整个防护林工程体系中占据重要的主导地位。而由于地域范围、资源特征和施工难度等多方面因素的影响，一直以来，平原绿化工程和珠江流域防护林工程造林面积较少，1979～2013 年，平原绿化工程总造林面积仅占整个防护林体系工程造林面积的 1%，而珠江流域防护林工程总造林面积也仅达到整个防护林体系工程造林面积的 2%。

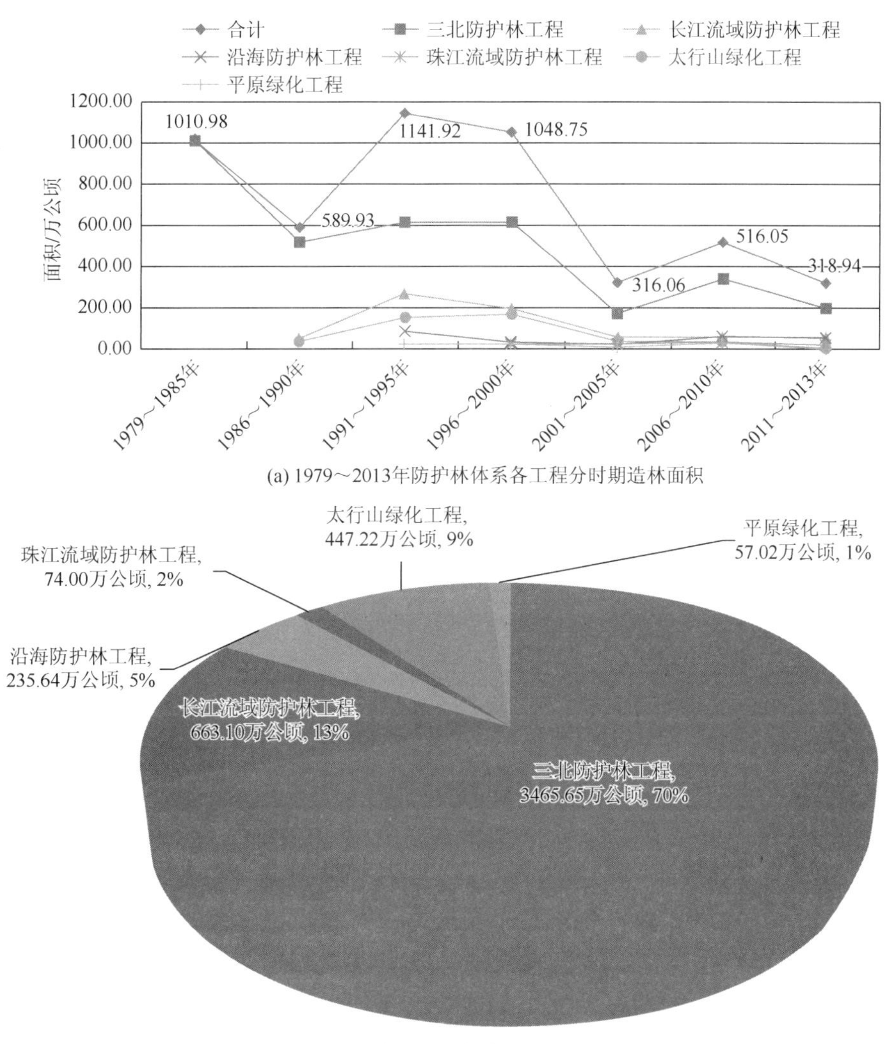

(a) 1979～2013年防护林体系各工程分时期造林面积

(b) 1979～2013年防护林体系分工程造林面积和造林比例图

图 6-5　防护林体系分时期建设情况（1979～2013 年）

资料来源：《中国林业统计年鉴 2013》

表 6-7　2013 年三北及长江流域等重点防护林体系工程造林面积（单位：公顷）

指标		合计	三北防护林工程	长江流域防护林体系工程	沿海防护林体系工程	珠江流域防护林体系工程	太行山绿化工程	平原绿化工程
总计		853 644	518 556	130 352	118 590	43 985	35 745	6 416
按造林方式分	人工造林	532 902	303 022	78 905	94 084	28 317	22 158	6 416
	飞播造林	3 333	3 333	—	—	—	—	—
	无林地和疏林地新封	317 409	212 201	51 447	24 506	15 668	13 587	—

续表

指标			合计	三北防护林工程	长江流域防护林体系工程	沿海防护林体系工程	珠江流域防护林体系工程	太行山绿化工程	平原绿化工程
按林种用途分	用材林		29 569	11 810	7 796	5 333	4 572	58	—
	经济林		38 941	24 207	6 160	4 524	3 099	951	—
	防护林	总计	783 875	482 238	116 324	107 847	36 314	34 736	6 416
		水源涵养林	95 035	29 330	27 482	23 402	9 259	5 562	—
		水土保持林	250 416	145 706	44 682	29 174	11 573	19 281	—
		防风固沙林	210 280	192 202	1 855	10 635	—	2 297	3 291
		农田、牧场防护林	39 470	26 790	5 007	4 148	—	400	3 125
		护岸护堤林	8 896	653	2 490	5 753	—	—	—
		护路林	7 749	1 807	2 615	2 627	700	—	—
	薪炭林		10	10	—	—	—	—	—
	特种用途林		1 249	291	72	886	—	—	—

资料来源：《中国林业统计年鉴 2013》

注：“—”表示数据不足本表最小单位、不详或无该项数据

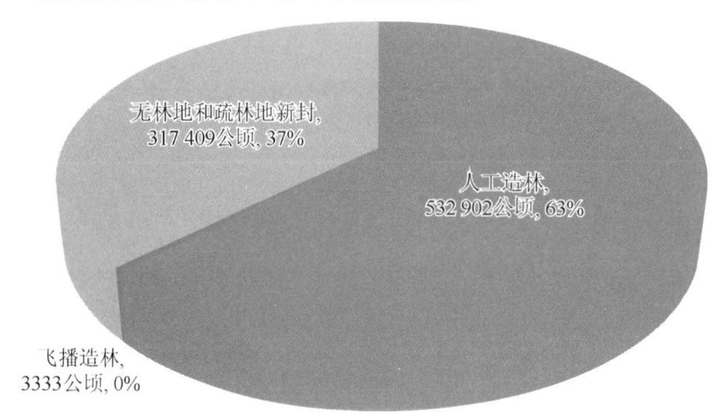

(a) 按造林方式分各类造林对比图

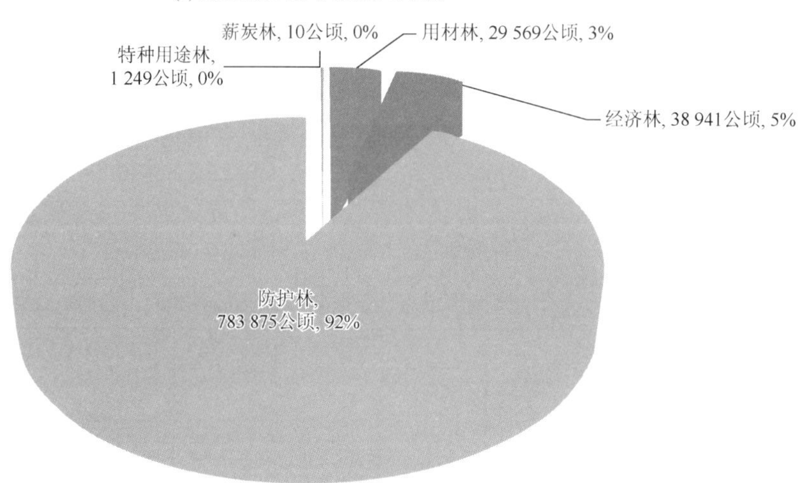

(b) 按林种用途分各类造林对比图

图 6-6　2013 年三北及长江流域等重点防护林体系工程造林情况对比图

资料来源：《中国林业统计年鉴 2013》

2013 年，三北及长江流域等重点防护林体系工程总体完成造林面积 853 644 公顷，三北防护林工程一直是防护林体系工程实施范围最广，造林面积最大的工程。2013 年，三北防护林完成造林 518 556 公顷，造林面积达到 2013 年防护林体系建设工程总体造林面积的 61%，其中人工造林 303 022 万公顷，飞播造林 3333 万公顷，新封育林 212 201 万公顷。从林种用途来分，2013 年重点防护林体系工程造防护林面积 783 875 公顷，占总造林面积的 92%，其中，水土保持林 250 416 公顷，占造防护林面积的 32%，防风固沙林 210 280 公顷，占造防护林面积的 27%。

6.3.2　天然林资源保护工程

与人工林相比，天然林功能更加健全，天然林结构类型复杂多样，群落组成稳定，植被种类丰富，是自然界最完善的资源库、基因库，具有维护生物多样性、调节气候、涵养水源、保持水土、防风固沙、至于自然灾害等多方面的强大功能。然而新中国成立初期对森林的大规模采伐，使得我国天然林资源遭受严重破坏，对生态环境产生非常大的影响。

在迈入 21 世纪时，中国林业确立了以生态为主的林业发展战略，党中央国务院果断做出了实施天然林保护工程重大决策。这是一个重大的历史转折，标志着我国林业以木材生产为主旧时代的结束，以生态建设为主新时代的到来。天保工程的实施，不仅为森林资源保护与恢复带来了难得的历史机遇，而且为探索我国森林可持续经营积累了许多宝贵的经验（中国林学会森林经理分会，2006）。

天然林资源保护工程主要解决天然林的休养生息和恢复发展问题，国家保护、培育和发展森林资源，保护生态环境的重点建设工程，是保护天然林河生物多样性，保障国民经济和社会可持续发展的重要举措。

天然林资源保护工程于 1998 年 10 月开始实施试点，2000 年 1 月正式在全国 17 个省（自治区、直辖市）全面启动。天然林资源保护工程区地位于我国东北、西北、中西部和南部等地区，地域上呈分散分布状况。工程实施范围涉及 17 个省（自治区、直辖市）、994 县（局），其中包括 724 个县（市、区、旗），160 个国有重点森工局（场）、110 个地方森工局（保护区、林场等），工程区总面积为 26 479.75 万公顷，占国土面积的 27.49%。工程区包括长江上游地区、黄河中上游地区和东北、内蒙古等重点林地。

1. 工程范围

工程一期（1998～2010 年）涉及的重点国有林区有长江上游，黄河上中游地区，东北、内蒙古等重点国有林区共 17 个省（自治区、直辖市）有：长江上游，包括四川、云南、贵州、重庆、湖北、西藏 6 个省（自治区、直辖市）；黄河上中游，包括陕西、甘肃、青海、宁夏、内蒙古、山西、河南 7 个省（自治区）；东北、内蒙古等重点国有林区，内蒙古、吉林、黑龙江、海南、新疆 5 个省（自治区）。

天然林资源保护工程二期（2010～2020 年）与一期相比，省（自治区、直辖市）数量不变，县（局）数量适当调整。二期实施范围在一期原有范围基础上，增加了丹江口库区的 11 个县（局），其中湖北 7 个、河南 4 个。新增的 11 个县，既是国家生态重点保护区域，也是国家级重点公益林建设区，还是国家南水北调中线工程的水源地。

2. 工程目标和任务

加快长江上游、黄河上中游工程区宜林荒山荒地的造林绿化；调减东北、内蒙古等国有林区的木材产量；控制天然林资源消耗，对工程区内的 26 479.75 万公顷加大森林管护力度（中国环境与发展国际合作委员会林草问题课题组，2004）；解决天然林的休养生息和恢复发展问题，最终实现林区资源、经济、社会的协调发展。

3. 工程建设情况

2000 年以来，长江上游、黄河上中游地区全面停止了天然林商品性采伐；东北、内蒙古等重点国有林区木材产量已按计划调减到位，木材停伐和调减任务按年度计划完成；全面落实了森林管护责任制，森林得到了有效管护；森林火灾和病虫害发生率也呈下降趋势；生态公益林建设按年度计划完成；生态公益林建设任务按计划完成；森林资源长期过量消耗得到了有效控制，森林资源呈现逐年增长趋势；森林采伐逐步由天然林向人工林转移，森林质量有所提高。具体如表 6-8、表 6-9、图 6-7、图 6-8、表 6-10、图 6-9 所示。

表 6-8　天然林资源保护工程历年完成造林面积（单位：万公顷）

年份	造林面积	年份	造林面积
1998	29.04	2006	77.48
1999	47.76	2007	73.29
2000	42.64	2008	100.90
2001	94.81	2009	136.09
2002	85.61	2010	88.55
2003	68.83	2011	55.36
2004	64.15	2012	48.52
2005	42.48	2013	46.03
总计	1101.51		

资料来源：《中国林业统计年鉴 2013》

表 6-9　2013 年全国森林资源情况

地区	人工林		天然林	
	面积/万公顷	蓄积/万立方米	面积/万公顷	蓄积/万立方米
全国合计	6 933.38	248 324.85	12 184.12	1 229 583.97
华北地区	732.07	19 288.32	1 726.85	137 555.59
东北地区	714.17	36 308.69	2 528.2	245 481.98
华东地区	666.68	22 048.23	358.19	15 207.66
华中地区	1 460.25	51 063.94	1 880.61	86 698.33
华南地区	1 706.3	64 906.24	1 282.73	91 413.25
西南地区	1 198.1	42 290.64	3 524.52	565 953.83
西北地区	455.81	12 418.79	883.02	87 273.33

注：森林资源统计数据未包含香港、澳门特别行政区和台湾省的数据。全国森林覆盖率和森林面积中含国家特别规定的灌木林新增面积，各省（自治区、直辖市）森林覆盖率和森林面积含国家特别规定的灌木林面积

资料来源：《中国林业统计年鉴 2013》

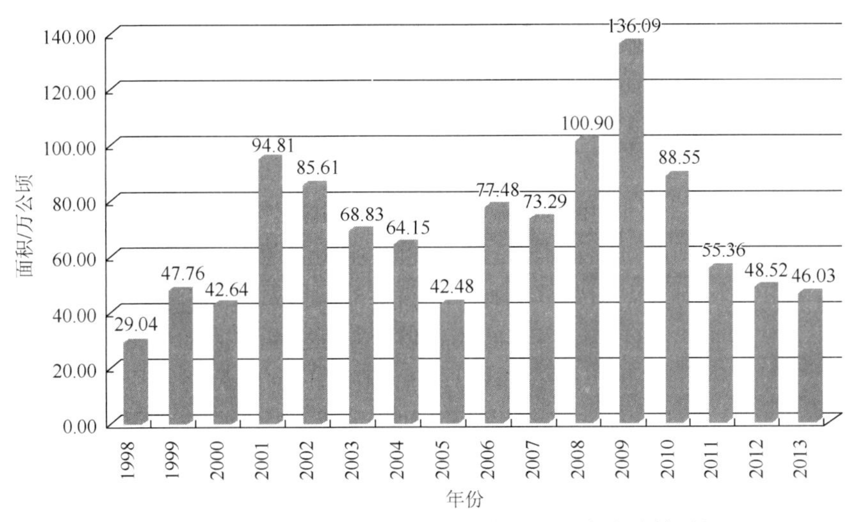

图 6-7　1998～2013 年天然林资源保护工程完成造林面积

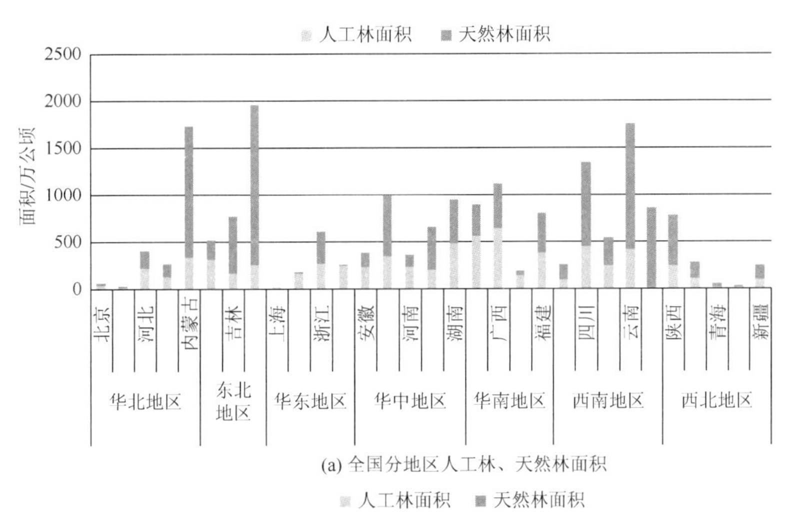

(a) 全国分地区人工林、天然林面积

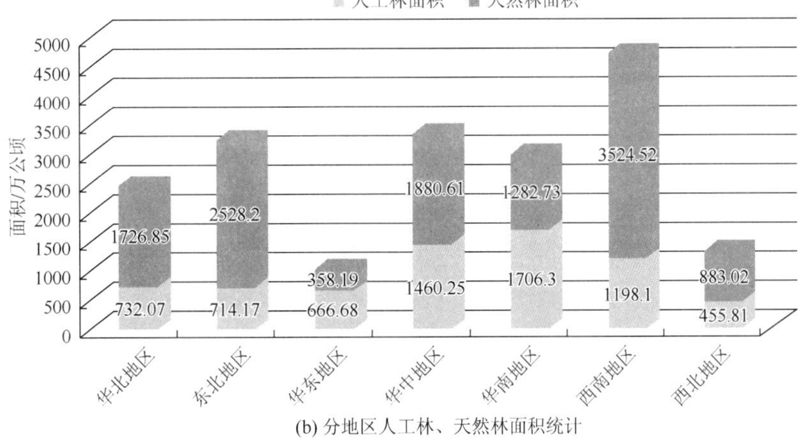

(b) 分地区人工林、天然林面积统计

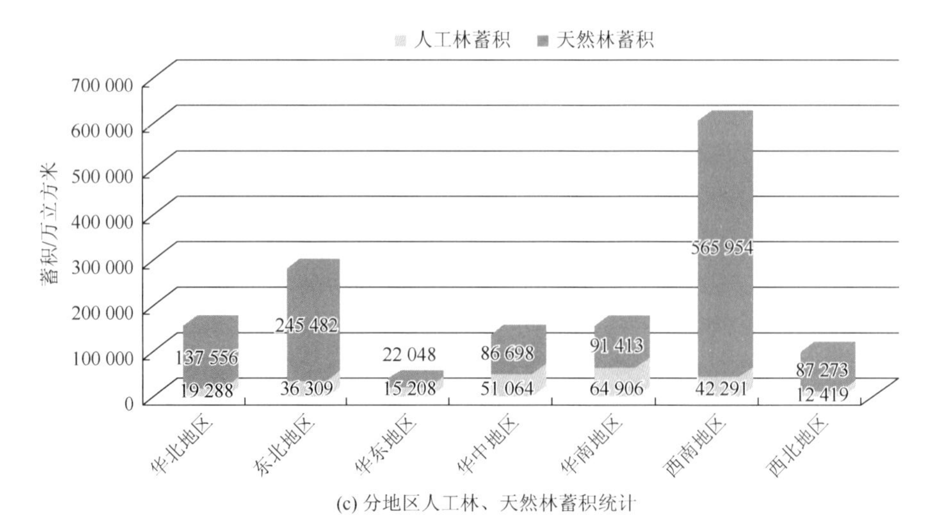

(c) 分地区人工林、天然林蓄积统计

图 6-8　2013 年全国分地区人工林、天然林资源情况统计系列图

资料来源：《中国林业统计年鉴 2013》

表 6-10　2013 年长江上游、黄河上中游地区天然林资源保护工程造林面积（单位：公顷）

指标		造林面积
合计		460 301
按造林方式分	人工造林	113 387
	飞播造林	67 332
	无林地和疏林地新封	279 582
按林种用途分	用材林	16 447
	经济林	18 921
	防护林	422 022
	薪炭林	—
	特种用途林	2 911

资料来源：《中国林业统计年鉴 2013》

注："—"表示数值不足表格最小计数单位

天然林资源保护工程一期工程（1998～2010 年）已经基本完成，造林面积 955.6 万公顷。而从 1998 年启动，至 2013 年，造林面积累计达到 1101.51 万公顷。截至 2013 年，全国共有人工林面积 6933.38 万公顷，天然林面积达到 12 184.12 万公顷，天然林蓄积达到 1 229 583.97 万立方米。其中，西南地区天然林资源最为丰富，拥有天然林面积 3524.52 万公顷，蓄积量达到 565 953.83 万立方米。天然林资源保护工程取得巨大成效。

仅 2013 年，长江上游、黄河上中游地区天然林保护工程造林面积达 460 301 公顷，其中，按造林方式分人工造林 113 387 公顷，占全年总造林面积的 25%，飞播造林 62 332 公

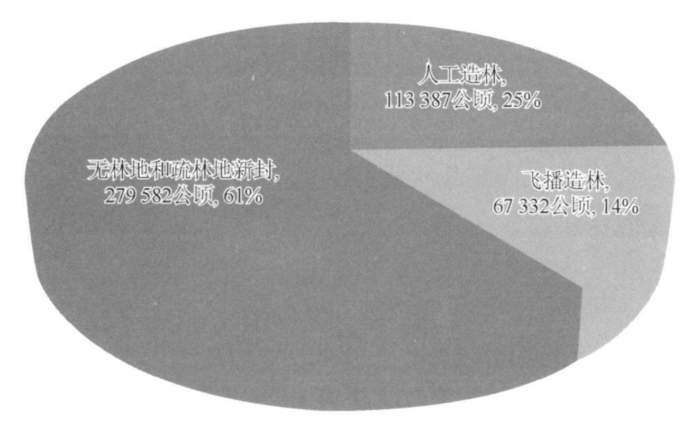

(a) 按造林方式分各类造林对比图

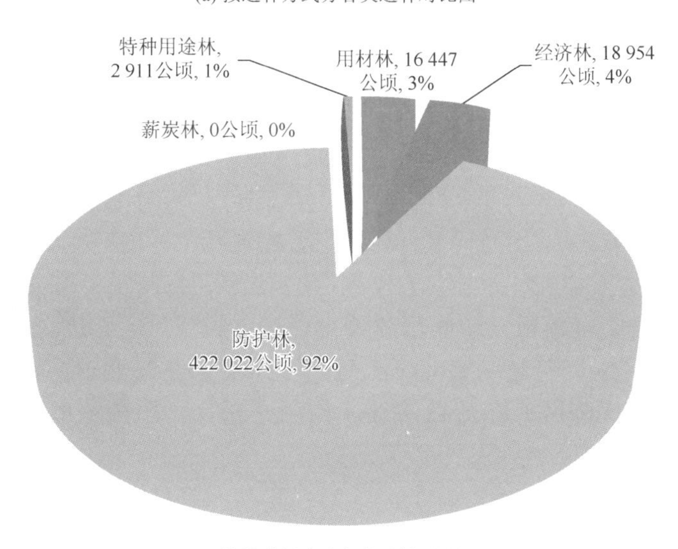

(b) 按林种用途分各类造林对比图

图 6-9　2013 年长江上游、黄河上中游地区天然林资源保护工程造林情况对比图

资料来源：《中国林业统计年鉴 2013》

顷，占总造林面积的 14%，无林地和疏林新封地造林面积最多，为 279 582 公顷，占到全面总造林面积的 61%。按林种用途分，防护林造林面积最多，为 422 022 公顷，占总造林面积的 92%，另外当年经济林和用材林造林面积分别占总造林面积的 4%和 3%，而薪炭林造林面积极少。

通过十多年来的有效保护和公益林建设，工程区长期过量消耗森林资源的势头得到有效遏制，森林资源总量不断增加，呈现恢复性增长的良好态势。工程区于 2000 年全面停止了天然林的商品性采伐，通过人工造林、封山育林、飞播造林等生态恢复措施，随着工程区森林植被不断增加，森林生态系统功能逐步恢复，局部地区生态状况明显改善。随着生态环境的好转，野生动植物生存环境不断改善，生物多样性得到有效恢复。天然林保护工程对森林资源和生态环境变化产生了巨大影响。

6.3.3　退耕还林工程

退耕还林工程区总体生态环境相对恶劣，经济发展相对落后，该工程退耕还林工程主要解决重点地区的水土流失和土地沙化问题，同时也是调整农业结构、增加农民收入的重要措施。政策是“退耕还林，封山绿化，以粮代赈，个体承包”。退耕还林工程是我国社会经济发展到新阶段的必然结果，是实施可持续发展的重要措施。1999 年，四川、陕西、甘肃三省率先启动试点工作，2000 年共有中西部地区的 17 个省（自治区、直辖市）及新疆生产建设边团的 188 个县展开试点工作，2002 年在全国 25 个省（自治区、直辖市）和新疆生产建设兵团全面启动。退耕还林成为及天然林资源保护工程之后我国森林资源建设的又一重大举措。

1. 工程范围

长江上中游地区工程施工区包括：云南、四川、贵州、广西、重庆、江西、安徽、湖南、湖北、西藏 10 个省（自治区、直辖市）；黄河上中游地区包括陕西、甘肃、青海、宁夏、内蒙古、山西、河南、河北 8 个省（自治区）；以及北京、天津、辽宁、吉林、黑龙江、新疆、海南 7 个省（自治区、直辖市）和新疆建设兵团，共计 25 个省（自治区、直辖市）和新疆建设兵团的 1897 个县（市、区、旗、团、场）。涉及人口 1.2 亿。其中，河北、湖南、江西、吉林及黑龙江五省，分别作为特殊区域（京津水源区与生态屏障区）和流域治理（如洞庭湖、鄱阳湖流域、松花江、嫩江流域）水土流失的重点地区纳入工程区范围。

2. 工程目标和任务

到 2010 年，完成退耕地造林 1467 万公顷，宜林荒山荒地造林 1733 万公顷（两类造林均含 1999～2000 年退耕还林试点任务），陡坡耕地基本退耕还林，严重沙化耕地基本得到治理，工程区林草覆盖率增加 4.5 个百分点，工程治理地区的生态状况得到较大改善。

3. 政策措施

国家无偿向退耕农户提供粮食、生活费补助、种苗造林补助费；坚持生态优先；国家保护退耕还林者享有退耕地上的林木（草）所有权；退耕地还林后的承包经营权期限可以延长到 70 年；资金和粮食补助期满后，在不破坏整体生态功能的前提下，经有关主管部门批准，退耕还林者可以依法对其所有的林木进行采伐；国家对退耕还林实行省（自治区、直辖市）人民政府负责制。

4. 建设成效

退耕还林工程的实施，实现了由毁林开垦向退耕还林的历史性转变，有效地改善了生态状况，水土流失和土地沙化治理步伐加快，生态状况得到明显改善。具体如表 6-11、图 6-10 所示。

表 6-11　1999～2013 年退耕还林工程造林面积（单位：万公顷）

年份	退耕还林工程		年份	退耕还林工程	
	小计	其中：退耕地造林		小计	其中：退耕地造林
1999	44.79	38.15	2007	105.60	5.95
2000	68.36	32.84	2008	118.97	0.22
2001	87.10	38.61	2009	88.67	0.07
2002	442.36	203.98	2010	98.26	0.03
2003	619.61	308.59	2011	73.02	0.01
2004	321.75	82.49	2012	65.53	—
2005	189.84	66.74	2013	62.89	—
2006	105.05	21.85	总计	2491.81	799.53

资料来源：《中国林业统计年鉴 2013》

注："—"表示数值不足表格最小计数单位

图 6-10　1999～2013 年退耕还林工程建设情况

资料来源：《中国林业统计年鉴 2013》

1999～2010 年，退耕还林工程完成造林面积 2290.37 万公顷，其中退耕林造地面积 799.52 公顷。工程启动以来造林面积最高的年份 2002 年和 2003 年，分别造林 442.35 万公顷和 619.61 公顷，其中退耕地造林面积分别为 203.98 万公顷和 308.59 万公顷

6.3.4　京津风沙源治理工程

京津风沙源治理工程是根据首都及周边地区土地沙化加剧，风沙危害严重，生态环境脆弱的状况，于 2000 年 6 月经国务院批准设立的，其目的就是通过植被保护，植树种草、退耕还林、小流域及草地治理、生态移民等措施，优化首都生态环境，提升

北京国际地位，实现绿色奥运，保障这个地区经济社会协调发展。

京津风沙源治理工程自2000年6月经国务院批准，在北京、天津、河北、山西、内蒙古等5个省（自治区、直辖市）的65个县旗试点。2001年，试点范围由65个县旗增加到75个，试点工作全面展开。2002年3月，国务院正式批复工程规划，工程全面启动。

1. 工程范围

西起内蒙古的达茂旗，东至河北的平泉县，南起山西的代县，北至内蒙古的东乌珠穆沁旗，涉及北京、天津、河北、山西、内蒙古等5个省（自治区、直辖市）的75个县（旗、市、区）。

2. 工程规划

工程规划期为10年，即2001～2010年，分两个阶段进行，2001～2005年为第一阶段，2006～2010年为第二阶段。规划到2010年，完成退耕还林262.9万公顷。其中，退耕134.2万公顷，荒山荒地荒沙造林128.7万公顷；营造林494.4万公顷。

3. 工程政策

相关政策退耕还林造林营林草地治理修建水利生态移民等各项措施实行补贴。工程区内退耕还林配套的荒山荒地造林，可以因地制宜，科学确定植被恢复方式。在不具备人工造林条件的地区，可以因地制宜地采取封山（沙）育林、飞机播种造林等方式完成，并加强补植补造（中国林业工作手册编纂委员会，2006）。

4. 建设成效

京津风沙源治理工程有效地改善了首都及周边地区生态状况。通过大规模的林草植被建设和严格的植被保护，工程区林草植被得到快速恢复和增加。2001～2013 年京津风沙源治理工程共完成造林面积6380.27万公顷。2013年造林62.61万公顷，其中退耕还林2.44万公顷。表6-12和图6-11是根据《中国林业统计年鉴2013》中提供的数据绘制的2001～2013年京津风沙源治理工程完成造林面积情况统计。

表6-12　2001～2013年京津风沙源治理工程完成造林面积（单位：万公顷）

年份	造林面积	年份	造林面积
2001	217.32	2008	469.04
2002	676.38	2009	434.82
2003	824.43	2010	439.13
2004	473.27	2011	545.19
2005	408.25	2012	541.69
2006	409.54	2013	626.08
2007	315.13	总计	6380.27

资料来源：《中国林业统计年鉴2013》

如表 6-13 所示，2013 年，退耕还林工程和京津风沙源治理工程区总退耕还林面积达到653 348公顷，按造林方式分，退耕地造林面积极少，而荒山荒地造林454 056公顷，占退耕还林面积的 70%，其中退耕还林工程区荒山荒地造林 432 302 公顷，占荒山荒地造林面积的 95%。按林种用途分，防护林造林面积最多，为 366 995 公顷，占总退耕还林面积的 56%，其中仍以退耕还林工程的防护林造林面积为主，为 351 632 公顷，达到防护林造林面积的 96%。由此可见，我国退耕还林造林主要倚重于退耕还林工程建设，目前来看，京津风沙源治理工程区退耕还林尚少。具体如图 6-12 所示。

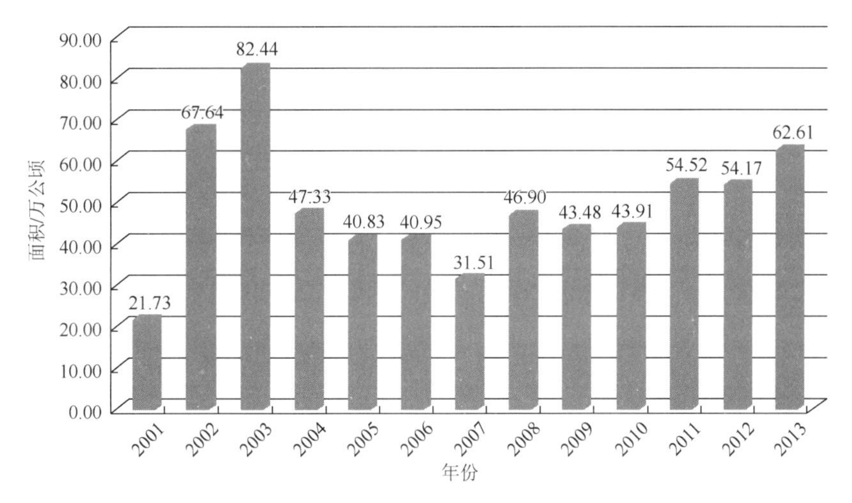

图 6-11　2001～2013 年京津风沙源治理工程造林面积统计图

资料来源：《中国林业统计年鉴 2013》

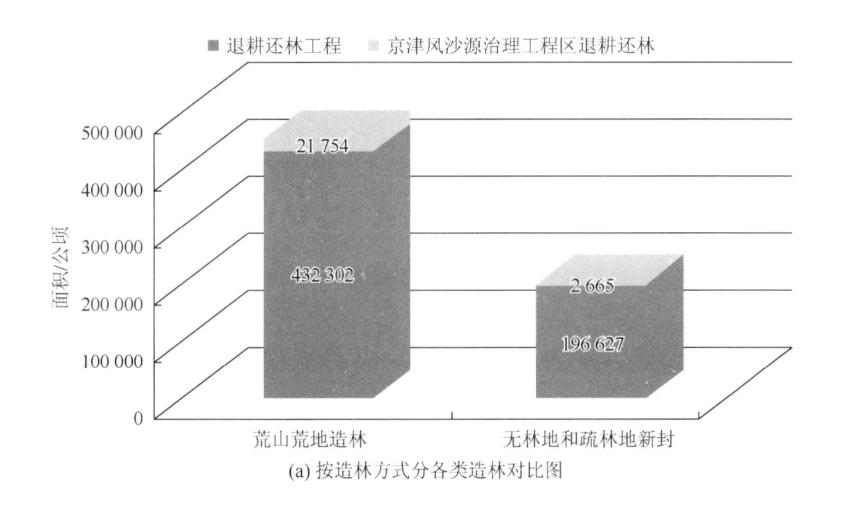

(a) 按造林方式分各类造林对比图

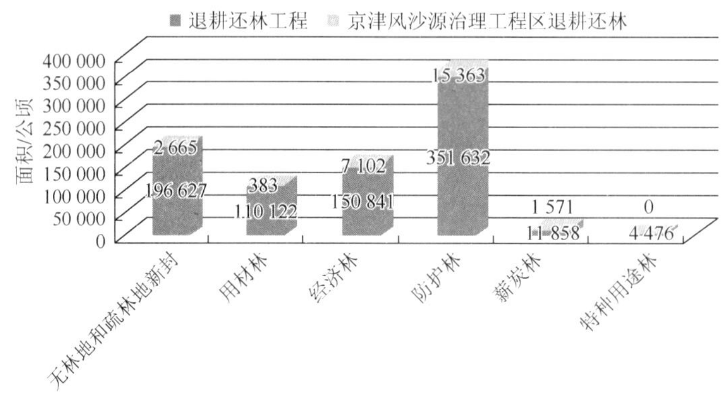

(b) 按林种用途分各类造林对比图

图 6-12　2013 年退耕还林工程和京津风沙源治理工程退耕还林面积对比图

资料来源：《中国林业统计年鉴 2013》

表 6-13　2013 年退耕还林工程和京津风沙源治理工程退耕还林面积统计（单位：公顷）

指标		小计	退耕还林工程	京津风沙源治理工程区退耕还林
合计		653 348	628 929	24 419
按造林方式分	退耕地造林	—	—	—
	荒山荒地造林	454 056	432 302	21 754
	无林地和疏林地新封	199 292	196 627	2 665
按林种用途分	用材林	110 505	110 122	383
	经济林	157 943	150 841	7 102
	防护林	366 995	351 632	15 363
	薪炭林	13 429	11 858	1 571
	特种用途林	4 476	4 476	—

资料来源：《中国林业统计年鉴 2013》

注："—"表示数值不足表格最小计数单位

6.4　中国其他管护森林资源相关举措简析

多年来，在开展和加强国家重点林业生态工程建设的同时，我国也从多方面探索，形成了一系列森林保护和管理的途经与森林经营方法。

6.4.1　完善森林资源保护法律法规和森林资源管理基本制度

为更好地保护森林资源，国家对森林资源实行了诸多保护性措施，《中华人民共和国森林法》（以下简称《森林法》）第八条规定：①对森林实行限额采伐，鼓励植树造林、封山育林，扩大森林覆盖面积。②根据国家和地方人民政府有关规定，对集体和个人造林、育林给予经济扶持或者长期贷款。③提倡木材综合利用和节约使用木材，鼓励开发、利用木材代用品。④征收育林费，专门用于造林育林。⑤煤炭、造纸等部门，按照煤炭和木浆纸张等产品的产量提取一定数额的资金，专门用于营造坑木、造纸等用材林。⑥建立林业基金制度。国家设立森林生态效益补偿基金，用于提供生态效益的防护林和特种用途林的森林资源、林木的营造、抚育、保护和管理。森林生态效益补偿基金必须专款专用，不得挪作他用。具体办法由国务院规定。

从法律和法规层面，结合可行的规章制度，来对我国森林资源实行更加有效的保护，完善对森林资源开发和利用的管控，将有助于处理我国森林资源问题。

保护是发展的前提，加强森林资源保护，强化森林、林木、林地消长变化的监测评价和动态管理，建立森林管护责任制，强化巡查；加大资源管理和林政执法力度，严格执行森林采伐限额管理，加大森林资源管理的检查监督力度，坚决杜绝超限额采伐；加大执法力度，依法打击乱砍滥伐、非法侵占林地的行为。

在长期实践和探索中，我国在森林资源管理方面形成了一系列具有规范科学的基本制度，如林地林权管理、森林资源监测、森林资源利用管理和森林资源监督检查等，我国森林资源管理工作逐步走上了法制化、规范化的轨道。例如，在林地林权管理制度方面，《森林法》明确规定，国家根据用材林的消耗量低于生长量的原则，严格控制森林年采伐量；在森林采伐管理方面，《森林法》规定，国家制定统一的年度木材生产计划，年度木材生产计划不得超过批准的年采伐限额。超过木材生产计划采伐森林或者其他林木的，按滥伐林木处罚；《森林法》第八条规定，国家对森林资源实行保护性措施，诸如“对森林实行限额采伐，鼓励植树造林、封山育林，扩大森林覆盖面积”，“建立林业基金制度。国家设立森林生态效益补偿基金，用于提供生态效益的防护林和特种用途林的森林资源、林木的营造、抚育、保护和管理”。

森林资源利用管理是对森林的经营、开发和利用等行为的管理，是实施森林科学经营、控制森林过量消耗的关键性手段。在实践中不断完善森林资源管理基本制度，使森林资源管理更加规范，有助于继续提高我国森林资源增速，提高森林资源质量。

6.4.2　实施国有林区改革

2015年2月8日，中共中央、国务院印发了《国有林区改革指导意见》，这是国有林区发展史上具有里程碑意义的大事，标志着我国林业改革进入了国有林区、国有林场、集体林权制度三大改革全面推进的新阶段。这一举措总体目标为，到2020年实现森林资源管护和监督体系更加完善，有序停止重点国有林区天然林商业性采伐，确保森林资源恢复增长，因地制宜逐步推进国有林区政企分开，形成精简高效的国有森林资源管理机构，创新森林资源管护机制，创新森林资源监管体制，强化地方政府保护森林、改善民生的责任。实施国有林区改革，各地要结合本地区实际，制定实施方案加强督查评估，建立配套政策措施。

其主要任务包括以下几方面。

（1）有序停止重点国有林区天然林商业性采伐，确保森林资源恢复增长。明确国有林区发挥生态功能、维护生态安全的战略地位；稳定推进黑龙江重点国有林区停止天然林商业性采伐试点，在试点基础上，有序停止内蒙古、吉林重点国有林区天然林商业性采伐。

（2）因地制宜逐步推进国有林区政企分开。在地方政府职能健全、财力较强的地区，一步到位实行政企分开，全部剥离企业的社会管理和公共服务职能，交由地方政府承担，人员交由地方统一管理，经费纳入地方财政预算；在条件不具备的地区，先行在内部实现政企分开，逐步创造条件将行政职能移交当地政府。

（3）形成精简高效的国有森林资源管理机构。按“机构只减不增，人员只出不进、社会和谐稳定”原则，分类制定森工企业改制和改革方案，以多种方式逐年减少管理人员，实现合理编制和人员规模，逐步建立高效的国有森林资源管理机构，逐步整合规模小、人员少、地处偏远的林场所。

（4）创新森林资源管护机制。创新林业生产组织方式，凡能通过购买方式实现的要面向社会购买；创新管护模式，实行远山设卡、近山管护，加强高新技术手段和现代交通工具的装备应用，降低劳动强度，提高管护效率；除自然保护区外，在不破坏森林资源的前提下，允许从事森林资源管护的职工从事林特产品生产等经营，增加职工收入；创新参与方式，鼓励社会公益组织和志愿者参与公益林管护。

（5）创新森林资源监管体制。建立归属清晰、权责明确、监管有效的森林资源产权制度，建立健全林地保护制度、湿地保护制度、自然保护区制度、监督制度和考核制度；重点国有林区森林资源产权归国家所有即全民所有，国务院林业行政主管部门代表国家行使所有权、履行出资人职责、负责管理重点国有林区的国有森林资源和森林资源资产产权变动的审批；研究制定重点国有林区森林资源监督管理法律制度措施；进一步强化国务院林业行政主管部门派驻地方的森林资源监督专员办事处的监督职能，优化监督机构设置，加强对重点国有林区森林资源保护管理的监督；建立健全以生态服务功能为核心，以林地保有量、森林覆盖率、森林质量、护林防火、有害生物防治等为主要指标的林区绩效管理和考核机制，实行森林资源离任审计；科学编制长期森林经营方案，作为国有森林资源保护发展主要遵循和考核国有森林资源管理绩效的依据。

（6）强化地方政府保护森林、改善民生的责任。地方各级政府对行政区域内的林区经济社会发展和森林资源保护负总责。要将林区经济社会发展纳入当地国民经济和社会发展总体规划及投资计划，切实落实地方政府林区社会管理和公共服务的职能；国有森林覆盖率、森林蓄积量的变化纳入地方政府目标责任考核约束性指标。林业保有量、征占用林地定额纳入地方政府目标责任考核内容；省级政府对组织实施天然林保护工程、全面停止天然林商业性采伐负全责，实行目标、任务、资金、责任“四到省”。

（7）妥善安置国有林区富余职工，确保职工基本生活有保障。充分发挥林区绿色资源丰富的优势，创造就业岗位；中央财政继续加大对森林管护、人工造林、中幼龄林抚育和森林改造培育的支持力度，推进职工转岗就业。

6.4.3 创造结构化森林经营理论

结构化森林经营理论最初是针对天然林提出的，是用林分状态评价经营效果。它最突出的特点在于既能准确地描述林分的状态，又能够制定有针对性的经营措施，指导经营者遵循经营方向对林分进行结构量化调整。

结构化森林经营遵循“以树为本、培育为主、结构优化、生态优先”的理念，目标就是培育健康稳定、优质高效的森林生态系统。与传统森林经营相比，结构化森林经营更科学且见效快。传统的森林经营林业生产周期长、见效慢，林木生长期一般需要十几年甚至几十年，功能评价具有一定的滞后性。开展结构化经营，林分状态能在较短时间内发生改变，通过林分状态，经营者可及时合理地调整经营措施，从而有效地保证经营目标实现。

与美国的生态系统管理、德国的近自然森林经营、法国和瑞士的检查法相比，以状态指标衡量经营效果的结构化森林经营同样具有开创性。德国哥廷根大学甚至将结构化森林经营的有关内容载入了森林经理学教材。结构化森林经营不仅为中国，甚至为世界提出了崭新的科学方法，在世界森林经营理念与技术中，打出了一张“中国牌”，为有效地提升我国林学的世界地位产生了重要影响。

结构化森林经营理论主要在森林结构分析方法、森林调查技术、森林经营理论与技术三个方面取得了重大突破。

（1）森林结构分析方法创新方面，使用基于相邻木关系的森林空间结构量化分析方法。通过构建林分空间结构参数体系，设定角尺度、混交度、大小比数和密集度 4 个结构参数，分析和测量单棵林木及和它相邻最近的 4 棵树，最终可将整个区域的森林结构描述清楚。这一突破性成果为量化表达森林空间结构、揭示森林结构与林木竞争、森林结构与树种空间多样性的关系提供了科学方法。

（2）在森林调查技术创新方面，首次提出了空间与非空间结构信息一体化点抽样调查与分析技术。获取数据必须有调查方法。传统数据调查以标准地法为主，通过打样地，测量每棵树的胸径、冠幅等内容获取调查数据。而点抽样调查则破解了在地势险峻的山高坡陡地无法开展标准地调查的难题。通过随机调查 49 个不重复的抽样点，以及 49 个点最近的 4 棵树，所得出的结构参数和大小，可实现林分调查结果 95%以上的准确率。49 个抽样点调查方法在国内外均为首次提出。这一开创性调查方法不仅确保了调查精度，而且大幅降低调查投入成本。经对比，点抽样调查 3 人即可完成，用工量仅为传统 3 块标准地调查的 1/5。

（3）在森林经营理论与技术创新方面，创造性地提出了基于空间结构优化的森林经营技术。经营者可通过 4 个结构参数进行数据调查，再对林分状态特点进行分析后确定经营目标，最后利用结构参数进行结构调整，从而培育出健康稳定、优质高效的森林。

总之，结构化森林经营理论与技术项目形成了一套包括理论基础、调查方法、状态分析和结构调整以及经营效果评价等完整的森林经营理论与技术，对我国正在实施的天保工程、退耕还林工程和中幼林抚育提供了强有力的科技支撑。

从 2007 年至今，结构化森林经营以其扎实的理论基础、简单的应用操作，在我国东北、西北、西南、华北等林区开展了大面积的试验与示范。八年的实践证明，结构化森林经营理论与技术不仅适用于多种森林类型，而且可实现多种经营目标。大面积推广应用结构化森林经营理论与技术，从长远的角度来看，可解决我国森林资源可持续发展问题①。

---

① 参考：图解：一图了解国有林区改革[EB/OL]. http：//www.forestry.gov.cn/main/4462/content-757938.html [2015-4-16]。

6.4.4 开展森林可持续经营试点

森林可持续经营理论的形成经历了较长的发展历程，它始于 17 世纪中叶，德国创立的森林永续利用理论，它是当时世界各国传统林业的理论基础，对各国林业产生了很大的影响。

1992 年联合国环境与发展大会以来，森林问题，特别是森林可持续发展问题作为全球环境问题中的一个重要组成部分，受到了国际社会和各国政府的普遍关注。林业已经不再被视为一个仅仅以造林采伐为主的狭义封闭的产业，在全球环境与发展格局中具有举足轻重的地位和广泛的影响。近年来，随着可持续发展观念的普及，森林可持续经营正在逐渐取代传统的森林经营方式，森林可持续经营已成为全球广泛认同的林业发展方向。

从 1992 年在巴西里约热内卢召开联合国环境与发展大会以后，森林可持续经营的研究和实践进入了实质性阶段。关于森林可持续经营的定义因不同的组织和机构而千差万别，目前国际上比较流行的是《关于森林问题的原则声明》中森林可持续经营的定义：可持续森林经营意味着对森林、林地进行经营和利用时，以某种方式、一定的速度，在现在和将来保持生物多样性、生产力、更新能力、活力，实现自我恢复的能力，在地区、国家和全球水平上保持森林的生态、经济和社会功能，同时又不损害其他生态系统。国际上还有很多其他对可持续森林经营的定义，但集中来说，森林可持续经营理论的内涵主要是指森林生态系统的生产力、物种、遗传多样性及再生能力的持续发展，以保证有丰富的森林资源与健康的环境，满足当代和子孙后代的需要。它是以当代可持续发展和生态经济理论为基础，结合林业的特点和特殊经营规律形成的林业经营指导思想（徐斌，2014）。

与传统的经营方式相比，森林可持续经营有如下显著特征：①以森林的木质和非木质林产品的持续收获为核心，重视森林生态系统整体功能的维持和提高。②不仅强调生产木材，还需要努力实现生态效益、经济效益和社会效益的真正统一。③强调林业发展必须服从或服务于国家总体的可持续发展目标，不断满足国民经济发展和人民生活水平提高对其物质产品和生态服务功能日益增长的需要。④注重参与式森林经营，努力谋求均衡有关利益各方和各层次（个人、社区、国家、全球）特别是林区居民的利益。⑤强调林业支撑体系的完善性，包括机构建设、政策法规体系、科研培训等，强调建立灵活的反应机制以应对意外事件（如异常干旱、严重的病虫害等）。⑥森林问题国际化，如跨国界的森林环境效益（碳循环、生物多样性）、森林认证与产品贸易、环境保护政策等。

20 世纪 70 年代末期，中国不断地向其他林业发达国家学习和借鉴森林经营理论和技术，这对中国的森林经营起到一定的推动作用。进入 21 世纪，中国政府陆续制定了和出台一系列相关指南与行业标准等。2002 年，我国制定了森林可持续经营标准与指标体系，并作为林业行业标准予以发布，与此同时，我国还完成了《中国可持续发展林业战略研究》，为中国林业可持续发展和森林可持续经营提供了理论指导和战略支撑。2004

年，国家林业局印发了《全国森林经营管理分区施策导则》，启动了国家级森林可持续经营管理试验示范点工作。2005 年编制并发布了《中国森林可持续经营指南》，为中国林业可持续发展和森林可持续经营提供了行为规范。2006 年，国家林业局先后下发了《森林经营方案编制与实施纲要》《县级森林可持续经营规划编制指南》《森林经营方案编制及实施规范》《全国森林可持续经营实施纲要》《简明森林经营方案编制技术规程》等一系列指导性文件，进一步推动森林资源可持续经营管理工作。2007 年以来，国家林业局又先后颁布和出台了有关中国森林经营认证标准和森林抚育补贴相关办法等。同时，我国政府一直高度重视中国企业对外森林可持续经营活动，在积极促进森林资源利用国际合作的同时，保障和促进森林可持续经营（国家林业局，2013a）。

截至目前，我国新一轮的森林可持续经营试点工作已经启动。在现代林业建设过程中，需要进一步开展试验示范，扩大试点范围，探索不同自然立地类型区森林可持续经营管理的技术、模式和指标，用以指导实践，提高我国森林可持续经营水平。

6.5　中国森林资源现存的主要问题

尽管在党中央、国务院确定的一系列林业发展措施的推进下，我国森林资源状况得到了明显改善，森林资源显著增加，但是，我国森林资源状况仍然不容乐观，尚存在问题有待进一步解决。我国仍然是一个缺林少绿、生态脆弱的国家。

如表 6-14、图 6-13 所示，根据 2001～2010 年的全球各洲森林资源相关数据，就全球来看，除亚洲外，世界其他洲的森林面积和森林蓄积量均呈现不同程度的下降态势。尽管如此，我国森林资源在全球仍处于落后水平，我国仍然是一个缺林少绿、生态脆弱的国家，森林覆盖率远低于全球的平均水平，人均森林面积仅为世界人均水平的 1/4，人均森林蓄积只有世界人均水平的 1/7，森林资源总量相对不足、质量不高、分布不均的状况仍未得到根本改变，林业发展还面临着巨大的压力和挑战。具体存在的问题主要有以下几个方面。

表 6-14　世界各洲 2010 年森林资源及 2001～2010 年森林资源变化情况表

国家（地区）	土地面积/千公顷	2010 年森林面积			2000～2010 年森林面积年变化量/千公顷	2000～2010 年森林覆盖率年变化率/%
		森林面积/千公顷	占国土面积的百分比/%	人均面积/（公顷/千人）		
世界合计	13 009 550	4 033 060	31	597	−5 211	−0.1
非洲合计	2 964 388	674 419	23	683	−3 414	−0.5
亚洲合计	3 093 763	592 512	19	145	2 235	0.4
北美洲和中美洲合计	2 132 999	705 393	33	1 315	−10	—
大洋洲合计	848 655	191 384	23	5 478	−700	−0.4
南美洲合计	1 756 239	864 351	49	2 246	−3 997	−0.5

资料来源：《中国林业统计年鉴 2013》

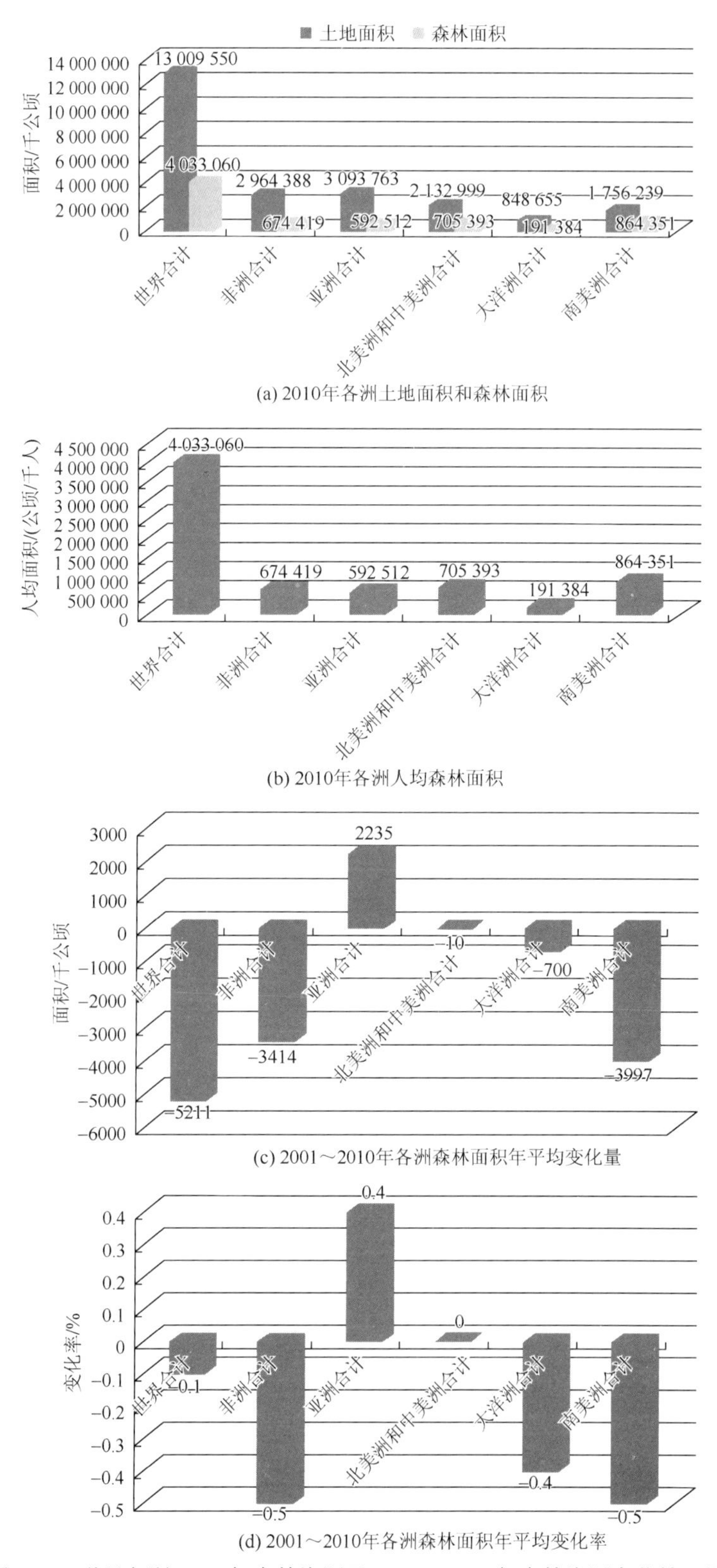

(a) 2010年各洲土地面积和森林面积

(b) 2010年各洲人均森林面积

(c) 2001～2010年各洲森林面积年平均变化量

(d) 2001～2010年各洲森林面积年平均变化率

图6-13　世界各洲2010年森林资源及2001～2010年森林资源变化情况图

（1）实现 2020 年森林增长目标任务艰巨。从第八次全国森林资源清查结果看，森林“双增”目标前一阶段完成良好，森林蓄积增长目标已完成，森林面积增加目标已完成近六成。但清查结果同时反映出，森林面积增速开始放缓，森林面积增量只有第七次清查时森林增量的 60%，现有未成林造林地面积比上次清查少 396 万公顷，仅有 650 万公顷。同时，现有宜林地质量好的仅占 10%，质量差的多达 54%，且 2/3 分布在西北、西南地区，立地条件差，造林难度越来越大、成本投入越来越高，见效也越来越慢，如期实现森林面积增长目标还要付出艰巨的努力。

（2）严守林业生态红线面临的压力巨大。2006～2010 年，各类建设违法违规占用林地面积年均超过 200 万亩，其中约一半是有林地。局部地区毁林开垦问题依然突出。随着城市化、工业化进程的加速，生态建设的空间将被进一步挤压，严守林业生态红线，维护国家生态安全底线的压力日益加大。

（3）加强森林经营的要求非常迫切。我国林地生产力低，森林每公顷蓄积量只有世界平均水平 131 立方米的 69%，人工林每公顷蓄积量只有 52.76 立方米。林木平均胸径只有 13.6 厘米。龄组结构依然不合理，中幼龄林面积比例高达 65%。林分过疏、过密的面积占乔木林的 36%。林木蓄积年均枯损量增加 18%，达到 1.18 亿立方米。进一步加大投入，加强森林经营，提高林地生产力、增加森林蓄积量、增强生态服务功能的潜力还很大。

（4）森林有效供给与日益增长的社会需求的矛盾依然突出。我国木材对外依存度接近 50%，木材安全形势严峻；现有用材林中可采面积仅占 13%，可采蓄积仅占 23%，可利用资源少，大径材林木和珍贵用材树种更少，木材供需的结构性矛盾十分突出。同时，森林生态系统功能脆弱的状况尚未得到根本改变，生态产品短缺的问题依然是制约我国可持续发展的突出问题①。

6.6　结论与政策建议

6.6.1　主要结论

首先，本章对安徽省林业状况从整体及以城市为个体进行了全方位的介绍；其次，对安徽省林业经济进行了分析，得出各个林业产业发展因素与安徽省林业经济的关联程度；最后，对安徽省林业资源利用进行评价，比较和分析了社会利用、经济利用、环境利用、生态利用相互之间的关系及各个指标层次之间的关系与差异。具体主要结论如下。

（1）安徽省森林资源丰富，森林蓄积量、活立木蓄积量较多但林业资源特别是森林资源多集中在皖南山区、皖西大别山地区，地区差异化明显。

（2）造林总面积与林业产值关联度最高、竹材采伐量与林业产值关联度最低，造林经济林面积、木材采伐量、造林用材林面积、林业用地面积与林业产值关联度依次降低。

① 我国森林资源目前存在的主要问题参照《第八次全国森林资源清查主要结果（2009—2013）》，http：//www.forestry.gov.cn/portal/main/s/65/content-659670.html[2015-5-10]。

（3）安徽省林业产业发展迅速，有关经济指标增长较快，林业产业结构逐渐得到优化，但林业产业整体质量较差、总体水平较弱、产业发展仍比较滞后。

（4）安徽省林业资源利用水平不断提高，总体呈上升趋势。其中，经济利用水平最高，其次是生态利用水平，环境利用水平位列第三，社会利用水平最低。

（5）社会利用水平呈下降趋势；经济利用水平上升迅速；环境利用水平波动幅度较大，总体呈下降趋势；生态利用水平较为平稳。

6.6.2　相关政策建议

根据以上分析，对于安徽省林业经济的发展和安徽省林业资源的利用所存在的问题，在保护林业资源的同时加快林业产业发展的前提下，结合未来经济社会的发展形势，提出相关建议与意见。

（1）合理规划利用林业资源，因地制宜地利用林业资源。安徽省的林业资源分布不均匀，存在明显的地区差异。由于地理差异皖南地区多山区，森林面积、森林蓄积量和活立木蓄积量相对皖北平原地区比较多，皖北地区多为平原地带，农业收入中主要依靠土地耕作，因此林业用地面积较多。总体来看，皖南地区的林业生态利用、环境利用、经济利用情况较好。因此，对于林业资源的管理与利用要因地制宜，针对不同地区制定不同的政策与规划。例如，针对皖南地区要加大力度保护森林资源，完善林业生态系统的保护体系，皖北地区则需要大力推进人工造林工程的建设，一方面使生态环境得以改善，另一方面通过人工造林加快林业产业发展。

（2）继续大力建设人工造林工程。根据上述分析结果，林业产值与造林总面积关联度最高。人工造林不仅可以改善生态环境，增加城市绿化率，提高空气质量水平，而且通过人工种植培育经济林、用材林、防护林可以促进木材加工业、林产品生产等产业的发展同时减少自然灾害的发生。建设人工造林工程，提高从事林业生产的农民收入，使广大农民受益，从另一个方面提升了林业资源利用的社会利用水平。

（3）精简林业系统单位，增加对林业科学技术服务的投入，推广林业科学技术应用，推进林业种植、保护等方面技术创新。林业资源的社会利用水平近些年来一直呈现下降趋势，提高社会利用水平，就要精简林业系统单位，整合相关林场、苗圃国有单位，清退相关无用人员，与此同时，要对林业科学技术研究与服务单位加大投入，向从事林业生产的相关人员大力宣传林业技术与林业保护方面知识。林业产业要紧跟科学技术发展的步伐，推动创新力的发展。

（4）加大对林业产业的投资，大力开拓林产品市场，推进林业产业结构升级。安徽省林业资源经济利用中林业投资对经济利用水平影响最大。安徽省的林业产业基础较为薄弱，最近几年受工业经济发展的带动得到一定的发展，但整体水平还比较落后，产业结构不合理，林产品市场较窄。安徽省应加大对林业产业的投资力度，调整林业产业结构，尤其是加大力度发展森林旅游业，发挥皖南地区森林资源丰富，森林公园、湿地公园、自然保护区众多的优势，大力开展皖南地区森林旅游业的发展，逐步完善林业产业相关基础设施建设，提升林业产业整体水平，拓宽林产品市场，重点扶持林业产业相关的龙头企业，做大做强打出安徽省林业企业的品牌。

（5）禁止乱砍、乱伐、乱开采。上述分析显示，安徽省林业资源的环境利用水平波动幅度较大并且呈现下降趋势。近十年来，安徽省经济发展实现了快速增长，工业、房地产业、建筑业等产业蓬勃向上，与此同时，有关树木、木材、森林遭受乱砍滥伐，空气质量不断下降，生态环境也有所恶化，保护森林资源刻不容缓。尤其是皖南地区，禁止个人、集体为发展建设乱砍数目、乱开垦林业用地。对天然林实行全面保护；严格保护林地资源，禁止乱开发、乱开垦；保护林区各种生物物种，保护生物多样性，完善林业生态系统保护体系。

（6）着力保护森林资源，加强林业生态系统保护体系建设。虽然安徽省的森林面积、森林蓄积量、活立木蓄积量近几年来有所增加，但对森林资源的保护不容掉以轻心。对天然林要进行全面保护，完善森林火灾、林业有害生物监测监控体系，加强林区、林场、苗圃的基础设施建设，夯实森林资源基础保障。

6.7　案例：安徽省林业管理的统计分析

林业作为集生态、经济、社会、文化多重功效的基础产业，在国民经济发展中起重要作用，如何合理规划、利用、保护林业资源已经成为区域经济持续、快速、和谐发展的关键。本节以安徽省为例，通过查阅大量数据，运用灰色系统关联法、层次分析法并借助 MATLAB 软件，建立安徽省林业经济发展灰色系统关联模型和安徽省林业资源利用评价模型，分析安徽省林业状况、安徽省林业经济发展，并且对安徽省林业资源利用情况进行了评价。针对安徽省林业经济发展及林业资源利用中存在的问题，从社会意义、经济发展、环境保护、生态效益四个角度出发，提出了相应的建议与意见。

6.7.1　安徽省林业状况

安徽省是全国南方集体林区重点省份之一，林业资源较为丰富。根据 2013 年公布的数据，全省林业用地面积 443.18 万公顷，约占土地总面积的 32%；森林总面积 380.42 万公顷，森林覆盖率 27.53%；森林蓄积量 21 995.67 万立方米，活立木蓄积量 21 710.12 万立方米；造林总面积 208 099 公顷，其中退耕还林工程造林总面积 5334 公顷；森林病虫害发生面积 401 666 公顷，防治面积 346 666 公顷，防治率 86.31%；林业总产值 2 330 736 万元，占农林牧渔业总产值的 5.81%。管理机构方面，安徽省共有县以下基层林业站 903 个、林业科研院所 15 个、科技服务推广站 79 个、护林防火指挥部 97 个、森林公安局 46 个、森林派出所 199 个，全省国有苗圃 78 个、国有林场 138 个、国家级森林公园 29 处、省级森林公园 20 处，林业系统职工总人数 3.4 万[①]。

根据 2013 年数据，总体来看，安徽省森林植被从北到南过渡的地域特征十分明显并且

① 资料来源：安徽省林业信息网。

森林植被多覆盖在皖南[①]山区和皖西大别山区[②]，沿淮、沿江地区有些市县虽然已跨入全国平原绿化先进地区行列，但森林面积相对来说仍较少。林业用地方面，绝大多数是集体林地，国家级和省级重点公益林面积占林地总面积 37%，全省 138 个国有林场经营林地面积 27 万公顷，78 个国有苗圃经营面积 3000 公顷。林业产业方面，林业总产值虽较 2012 年有明显上涨，所占农林牧渔业总产值比例仍较少，但随着人们生活水平的提高，带动了森林旅游产业、苗卉花木产业的发展。

如图 6-14～图 6-19 所示，从地区来看，安徽省 16 个城市中森林面积总体水平中等，黄山市森林面积最多为 78.60 万公顷，铜陵市森林面积最少为 3.43 万公顷，宣城、黄山、池州、六安、安庆的森林面积都超过全国平均水平[③]，皖中、皖北地区森林面积较少；

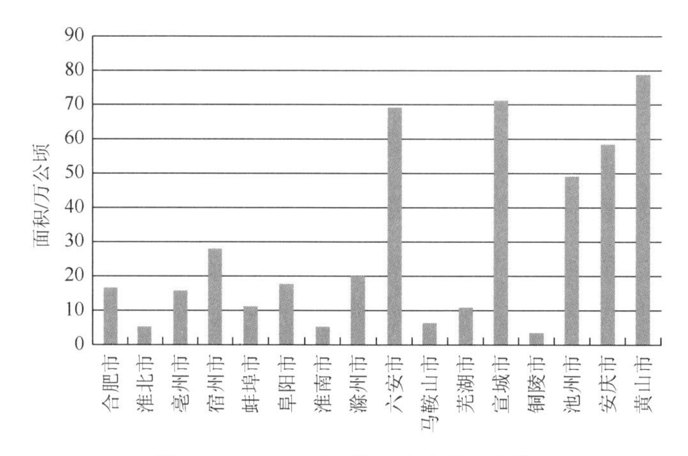

图 6-14　2013 年安徽省各市森林面积

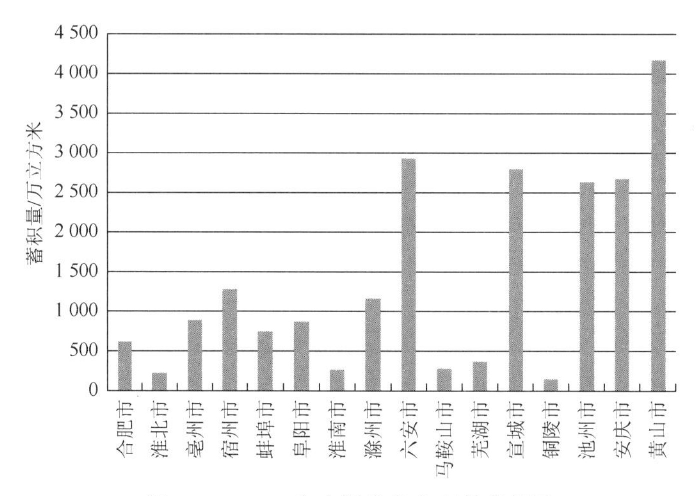

图 6-15　2013 年安徽省各市森林蓄积量

① 皖南地区指芜湖、宣城、黄山、铜陵、池州和马鞍山地区。

② 皖西大别山区指六安地区。

③ 森林覆盖率全国平均水平为 21.6%。

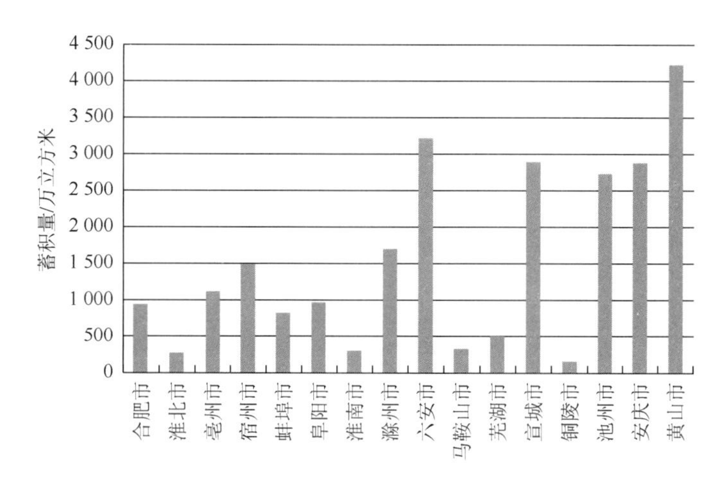

图 6-16　2013 年安徽省各市活立木蓄积量

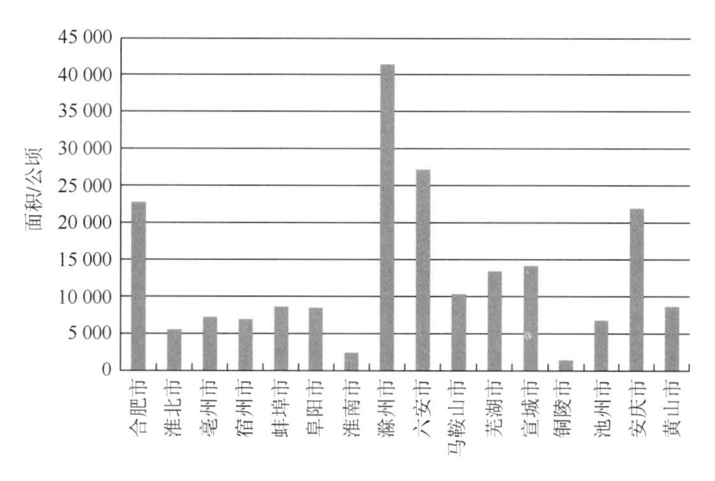

图 6-17　2013 年安徽省各市造林总面积

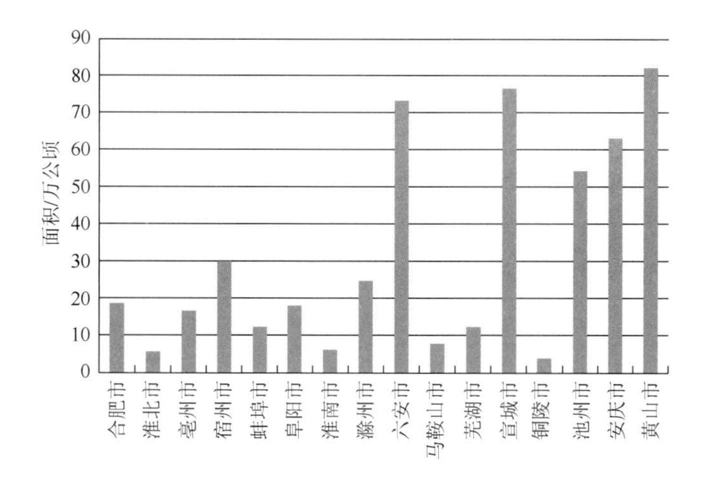

图 6-18　2013 年安徽省各市林业用地面积

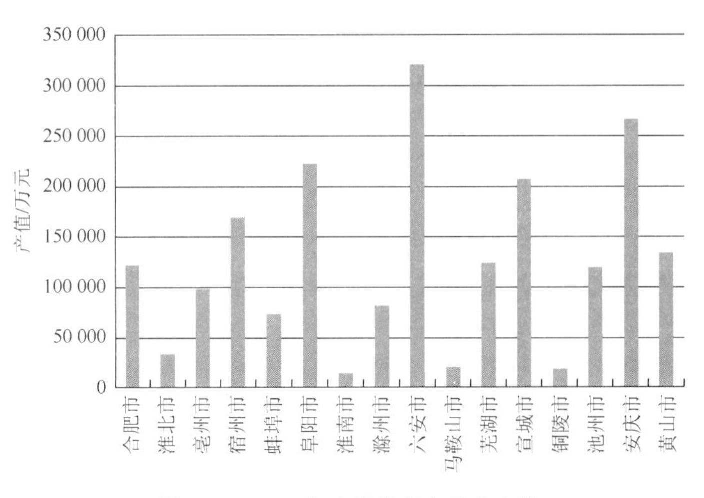

图 6-19　2013 年安徽省各市林业产值

森林蓄积量方面，黄山市的森林蓄积量最多，铜陵市最少，皖南地区由于山区、林区较多，森林蓄积量也比较多，皖北地区的森林蓄积量比皖中地区的多；活立木蓄积量的情况与森林蓄积量的情况相似，黄山市的最多，铜陵市最少，并且皖南地区的活立木蓄积量超出皖北与皖中地区之和；造林总面积方面，滁州市造林总面积最多，六安市、合肥市、安庆市紧随其后并且差距都不大，铜陵市的造林总面积最少；林业用地方面，黄山、宣城、六安、安庆、池州比较多，中部地区林业用地面积差距不大；林业产值方面，六安市的产值最高，安庆、阜阳、宣城、宿州紧随其后，皖南林业资源较丰富地区的林业产值比较低。

6.7.2　安徽省林业经济分析

如表 6-15 所示，2013 年安徽省林业产值达到 2 330 736 万元，较上一年增长 106.93%，与 2004 年相比翻了 4 倍；木材采伐量较前一年有所减少，比 2004 年增长了近一倍；竹材采伐量有所增长，比 2004 年翻了 3 倍；造林经济林面积与造林用材林面积都有较大幅度增长；林业用地面积 2010～2013 年持平；造林总面积大幅度增加，达到 208 099 公顷。整体来看，近 10 年来安徽省林业产业发展迅速，一方面由于经济发展对木材、林产品的需求急剧增加，另一方面林业产业基础越来越完善，林业产业发展步入快车道。下面我们根据 2004～2013 年安徽省林业经济有关数据建立模型分析安徽省林业经济发展。

表 6-15　2004 ~ 2013 年安徽省林业经济有关数据

年份	林业产值/万元	木材采伐量/万立方米	竹材采伐量/万根	造林经济林面积/公顷	造林用材林面积/公顷	林业用地面积/万公顷	造林总面积/公顷
2004	719 266	280.33	3 994	5 116	16 511	457.599	57 364
2005	784 147	327.50	6 315	4 489	26 388	440.350	57 457
2006	883 803	397.20	4 838	6 655	19 517	445.663	42 487
2007	1 005 045	407.00	6 451	6 947	21 083	440.400	58 910
2008	1 144 563	406.00	7 770	8 444	17 037	440.400	53 322

续表

年份	林业产值/万元	木材采伐量/万立方米	竹材采伐量/万根	造林经济林面积/公顷	造林用材林面积/公顷	林业用地面积/万公顷	造林总面积/公顷
2009	1 250 981	374.00	8 364	8 858	25 314	440.400	83 606
2010	1 352 804	458.00	9 784	12 380	17 724	443.180	65 612
2011	1 820 685	493.00	10 111	22 445	23 939	443.180	88 731
2012	2 094 974	497.00	11 496	34 663	36 082	443.180	112 197
2013	2 330 736	477.00	12 915	51 817	72 712	443.180	208 099

灰色系统理论是我国华中理工大学邓聚龙教授于1982年提出的一种处理动态系统、解决信息不完备系统的数学方法。按照国际惯例，控制论中，颜色深浅通常用来表示信息的明确程度，灰色代表部分确定与部分不确定，因此灰色系统是既包括已知信息又有不确定信息的系统[①]。灰色系统理论从控制论角度运用全新的建立模型的思想和方法，通过对各种因素的关联性及其量的测度，用“灰数据映射”方法处理随机变量，进而发现相关规律，使系统的灰度逐渐减小，白度逐渐增加。作为灰色系统理论中的重要组成部分，灰色关联度分析对于一个系统发展变化提供了量化的度量。灰色关联度分析法是根据因素之间发展趋势的相似或相异程度，即灰色关联度，作为衡量因素间关联程度的一种方法。对于两个系统之间的因素，其随时间或不同对象而变化的关联性大小的量度，称为关联度。在系统发展过程中，若两个因素变化的趋势具有一致性，即同步变化程度较高，则二者关联程度较高；反之，则较低。灰色系统理论提出了对各个子系统进行灰色关联度分析的概念，意图透过一定的方法，去寻求系统中各子系统（或因素）之间的数值关系。因此，灰色关联度分析对于一个系统发展变化态势提供了量化的度量，非常适合动态历程分析。

1. 具体计算步骤

（1）确定反映系统行为特征和影响系统行为的因素组成的数据数列。

系统特征行为序列（参考数列）：

$$X_0(k)=[X_0(1),X_0(2),\cdots,X_0(n)],\qquad k=1,2,\cdots,n$$

以林业产值数据为参考数列：

$$X_0=[719266,784147,883803,1005405,1144563,1250981,1352804,1820685,2094974,2330736]$$

系统的相关因素行为序列（比较数列）：

$$X_i(k)=[X_i(1),X_i(2),\cdots,X_i(n)],\quad k=1,2,\cdots,n,\quad i=1,2,\cdots,m$$

以木材采伐量、竹材采伐量、造林经济林面积、造林用材林面积、林业用地面积、造林总面积数据为比较数列 X_1、X_2、X_3、X_4、X_5、X_6：

$$X_1=[280.33,327.50,397.20,407.00,406.00,374.00,458.00,493.00,497.00,477.00]$$

① 百度百科. 灰色系统理论. http：//baike.baidu.com/link?url=t95XWQdoZWxU524lcUrYJ_8YtUw4j9w8lS4k_uKTByrrapei6_n-OomFOqsR-N2mWXzRvgXhfPjGRVFmuPIGf_[2015-6-11]。

$X_2 = [3994, 6315, 4838, 6451, 7770, 8364, 9784, 10111, 11496, 12915]$

$X_3 = [5116, 4489, 6655, 6947, 8444, 8858, 12380, 22445, 34663, 51817]$

$X_4 = [16511, 26388, 19517, 21083, 17037, 25314, 17724, 23939, 36082, 72712]$

$X_5 = [4575.99, 4403.50, 4456.63, 4404.00, 4404.00, 4404.00, 4431.80, 4431.80, 4431.80, 4431.80]$

$X_6 = [57364, 57457, 42487, 58910, 53322, 83606, 65612, 88731, 112197, 208099]$

（2）对数据数列进行无量纲化处理（初值化法）。

$$x_i(k) = \frac{X_i(k)}{X_i(1)}, \quad k = 1, 2, \cdots, n, \quad i = 1, 2, \cdots, m$$

得出以下结果：

$X_0 = [1, 1.090204, 1.228757, 1.39732, 1.591293, 1.739247, 1.880812, 2.53131, 2.912655, 3.240437]$

$X_1 = [1, 1.168266, 1.416902, 1.45186, 1.448293, 1.334142, 1.633789, 1.758642, 1.77291, 1.701566]$

$X_2 = [1, 1.581122, 1.211317, 1.615173, 1.945418, 2.094141, 2.449675, 2.531547, 2.878317, 3.2336]$

$X_3 = [1, 0.877443, 1.300821, 1.357897, 1.650508, 1.731431, 2419859, 4.387217, 6.77541, 10.12842]$

$X_4 = [1, 1.598207, 1.18206, 1.276906, 1.031858, 1.53316, 1.073466, 1.449882, 2.185331, 4.403852]$

$X_5 = [1, 0.962305, 0.973916, 0.962415, 0.962415, 0.96849, 0.96849, 0.96849, 0.96849, 0.96849]$

$X_6 = [1, 1.001621, 0.740656, 1.026951, 0.929538, 1.457465, 1.143784, 1.546806, 1.955878, 3.627693]$

（3）求系统特征行为序列（参考数列）与系统的相关因素序列（比较数列）的灰色关联系数。

$$\xi_i(k) = \frac{\min\limits_i \min\limits_k \left|X_0(k) - x_i(k)\right| + \rho \max\limits_i \max\limits_k \left|X_0(k) - x_i(k)\right|}{\left|X_0(k) - x_i(k)\right| + \rho \max\limits_i \max\limits_k \left|X_0(k) - x_i(k)\right|}$$

通常 ρ=0.5。

记 $\Delta_i(k) = \left|X_0(k) - x_i(k)\right|$，则

$$\xi_i(k) = \frac{\min\limits_i \min\limits_k \Delta_i(k) + \rho \max\limits_i \max\limits_k \Delta_i(k)}{\Delta_i(k) + \rho \max\limits_i \max\limits_k \Delta_i(k)}$$

通常 ρ=0.5。

（4）计算关联度。

$$r_i = \frac{1}{n} \sum_{k=1}^{n} \xi_i(k), \quad k = 1, 2, \cdots, n$$

r_i 值越接近于 1，说明相关性越好。运用 MATLAB 求解得表 6-16。

表 6-16　关联度计算结果

关联度	结果
r_1	0.706 15
r_2	0.257 03
r_3	0.850 22
r_4	0.696 39
r_5	0.654 09
r_6	0.893 92

（5）关联度排序。关联度的大小次序代表因素间的相关程度。

$$r_6 > r_3 > r_1 > r_4 > r_5 > r_2$$

由此可得造林总面积与林业产值关联度最高，竹材采伐量与林业产值关联度最低，造林经济林面积、木材采伐量、造林用材林面积、林业用地面积与林业产值关联度依次降低。

2. 分析结果

上述结果显示，安徽省林业产值与安徽省造林总面积的关联度最高，与竹材采伐量关联度最低，造林经济林面积、木材采伐量、造林用材林面积、林业用地面积分列 2～5 位。对结果进行分析，我们认为林业产值主要依靠人工造林贡献，一些森林及林地为了保护生态环境以及维持生态平衡，不宜盲目开发，为了发展林业产业，实现林产品供求平衡的同时保护生态环境，就必须大力进行人工造林工程，人工造林面积越多，可以开发、开采的林木就越多，加工出来的相关林产品也就越多，林业产业的发展也就越迅速；人工造林中分为许多造林种类，人工造经济林主要为了服务经济生产，所以与林业产值的相关程度比较高，并且现在经济林产业发展迅猛，已占据不少城市林业产业的主导地位，经济林产业有望在新时期取得更大突破；木材采伐量对于林业产业至关重要，衡量了木材的利用程度；造林用材林发展范围较小，因此对于林业产业总体的影响也较小；安徽省是全国重点产竹省份之一，但竹材主要集中在皖南山区地区，竹材采伐量基本上也集中在皖南少数竹材较多地区。

综上所述，对于安徽省林业经济的发展，第一，应该更加重视人工造林工程，加大力度推进人工造林，不断扩大人工造林面积，尤其是加大力度推广苗木花卉的种植，加快苗木花卉产业的发展；第二，目前许多城市的经济林产业已经粗具规模，经济林产业对林产工业原料、林产饮料、林产食品、茶油等产业起到重要促进作用，应适当加大力度扩大造林经济林面积、增加木材采伐量、扩大造林用材林面积；第三，安徽省的森林旅游资源丰富，自然保护区、森林公园、湿地公园数量较多，发展森林旅游产业具有天然的优势，同时安徽省的森林旅游产业也正处于起步阶段，随着人们生活水平、生活质量的日渐提高，森林旅游产业将会迎来发展高潮。

6.7.3 安徽省林业资源利用的评价

1. 模型介绍

层次分析法是美国运筹学家匹茨堡大学 T. L. Saaty 教授于 20 世纪 70 年代初提出的在将与决策总是有关的元素分解成目标、准则、方案等层次的基础上进行定性和定量分析的一种实用的多方案或多目标的决策方法。

1）具体步骤

（1）建立层次结构模型（图 6-20）。根据决策的目标、决策准则和决策对象之间的相互关系将它们分为最高层、中间层和最低层。目标层即最高层通常只有一个因素，准则或目标层即中间层可以有一个或几个层次。同一层次的因素对上层因素有影响的同时也受到下层因素的作用。

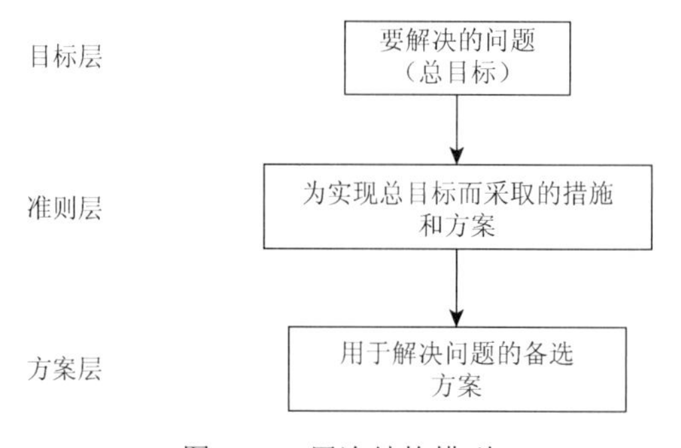

图 6-20 层次结构模型

（2）构造判断矩阵。运用一致矩阵法确定各层次各因素之间的权重，对有关因素采用相对尺度进行两两相互比较。

（3）层次单排序。本层次各因素重要性的排序。

（4）一致性检验。对于每一个成对比矩阵计算最大特征根及对应特征向量，利用一致性指标、随机一致性指标和一致性比率作一致性检验。若检验通过，特征向量即为权向量；若不通过，需重新构造成对比矩阵。

（5）层次总排序。从目标层到最低层依次确定各层所有因素对于总目标相对重要性的排序权值过程。

2）优势分析

层次分析法把研究对象作为一个系统，对于每个层次中的每个因素对结果的影响程度都是量化的，特别适用于本章中林业资源利用系统多目标、多准则、多时期和无结构特性的系统评价。

2. 指标的选取原则与说明

1）指标选取原则

综合考虑选取合适、完整、真实、准确的数据需要遵循一定的原则。

第一，科学性原则。林业资源的利用与管理以科学发展观为依据。在对林业资源的利用进行评价时要建立在科学理论的基础上，因此，构建评价指标体系时要运用科学的方法，以严谨的态度筛选相关指标，正确评价安徽省林业资源利用与管理情况，综合反映林业资源利用与管理问题的内涵。

第二，典型性原则。由于地理位置、气候条件、社会经济条件等各方面原因影响，安徽省不同地区的林业资源的利用与管理状况也存在差别。这就要求选取的指标具有典型性，能够尽可能准确反映出安徽省林业资源利用的综合特征。

第三，可比、可操作性原则。构建指标评价体系时，要有一致的计算量度和计算方法。各个指标的含义应浅显易懂，便于计算，在分析过程中，要确保数据完整，若数据缺失过多，可能导致计算误差较大，使分析结果失真。

第四，层次性原则。对于安徽省林业资源利用的评价，需要建立多层次分析指标。不同功能、不同关联程度的指标应明确分类，便于综合分析评价。

2）指标选取说明

本章基于上述原则，以科学发展观和可持续发展为理念，综合考虑林业资源社会、经济、环境、生态利用状况，借鉴前人的研究成果，以安徽省为例，构建了目标层为安徽省林业资源利用评价；准则层为社会利用、经济利用、环境利用、生态利用；指标层为不同评价指标的递阶层次评价指标结构体系。本章选取的指标如表 6-17 所示。

表 6-17　安徽省林业资源利用递阶层次评价指标结构体系

目标层	准则层	指标层
安徽省林业资源利用评价（W）	社会利用（A）	农林牧渔业从业人员（A_1）
		农林牧渔业城镇单位平均工资（A_2）
		林业系统单位数（A_3）
	经济利用（B）	林业产值（B_1）
		林业投资（B_2）
		经济林面积（B_3）
		用材林面积（B_4）
	环境利用（C）	退耕还林工程造林面积（C_1）
		防护林面积（C_2）
		林业用地面积（C_3）
		造林总面积（C_4）
	生态利用（D）	森林面积（D_1）
		森林覆盖率（D_2）
		森林蓄积量（D_3）
		森林病虫害防治率（D_4）
		活立木总蓄积量（D_5）

以下为指标层指标解释说明。

A. 社会利用

（1）农林牧渔业从业人员（A_1）：由于有关林业机构人员数据缺失，用农林牧渔业从业人员总体数据反映林业从业人员个体数据，此数据体现了林业具有相关的社会意义，单位：人。

（2）农林牧渔业城镇单位平均工资（A_2）：由于有关林业机构城镇单位和农村单位统计数据缺失，用农林牧渔业城镇单位平均工资代替，主要反映有关林业机构相关单位社会福利水平，单位：元。

（3）林业系统单位数（A_3）：指与林业相关的行政事业、科学研究和技术服务等单位数量。

B. 经济利用

（1）林业产值（B_1）：林业产业生产总值，反映该地区林业产业发展水平，单位：亿元。

（2）林业投资（B_2）：林业产业相关的投资额，反映该地区林业产业发展水平，单位：万元。

（3）经济林面积（B_3）：这里指狭义经济林，也就是以生产除木材以外的药材、食用油料、果品和工业原料等林产品为主要目的的有特殊经济价值的林木和果木，单位：公顷。

（4）用材林面积（B_4）：包括一般用材林和专用用材林，以生产木材为主要目的的林种，单位：公顷。

C. 环境利用

（1）退耕还林工程造林面积（C_1）：从保护环境出发，将一部分质量不好的耕地，有计划地、有步骤地停止耕作，恢复植被的面积，单位：公顷。

（2）防护林面积（C_2）：为防御自然灾害、保护和维持生态环境为主要目的的森林群落的面积，单位：公顷。

（3）林业用地面积（C_3）：用于林业生产的土地面积，一方面保护生产，另一方面美化环境维持生态平衡，单位：万公顷。

（4）造林总面积（C_4）：人为地按照林木生长特性进行科学植树造林的面积，单位：万公顷。

D. 生态利用

（1）森林面积（D_1），单位：万公顷。

（2）森林覆盖率（D_2）：森林面积/土地面积。

（3）森林蓄积量（D_3）：一定森林面积上存在着的林木树干部分的总材积，反映一个地区森林资源总水平的基本指标，单位：亿立方米。

（4）森林病虫害防治率（D_4）：防治率越高，代表对森林病虫害问题越重视，有利于维护森林生态系统平衡。

（5）活立木总蓄积量（D_5）：一定范围内土地上全部树木蓄积总量，单位：亿立方米。

6.7.4　样本数据及来源

本节研究对象为安徽省。综合各方面因素选取 2004～2013 年安徽省林业资源利用的各项数据，所有数据均来源于历年（2004～2013 年）的《安徽省统计年鉴》，以及历年林业局等有关机构发布的林业统计年鉴[①]和统计公报[②]。

1. 指标的处理

由于各指标所代表的物理含义不同、指标的度量单位不同，各指标之间存在着量纲上的差异，并且这种差异会影响指标评价体系的最终结果。因此，在对指标数据进行评价之前，需要对原始指标数据进行无量纲化处理。本节建立了安徽省林业资源利用的评价体系，该综合评价体系中的 16 个指标涵盖了社会、经济、环境和生态四大方面，各指标原始变量取值存在差异，因此采用均值化无量纲处理方法对指标进行处理。

均值化方法：每一个指标变量值与该指标变量的平均值相除。

设综合评价体系中共 m 个指标，n 个单位，$x_1,x_2,x_3,\cdots,x_m$ 分别表示各个指标，x_{ij} (i=1,2,…,n；j=1,2,…,m) 表示第 i 个单位的第 j 个原始指标值，y_{ij} 表示经过无量纲化处理的第 i 个单位的第 j 个指标值。均值化方法即 $y_{ij}=\dfrac{x_{ij}}{\bar{x}_j}$。

本节指标处理结果如表 6-18 所示。

表 6-18　无量纲化处理后的数据

指标	2013 年	2012 年	2011 年	2010 年	2009 年	2008 年	2007 年	2006 年	2005 年	2004 年
农林牧渔业从业人员(A_1)	0.695 763	0.762 364	0.845 969	0.864 39	0.885 645	1.057 106	1.034 434	1.133 626	1.261 159	1.459 544
农林牧渔业城镇单位平均工资(A_2)	1.691 88	1.590 445	1.353 602	1.179 694	0.935 47	0.868 357	0.755 853	0.604 641	0.543 655	0.476 403
林业系统单位数(A_3)	1.286 906	0.823 683	0.616 181	0.391 684	1.165 962	1.123 671	1.202 324	1.168 333	1.141 457	1.079 799
林业产值（B_1）	1.740 991	1.564 928	1.360 03	1.010 667	0.934 475	0.854 996	0.750 717	0.660 183	0.585 709	0.537 304
林业投资（B_2）	3.961 054	1.823 222	1.616 085	0.613 713	0.525 24	0.392 723	0.351 243	0.233 324	0.281 63	0.201 767
经济林面积（B_3）	3.202 257	2.142 151	1.387 086	0.765 076	0.547 419	0.521 834	0.429 32	0.411 275	0.277 417	0.316 165
用材林面积（B_4）	2.631 566	1.305 866	0.866 391	0.641 46	0.916 155	0.616 597	0.763 028	0.706 352	0.955 025	0.597 56
退耕还林工程造林面积（C_1）	0	0	1.007 562	1.488 775	2.137 99	1.223 398	1.087 852	0	1.118 667	1.935 755
防护林面积（C_2）	2.008 795	1.069 376	1.120 323	0.920 974	1.312 397	0.720 346	0.791 399	0.536 826	0.700 92	0.818 644
林业用地面积（C_3）	1.036 072	1.036 072	1.036 072	1.036 072	1.036 072	0.963 928	0.963 928	0.963 928	0.963 928	0.963 928
造林总面积（C_4）	3.192 291	0.812 31	0.846 442	0.903 576	1.279 958	0.632 559	0.591 749	0.063 07	0.669 659	1.008 385
森林面积（D_1）	1.067 981	1.067 981	1.067 981	1.067 981	1.067 981	0.932 019	0.932 019	0.932 019	0.932 019	0.932 019
森林覆盖率（D_2）	1.067 961	1.067 961	1.067 961	1.067 961	1.067 961	0.932 039	0.932 039	0.932 039	0.932 039	0.932 039
森林蓄积量（D_3）	1.270 175	1.270 175	1.270 175	1.270 175	1.270 175	0.729 825	0.729 825	0.729 825	0.729 825	0.729 825
森林病虫害防治率（D_4）	1.039 354	0.976 855	1.049 469	1.017 317	0.930 975	0.990 944	0.938 802	1.087 04	0.968 666	1.000 578
活立木总蓄积量（D_5）	1.261 628	1.261 628	1.261 628	1.261 628	1.261 628	0.738 372	0.738 372	0.738 372	0.738 372	0.738 372

① 来源于安徽省林业信息网。

②《安徽省国民社会经济发展报告》《安徽省国土绿化公报》。

2. 构建林业资源利用评价指标体系

利用层次分析法，建立评价林业资源利用的指标体系。

1）建立递阶层次结构

根据本节中安徽省林业资源利用的评价问题，我们将林业资源利用状况评价作为目标层，相关的评价因子和评价指标分别作为准则层和指标层，构建经济、社会、生态、环境四个因子的衡量林业资源利用状况的递阶层次结构。安徽省林业资源利用状况的递阶层次结构如图 6-21 所示。

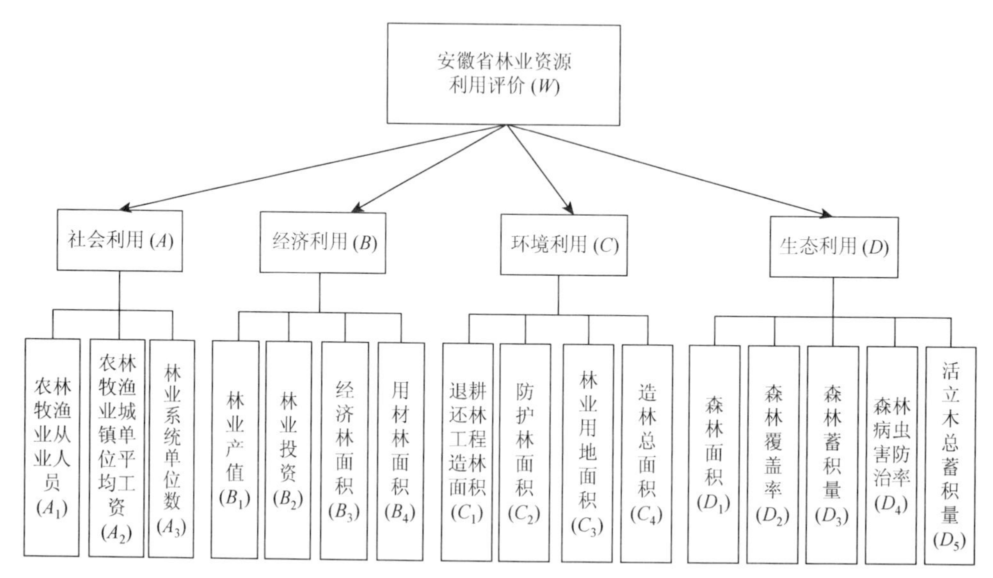

图 6-21　安徽省林业资源利用状况的递阶层次结构

2）构造判断矩阵

由构造出的递阶层次结构，分析各层次结构指标元素相互之间关系，对同一层的不同指标进行两两对比，根据 T. L. Santy 提出的 1-9 及其倒数标度法判定各个指标元素之间的相对优劣程度并进行排序，将所得结果量化处理，建立判断矩阵。

判断矩阵元素 x_{ij} 的 santy 的 1-9 标度方法如表 6-19 所示。

表 6-19　判断矩阵元素 x_{ij} 的 santy 的 1-9 标度方法

标度	含义
1	表示两个元素相比，具有同样的重要性
3	表示两个元素相比，一个元素比另一个元素稍微重要
5	表示两个元素相比，一个元素比另一个元素明显重要
7	表示两个元素相比，一个元素比另一个元素强烈重要
9	表示两个元素相比，一个元素比另一个元素极端重要
2、4、6、8	上述两相邻判断的中值
倒数	若元素 i 与 j 比较的判断为 x_{ij}，则元素 j 与 i 比较的判断为 $x_{ji}=\frac{1}{x_{ij}}$

（1）构造准则层（A、B、C、D）对目标层（W）的判断矩阵 P。针对本节的问题，查阅相关文献并询问有关专家，比较出各准则 A（社会利用）、B（经济利用）、C（环境利用）、D（生态利用）对目标 W（安徽省林业资源利用状况的评价）的重要性，建立判断矩阵 P，具体如图 6-22 所示。

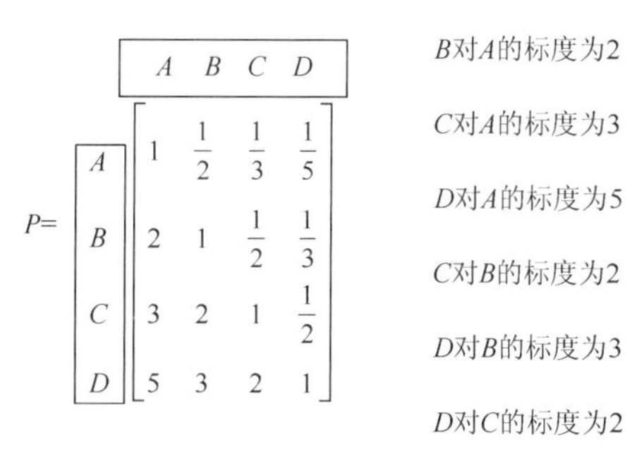

图 6-22　判断矩阵 P

（2）构造指标层（$A_1 \sim A_3$，$B_1 \sim B_4$，$C_1 \sim C_4$，$D_1 \sim D_5$）对准则层（A、B、C、D）的判断矩阵 Q_A、Q_B、Q_C、Q_D。经查阅相关文献和咨询有关专家，比较出各指标（$A_1 \sim A_3$，$B_1 \sim B_4$，$C_1 \sim C_4$，$D_1 \sim D_5$）对准则层 A（社会利用）、B（经济利用）、C（环境利用）、D（生态利用）的重要性，建立判断矩阵 Q_A、Q_B、Q_C、Q_D，具体如图 6-23 所示。

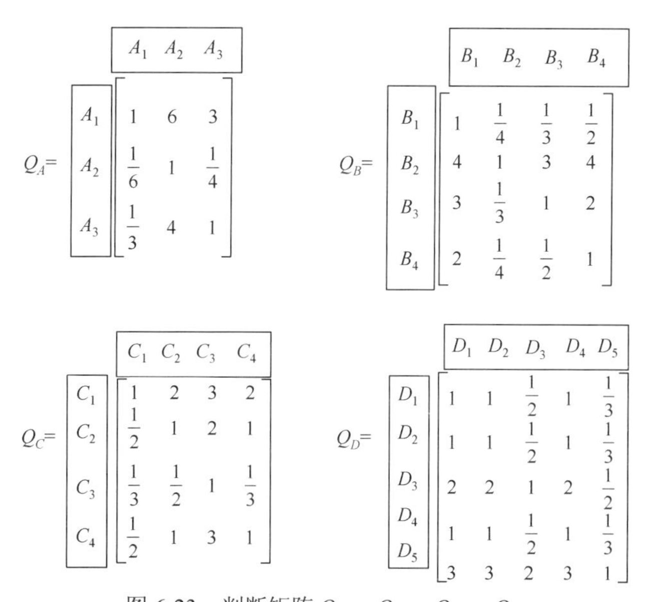

图 6-23　判断矩阵 Q_A、Q_B、Q_C、Q_D

3）求出判断矩阵的特征向量、最大特征值和权重

运用 MATLAB 软件求解上述判断矩阵的特征向量、最大特征值和权重。

（1）运用 MATLAB 软件计算出判断矩阵 P 的特征向量、最大特征值，以及 A、B、C、D 的权重 Y_A、Y_B、Y_C、Y_D，得出下列结果，如表 6-20 所示。

表 6-20　准则层权重计算结果

准则层	权重
A	0.0882
B	0.1570
C	0.2720
D	0.4829

最大特征值 $\lambda_{max}=4.0145$。

（2）运用 MATLAB 软件计算出判断矩阵 P 的特征向量、最大特征值和（$A_1 \sim A_3$，$B_1 \sim B_4$，$C_1 \sim C_4$，$D_1 \sim D_5$）的权重，得出下列结果，如表 6-21～表 6-24 所示。

表 6-21　指标层权重计算结果（一）

指标层	权重
A_1	0.6442
A_2	0.0852
A_3	0.2706

最大特征值 $\lambda_{max}=3.0536$。

表 6-22　指标层权重计算结果（二）

指标层	权重
B_1	0.0914
B_2	0.5309
B_3	0.2372
B_4	0.1406

最大特征值 $\lambda_{max}=4.0875$。

表 6-23　指标层权重计算结果（三）

指标层	权重
C_1	0.4181
C_2	0.2226
C_3	0.1096
C_4	0.2497

最大特征值 $\lambda_{max}=4.0458$。

表 6-24　指标层权重计算结果（四）

指标层	权重
D_1	0.1237
D_2	0.1237
D_3	0.2343
D_4	0.1237
D_5	0.3945

最大特征值 $\lambda_{\max} = 5.0100$。

4）一致性检验

通常情况下，判断矩阵是不一致的，但为了能使用判断矩阵对应最大特征值的特征向量作为被比较因素的权向量，若判断矩阵的一致性在一定范围内，则判断矩阵是有效的。所以，需要对判断矩阵进行一致性检验。

一致性比率（CR）是判断矩阵一致性的重要指标，$\mathrm{CR} = \dfrac{\mathrm{CI}}{\mathrm{RI}}$，CI 是一致性指标，RI 是同阶平均随机一致性指标，$\mathrm{CI} = \dfrac{(\lambda_{\max} - k)}{(k-1)}$，RI 随 k 的变化而变化。当满足 CR＜0.1 的条件时，即可认为判断矩阵通过一致性检验，CR≥0.1 时，判断矩阵未通过一致性检验，需要调整判断矩阵使判断矩阵通过一致性检验。其中 1-10 阶判断矩阵的 RI 值如表 6-25 所示。

表 6-25　1-10 阶判断矩阵的 RI 值

阶数	1	2	3	4	5	6	7	8	9	10
RI	0	0	0.58	0.90	1.12	1.24	1.32	1.41	1.45	1.51

（1）对判断矩阵 P 进行一致性检验。运用 MATLAB 软件进行编程，得 CI=0.0048，CR=0.0054＜0.1，判断矩阵 P 通过一致性检验。

（2）对判断矩阵 Q_A、Q_B、Q_C、Q_D 进行一致性检验。运用 MATLAB 软件进行编程，得如下结果，如表 6-26 所示。

表 6-26　判断矩阵一致性检验结果

判断矩阵	CI	CR	一致性检验结果
Q_A	0.0268	0.0462＜0.1	通过
Q_B	0.0292	0.0324＜0.1	通过
Q_C	0.0153	0.0170＜0.1	通过
Q_D	0.0025	0.0022＜0.1	通过

5）计算各元素的总权重

通过一系列计算得出各个元素的权重，如表 6-27 所示。

表 6-27 各元素权重计算结果

准则层 / 指标层	*A*	*B*	*C*	*D*	总权重 *Z*
	0.0882	0.1570	0.2720	0.4829	
A_1	0.6442	0	0	0	0.0568
A_2	0.0852	0	0	0	0.0075
A_3	0.2706	0	0	0	0.0239
B_1	0	0.0914	0	0	0.0143
B_2	0	0.5309	0	0	0.0834
B_3	0	0.2372	0	0	0.0372
B_4	0	0.1406	0	0	0.0221
C_1	0	0	0.4181	0	0.1137
C_2	0	0	0.2226	0	0.0605
C_3	0	0	0.1096	0	0.0298
C_4	0	0	0.2497	0	0.0679
D_1	0	0	0	0.1237	0.0597
D_2	0	0	0	0.1237	0.0597
D_3	0	0	0	0.2343	0.1131
D_4	0	0	0	0.1237	0.0597
D_5	0	0	0	0.3745	0.1808

3. 评价安徽省林业资源利用状况

1）评价方法

根据上述层次分析法构建的递阶层次结构、判断矩阵及计算出的相应元素的权重分析，将安徽省林业资源利用状况的评价分为两个部分。

第一，总体评价。对安徽省林业资源利用进行整体评价，全面分析各个指标因素对这一整体的影响，由上述对各个指标进行无量纲化的处理结果和计算出的各元素的总权重，采用加权综合法进行评价，即 $W=\sum x_n \times Z_n$（W 为安徽省林业资源利用水平，W 值越大安徽省林业资源利用水平越高；x_n 为各指标元素无量纲化后的值；Z_n 为指标层元素总权重；n 为指标元素个数）。

第二，个体评价。安徽省林业资源利用分为社会利用、经济利用、环境利用、生态利用这四大类，我们着重分析每一类的利用情况，进而映射出安徽省林业资源利用总体的情况，同样利用加权综合法，具体如下：$W=\sum x_n \times z_i$（W 为安徽省林业资源利用水平，W 值越大安徽省林业资源利用水平越高；x_n 为各指标元素无量纲化后的值；z_i 为指标层元素对准则层元素的权重；i=1,⋯,5；n 为指标元素个数）。

2）评价结果及分析

A. 总体评价结果及分析

根据以上有关数据和方法，运用 Excel 软件做出表 6-28 和图 6-24。

表 6-28　2004～2013 年安徽省林业资源利用的总体评价结果

指标	2013 年	2012 年	2011 年	2010 年	2009 年	2008 年	2007 年	2006 年	2005 年	2004 年
农林牧渔业从业人员（A_1）	0.039 519	0.043 302	0.048 051	0.049 097	0.050 305	0.060 044	0.058 756	0.064 39	0.071 634	0.082 902
农林牧渔业城镇单位平均工资（A_2）	0.012 689	0.011 928	0.010 152	0.008 848	0.007 016	0.006 513	0.005 669	0.004 535	0.004 077	0.003 573
林业系统单位数（A_3）	0.030 757	0.019 686	0.014 727	0.009 361	0.027 866	0.026 856	0.028 736	0.027 923	0.027 281	0.025 807
林业产值（B_1）	0.024 896	0.022 378	0.019 448	0.014 453	0.013 363	0.012 226	0.010 735	0.009 441	0.008 376	0.007 683
林业投资（B_2）	0.330 352	0.152 057	0.134 781	0.051 184	0.043 805	0.032 753	0.029 294	0.019 459	0.023 488	0.016 827
经济林面积（B_3）	0.119 124	0.079 688	0.051 6	0.028 461	0.020 364	0.019 412	0.015 971	0.015 299	0.010 32	0.011 761
用材林面积（B_4）	0.058 158	0.028 86	0.019 147	0.014 176	0.020 247	0.013 627	0.016 863	0.015 61	0.021 106	0.013 206
退耕还林工程造林面积（C_1）	0	0	0.114 56	0.169 274	0.243 09	0.139 1	0.123 689	0	0.127 192	0.220 095
防护林面积（C_2）	0.121 532	0.064 697	0.067 78	0.055 719	0.079 4	0.043 581	0.047 88	0.032 478	0.042 406	0.049 528
林业用地面积（C_3）	0.030 875	0.030 875	0.030 875	0.030 875	0.030 875	0.028 725	0.028 725	0.028 725	0.028 725	0.028 725
造林总面积（C_4）	0.216 757	0.055 156	0.057 473	0.061 353	0.086 909	0.042 951	0.040 18	0.004 282	0.045 47	0.068 469
森林面积（D_1）	0.063 758	0.063 758	0.063 758	0.063 758	0.063 758	0.055 642	0.055 642	0.055 642	0.055 642	0.055 642
森林覆盖率（D_2）	0.063 757	0.063 757	0.063 757	0.063 757	0.063 757	0.055 643	0.055 643	0.055 643	0.055 643	0.055 643
森林蓄积量（D_3）	0.143 657	0.143 657	0.143 657	0.143 657	0.143 657	0.082 543	0.082 543	0.082 543	0.082 543	0.082 543
森林病虫害防治率（D_4）	0.062 049	0.058 318	0.062 653	0.060 734	0.055 579	0.059 159	0.056 046	0.064 896	0.057 829	0.059 735
活立木总蓄积量（D_5）	0.228 102	0.228 102	0.228 102	0.228 102	0.228 102	0.133 498	0.133 498	0.133 498	0.133 498	0.133 498
总体	1.545 983	1.066 221	1.130 522	1.052 809	1.178 094	0.812 272	0.789 868	0.614 364	0.795 229	0.915 638

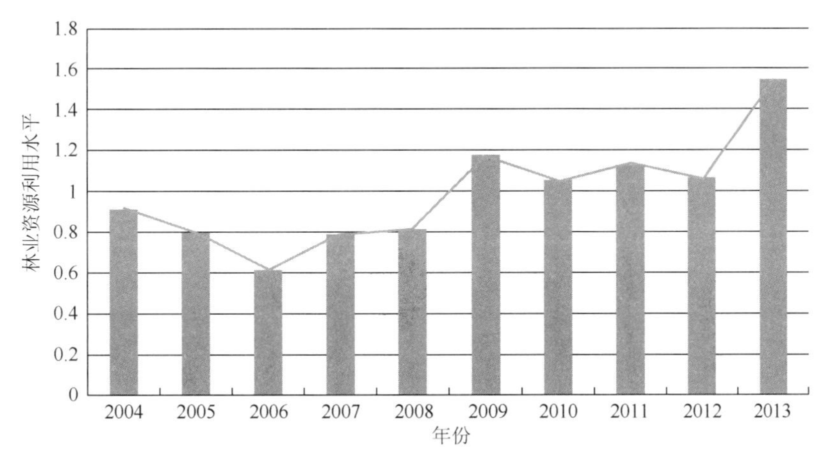

图 6-24　2004～2013 年安徽省林业资源利用水平

由表 6-28、图 6-24 可知，2004～2013 年，安徽省林业资源利用水平整体呈上升趋势，2013 年安徽省林业资源利用水平达到最高，最高值约为 1.55。总体来看，2004～2013 年安徽省林业资源利用水平可以分为三升三降阶段，三升阶段为：2006～2009 年、2010～

2011 年、2012～2013 年，三降阶段为 2004～2006 年、2009～2010 年、2011～2012 年。2006 年安徽省林业资源利用水平达到低点。但从 2006 年开始，在“十一五”规划政策中，安徽省以生态建设和保护为前提加大对林业产业的发展，实施一系列保护林业生态环境、提高农民林业收入的措施，加快了林业产业化进程，提高了林业资源利用水平。从 2011 年开始的“十二五”规划总结了安徽省林业发展中森林总体质量不高、森林资源保护与管理压力增大、林业政策性资金投入保障措施不到位、林业产业化程度较低、林业改革发展机制转变能力有待提高的问题，并采取了相应措施提高了森林质量，实现了林业经济发展方式的转变，构建了森林生态安全体系，使安徽省林业资源利用水平有了很大提升。

B. 个体评价结果及分析

本节中我们将安徽省林业资源利用分为社会利用、经济利用、环境利用、生态利用四个方面，根据上述无量纲化处理后的数据以及计算出的相关指标元素的权重，运用 Excel 软件做出图 6-25。通过图 6-25 我们可以看出，在 2004～2013 年，安徽省林业资源经济利用水平不断上升，尤其是 2010～2013 年呈直线上升趋势；安徽省林业资源社会利用水平则是呈下降趋势，但波动幅度较小。安徽省林业资源环境利用水平变化趋势较为复杂，2004～2006 年逐渐下降；2006～2009 年逐渐上升；2009～2012 年逐渐下降；2012～2013 年逐渐上升；2009 年达到环境利用水平的最高点。安徽省林业资源生态利用水平在 2004～2008 年呈一条直线，并且在这一时间段生态利用水平一直高于其他三方面利用水平；2008～2009 年生态利用水平提高到将近 0.15 的水平上，这一阶段生态利用水平仍然是四个方面利用水平最高的，直到 2013 年被经济利用水平超越；2009～2013 年生态利用水平有所上升，但上升幅度极小。

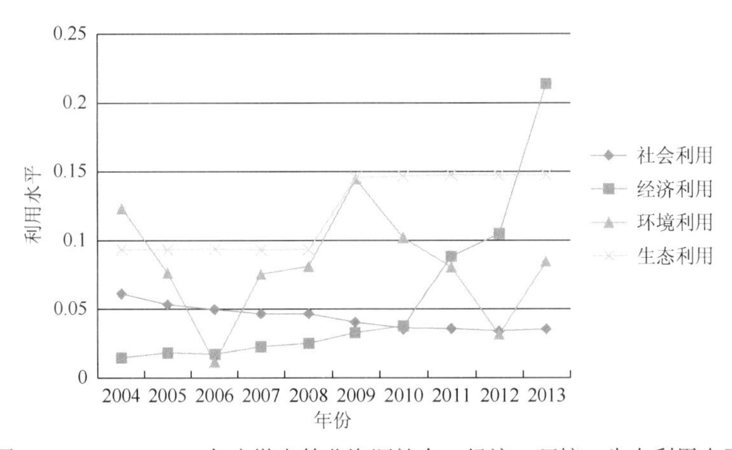

图 6-25　2004～2013 年安徽省林业资源社会、经济、环境、生态利用水平

结合 2004～2013 年安徽省社会经济发展状况分析，可以看出在这 10 年中，林业产业及林业经济发展迅速，林业投资、林产品产量逐渐增加，林业产业化进程逐渐加快，“十一五”规划和“十二五”规划中都明确提出加快发展林业产业及林业经济的发展，林业资源经济利用水平也从 2004 年位于四个方面最后一位提升到 2013 年的第一位，水平提升将近 40 倍。虽然在这 10 年中有关经济建设及人民生活水平取得较大进步，但随

着城镇化进程加快、第二和第三产业的迅速发展、产业工业现代化的不断推进、科学技术服务的不断完善，从事林业种植方面的农民越来越少、林产品工业生产的工人也越来越少，有关林业的科学技术服务单位得到精简，从事林业行业有关城镇人员的平均工资有所提高，但提高幅度很有限，在一定程度上也影响了林业行业从业人员的生产积极性，这些原因造成林业资源社会利用的水平在这 10 年中呈下降趋势，在 2013 年位于四个方面利用水平的最后一位。安徽省林业资源的生态利用水平在这 10 年中较为平稳，总体来看稳中有升，这主要得益于安徽省林业生态系统体系的建设，森林资源和其他有关林业资源的保护工作也取得较大进步。安徽省林业资源的环境利用水平在 2004～2013 年有升有降，总体来看有所下降，首先，因为对环境利用的重视程度不够，发展力度不够；其次，在这 10 年中主要着重于发展林业产业和经济，这一发展过程中过分追求速度，忽视了对林业资源的保护，在一定程度上对林业环境造成了破坏；最后，在觉察到林业资源环境利用水平出现急剧下降后，采取相关政策和措施进行协调平衡并不能在短时间内见到成效。

社会利用仅占林业资源利用的一小部分，主要体现在农林牧渔业从业人员、农林牧渔业城镇单位平均工资、林业系统单位数这三个方面。根据上述有关数据，做出图 6-28，由图 6-28 可以看出，在社会利用方面农林牧渔业城镇单位平均工资水平变化趋势几乎成一条直线，农林牧渔业从业人员指标与社会利用水平变化趋势相似。在 2004～2013 年，安徽省林业资源社会利用变化趋势逐渐下降，其中农民牧渔业从业人员与社会利用有十分相似的下降趋势，农林牧渔业城镇单位平均工资变化趋势近乎没有变化，林业系统单位数的变化趋势在 2009～2010 年明显下降，但总体来看基本保持不变趋势。造成这些变化的主要原因有：第一，在这 10 年间，经济社会快速发展，尤其是工业、服务业发展迅速，林业作为第一产业，发展速度缓慢并且周期长，导致城镇农村人口中从事林业产业的人数越来越少进而导致林业资源社会利用呈下降趋势。第二，随着我国社会体制的不断完善，行政事业单位、企事业单位等发展更为规范，国家精简了部分单位并且新增了许多有关科学技术服务的单位，但总体来看，并没有造成很大的变化趋势。第

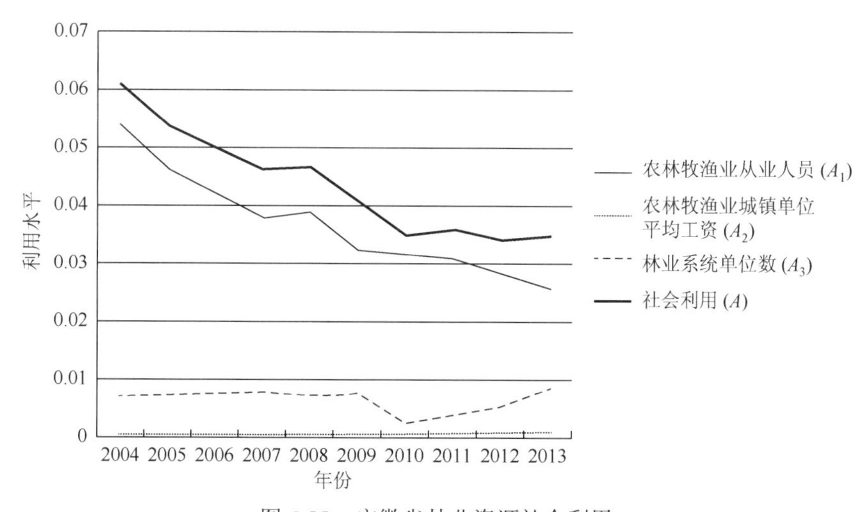

图 6-28　安徽省林业资源社会利用

三，随着我国经济的不断发展，在人民生活水平不断提高的同时物价水平也在不断提高，相应的工资也有所提高，林业系统从业人员的福利水平有所提升，但总体幅度并不大，这也导致林业从业人员的生产、管理积极性不高，甚至有的人放弃从事林业行业，总体来说对于整个林业资源的社会利用影响不大。

林业作为国民经济的基础行业，林业的经济利用是林业资源利用的一个重要方面，本节选取了林业产值、林业投资、经济林面积和用材林面积来反映林业资源经济利用水平，由图 6-29 可知，经济利用水平不断提高，尤其从 2010 年开始，安徽省林业资源经济利用水平直线上升，林业投资与经济利用的变化趋势近乎相同。在 2004～2013 年，林业资源在经济方面利用不断扩大，在这 10 年间，经济利用的水平扩大了近 40 倍，林业投资的扩大水平也十分显著，一方面说明林业产业迅速发展，另一方面说明林业资源的利用更多地向经济方面发展，不再仅仅是利用林业资源进行环境保护和维持生态平衡，林业投资水平在这一时期显著增长，这说明林业投资的不断加大促进了林业资源的经济利用，直接影响了林业投资对林业资源的经济利用。除此之外，经济林面积水平在 2004～2011 年对林业资源的经济利用几乎没有变化，从 2011 年开始，经济林面积水平有了很大的提高，一方面是由于林业产业的发展，另一方面是因为随着林业投资不断加大，经济林的种植面积也在不断扩大，经济林面积对经济利用的影响也在随之增大。用材林面积与经济林面积的影响趋势大体相同，但用材林面积对经济利用的影响有限。林业产值对经济利用的影响趋势几乎呈一条直线，但这并不是说明林业产值对经济利用的影响在 2004～2013 年未发生变化，林业产值在这 10 年间有一定的增长，但由于林业是一项发展周期较长的产业，林业产值的变化对经济利用的变化的影响在一定时间内并不显著。对照 2004～2013 年安徽省对林业产业的政策变化及管理措施可以看出，在 2004～2010 年，安徽省着重对林业生态环境的建设，林业生态体系日趋完备并且在造林绿化、森林资源和生物多样性保护方面取得较大发展，虽然林业产业也有所发展，但是林业产业的发展并不突出。在 2011～2013 年，“十二五”规划期间，由于安徽省的经济发展保持快速增长的态势对木材和林产品的需求增势十分明显，安徽省为统筹区域经济协调发展对加快林业产业发展具有迫切需要，安徽省大力发展林业产业及林业经济。

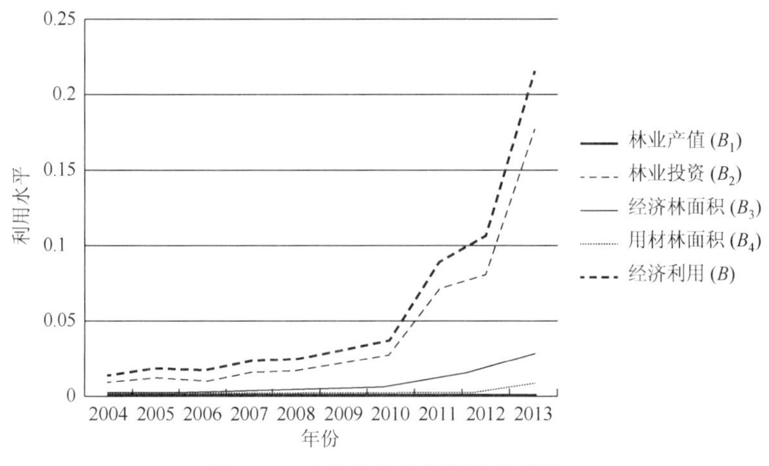

图 6-29 安徽省林业资源经济利用

根据图 6-30 可知，在 2004～2013 年，安徽省林业资源在环境利用方面受退耕还林工程造林面积的影响最大，不论在变化趋势还是波动幅度上退耕还林工程造林面积的变化都与环境利用的变化十分相似；防护林面积、造林总面积虽然与环境利用的变化趋势大体相同，但它们的波动幅度十分小，虽然存在对环境利用的影响，但影响作用很小；林业用地面积的变化趋势近乎一条直线，对环境利用的影响几乎可以忽略不计。2004～2006 年，安徽省林业资源的环境利用水平下降主要受退耕还林工程造林面积、造林总面积和防护林面积的减少而影响；在 2006～2010 年，安徽省大力推进造林绿化工程、加大力度保护森林资源和生物多样性，退耕还林工程取得较大发展，防护林面积和造林总面积都有较大程度增加，这使安徽省林业资源在环境方面的利用水平提高；在 2011～2013 年，安徽省改变发展政策，以林业产业及林业经济为主，以林业生态建设为辅，虽然造林总面积和防护林面积有所增加，但安徽省林业资源环境利用的增长水平有所减缓。

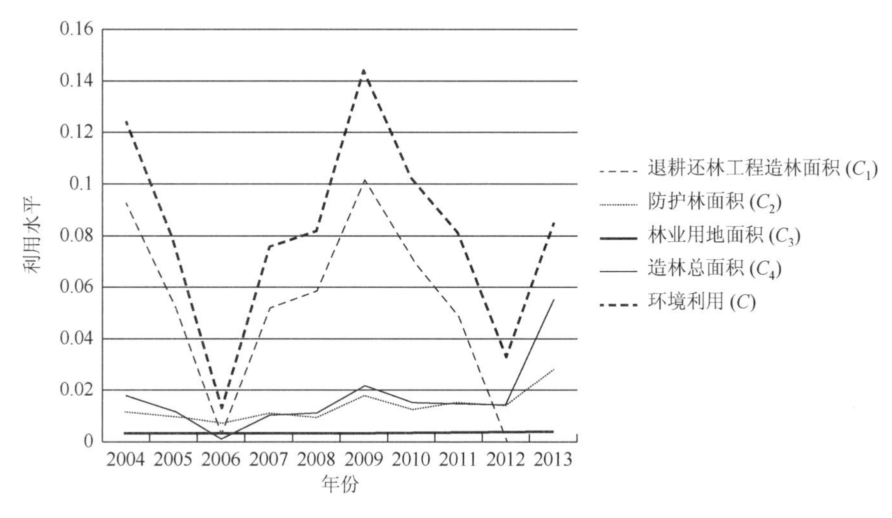

图 6-30　安徽省林业资源环境利用

从可持续发展角度来看，林业资源的生态利用最为重要。根据图 6-31 可以看出，生态利用的变化趋势主要与活立木总蓄积量、森林蓄积量的变化趋势相关，并且活立木总蓄积量对生态利用的影响最大，森林覆盖率与森林病虫害防治率的相关性较大，两者均为直线变化。在图 6-32 中，2004～2008 年，森林面积、森林覆盖率、森林蓄积量、森林病虫害防治率和活立木蓄积量的变化均为直线，说明这一阶段这些指标均未有变化；2009～2010 年，活立木总蓄积量和森林蓄积量有明显的增加，直接提高了林业资源生态利用的水平，这得益于当时安徽省林业生态系统体系的完备及对森林资源和生物多样性的保护。2011～2013 年，各项指标的变化又变为直线，这段时间内，安徽省林业资源的利用主要在经济利用和环境利用方面，虽然生态利用方面仍有进展，但这部分变化并不明显，所以在折线图中反映为直线变化。

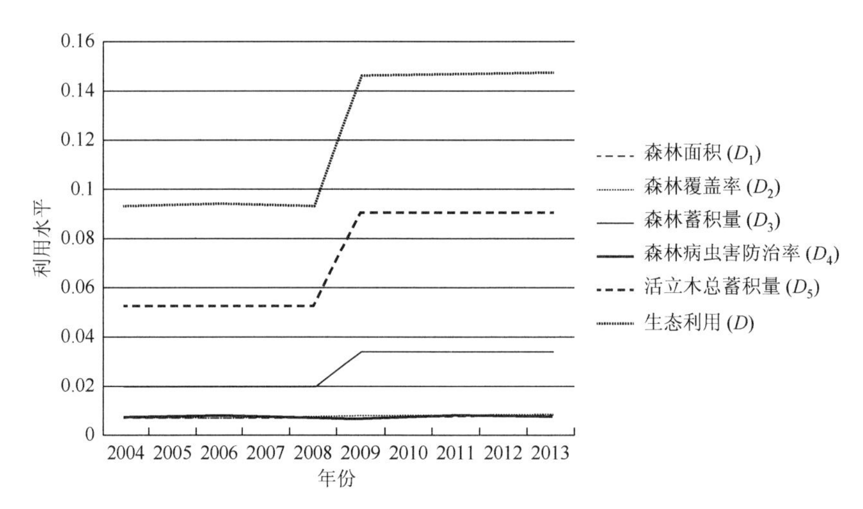

图 6-31　安徽省林业资源生态利用

第 7 章　中国海洋经济与海洋环境质量

7.1　中国海洋经济概述

海洋面积占据了地球表面积的 71%，蕴藏着不计其数的大自然瑰宝。人类很早就开始对海洋的探索，并从中获取了宝贵的资源与财富，“捕鱼拾贝，聊以果腹”“鱼盐之利，舟楫之便”便是人类早期利用海洋的真实写照之一。可以说，在人类漫长的演化过程中始终伴随着对海洋资源的开发和利用，向海则兴，背海则衰也早已成为一个不争的事实（谢子远，2014）。但海洋对人类的意义，在陆上资源日趋极限难以支撑经济社会发展的今天显得尤为重要，人们越来越倾向从陆地回归到资源蕴含量丰富的海洋，从海洋中寻找支撑人类可持续发展的动力。

20 世纪 90 年代以来，中国海洋经济一直保持着近乎两位数的年增长率快速发展，海洋经济总量上升势头明显。在 2014 年，海洋经济又取得了一个不俗的成绩，根据中国海洋局发布的中国海洋经济统计公报，全国海洋生产总值达到 59 936 亿元，占国内生产总值的 9.4%，占沿海 11 个地区国内生产总值的 16%，已经远远超过了同期国内生产总值的增长水平。与此同时，国家海洋局海洋发展战略研究所（2013）还预测出在正常情况下，到 2030 年我国海洋生产总值将超过 20 万亿元，海洋生产总值占国内生产总值的比重有望超过 15%。这些成就与我国一直以来对海洋开发与利用活动的重视是分不开的，在中共十八大中已经明确提出海洋强国的战略，确立了建设海洋强国的基本思路和战略目标，同时在“一带一路”建设中又再一次强调了“作为海洋大国，要编制实施海洋战略规划，发展海洋经济，保护海洋生态环境，提高海洋科技水平，加强海洋综合管理，坚决维护国家海洋权益，妥善处理海上纠纷，积极拓展双边和多边海洋合作，向海洋强国的目标迈进”的发展规划。可以预见，在不久的将来，中国海洋经济会取得一个又一个里程碑式的发展，海洋经济本身也会成为我国经济增长的重要动力。

然而随着海洋经济重要性的提升，人们越来越关注的问题是，我国海洋经济的发展是否是以破坏海洋环境为代价，发展海洋经济带来的好处是否远远不及它的弊端。对于这个问题的关注有些是出于我国海洋环境污染严重的现状，有些则是对目前海洋经济产业结构失调的担忧。而事实上，近年来中国沿海区域海洋经济的快速发展确实给近海域的海洋环境造成了巨大的压力及影响，我国海洋资源的开发长期处于粗放式的状态，“无度、无序、无偿”用海的现象一直存在，海洋环境破坏严重。虽然自 1982 年以来我国政府就陆续通过并实施了一系列针对海洋环境保护的法律法规，但是在攫取海洋开发利益的驱使下及海洋无序开发的背景下，这些基本的措施并未对海洋环境保护产生深刻的影响，海洋环境问题非常严峻。海洋局发布的海洋环境深度报告（2011 年）就指出，我国海洋可持续发展已经面临着许多危机，近海海域因为直接受到陆源污染的影响呈现出一种复合污染的状态，而且危害加重的同时防控难度加大，近海域的生态环境还面临着大面积退化的威胁，同时海洋生态环境灾害频发，再者，陆陆续续建立起来的海洋经济区的环境问题更为突出。而不论人们对海洋发展前景的担忧如何，不论海洋环境污染的现状多么堪忧，发展“蓝色 GDP”、建设“海洋强国”已经被提上国家经济发展的议程，海洋经济同样也被寄予 21 世纪经济发展新增长点的厚望。在这种情况下，对沿海经济发展及海洋环境变化的客观描述，以及正确分析我国海洋经济与海洋环境之间的关系就显得尤为重要，这些分析可以帮助我们找出相应对策并有效解决问题。

本章旨在实现以下三个目标：首先是对自从 21 世纪初以来，在海洋开发利用活动不断增加的背景下，对中国各海区海洋经济和海洋环境的现状及变化的趋势进行客观阐述，在引用事实数据的情况下对两者进行详尽的分析，从而给读者以最为直观的参考；其次，本章以沿海地区的海洋经济增长与海洋环境污染之间的关系作为研究对象，通过建立分海域面板数据模型的方法，对两者之间的关系做了全面、系统、科学的分析和研究，试图更为精确地把握沿海地区经济与海洋环境的动态关系，从而为最后一个目标，即给政府部门经济发展与海洋环境保护规划提供政策建议作理论依据。

本章其余各节内容就是围绕以上三个目标展开阐述。主要内容有：①沿海地区海洋经济和环境的变化趋势；②海洋经济活动对海洋环境的影响；③结论和政策建议。

7.2　沿海地区海洋经济和环境质量的变化趋势

随着海洋资源开发利用和海洋空间运用进行的一系列生产活动，沿海地区的海洋经济发展已经取得了丰硕的成果。然而，世界各国的经验数据表明，伴随着一个国家或地区海洋经济的发展，海洋环境势必在一定程度上受到破坏，人类海洋经济活动所引起海洋环境质量破坏的表现体现在多个方面，其中有些是由于沿海地区的陆地污染物被排放到海洋中，有些则是由于在海洋工业发展的过程中，如海洋矿业资源开采、油气开发、工程建设、海水养殖的过程中会有大量的污染物产生，并且直接影响海洋环境。同时，海区功能分布的不合理所表现出的海洋资源利用缺乏科学规划的现象，如海区重复建设及海洋产业布局不科学，也会造成海洋环境质量的破坏，这些表现都会阻碍海洋经济的可持续发展。而合理开发利用海洋资源，保护海洋环境首先需要我们对近几年来海洋经济和海洋环境状况有一个全面系统的了解。

7.2.1　海洋经济的内容

中国作为海洋大国，拥有极为广阔的海域，按照国际法和《联合国海洋法公约》中的规定，中国主张的管辖海域面积有 300 多万平方千米，达到陆地面积的 1/3。毗邻中国大陆边缘及台湾岛的海洋有黄海、东海、南海及台湾以东的太平洋，渤海则是我国大陆的内海，四大海域的东西横跨经度为 32 度，南北纵越纬度 44 度，截至 2013 年，我国海域总面积有 473 万平方千米。而北起辽宁鸭绿江口南达广西北仑河口的大陆海岸线长达 1.8 万千米，居世界第四，岛屿海岸线有 1.4 万千米。同时，在我国的海域中有 5400 个岛屿，岛屿面积有 3.87 万平方千米（截至 2012 年）。我国还拥有 200 多平方千米的大陆架，面积居世界第五。我国海域中海洋资源丰富，品种繁多。石油资源储存量估计为 74 563.4 万吨左右，天然气资源量估计为 4 万亿立方米，蕴藏量以东海大陆架最佳，南海和渤海次之。我国现阶段被统计的海洋生物达 2 万余种，占世界海洋生物总数的 25%以上，渔业资源极为丰富。除此之外，我国还有丰富的海洋空间资源及能量资源，如沿岸潮汐能、温差能、波浪能、潮流能以及盐差能等。广阔的海域及蕴藏的丰富资源都为现代海洋经济发展提供了得天独厚的条件，而近几年我国开发海洋资源和依赖海洋空间进行的生产活动，以及开发海洋资源及空间的相关服务性产业活动也取得了巨大的经济效益。

参照中国海洋局的《中国海洋经济统计公报》，我国海洋经济指代的是开发、利用和保护海洋的各类产业活动，以及与之相关联活动的总和。根据这一定义，可以发现海洋经济实际包含的内容呈现多元化的特征。本章借助何广顺和王晓惠（2006）就海洋经济的定义将其划分为三个层次的内容对海洋经济定义进行整理，第一层次称为海洋经济的核心层，即主要海洋产业，这些产业都是具有相当规模以及占有重要地位的产业。第二层次称为海洋经济的支持层，即海洋科研教育管理服务业。第三层次是海洋经济的外围层，即海洋相关产业，这些产业是通过产品、服务、产业投资、产业技术转移等方式与主要海洋产业构成技术经济联系的产业。由于篇幅的限制，笔者在研究海洋经济的变化趋势时主要观察第一层次概念中所涉及的海洋经济内容，在第一层次的基础上进行小范围的拓展。到目前为止我国主要海洋产业由 12 个部分构成，如表 7-1 所示。

表 7-1　我国主要海洋产业及其内容

产业名称	主要内容
海洋渔业	包括海水养殖业、海洋捕捞、海洋渔业服务业和海洋水产品加工等活动
海洋油气业	是指在海洋中勘探、开采、输送、加工原油和天然气的生产活动
海洋矿业	包括海滨砂矿、海滨土砂石、海滨地热与煤炭及深海矿物等的采选活动
海洋盐业	是指利用海水生产以氯化钠为主要成分的盐产品的活动，包括采盐和盐加工
海洋化工业	包括海盐化工、海水化工、海藻化工及海洋石油化工的化工产品生产活动
海洋生物医药业	是指以海洋生物为原料或提取有效成分，进行海洋药品与海洋保健品的生产加工及制造活动
海洋电力业	是指在沿海地区利用海洋能、海洋风能进行的电力生产活动。不包括沿海地区的火力发电和核力发电
海水利用业	是指对海水的直接利用和海水淡化活动，包括利用海水进行淡水生产和将海水应用于工业冷却和城市生活用水、消防用水等活动，不包括海水化学资源综合利用活动
海洋船舶工业	是指以金属或非金属为主要材料，制造海洋船舶、海上固定及浮力装置的活动，以及对海洋船舶的修理及拆卸活动

续表

产业名称	主要内容
海洋工程建筑业	是指在海上、海底和海岸所进行的用于海洋生产、交通、娱乐、防护等用途的建筑工程施工及其准备活动：包括海港建筑、滨海电站建筑、海岸堤坝建筑、海洋隧道桥梁建筑、海上油气田陆地终端及处理设施建造、海底线路管道和设备安装，不包括各部门、各地区的房屋建筑及房屋装修工程
海洋交通运输业	是指以船舶为主要工具从事海洋运输及为海洋运输提供服务的活动，包括远洋旅客运输、沿海旅客运输、远洋货物运输、沿海货物运输、水上运输辅助活动、管道运输业、装卸搬运及其他运输服务活动
滨海旅游业	是指以海岸带、海岛及海洋各种自然景观、人文景观为依托的旅游经营、服务活动，主要包括：海洋观光游览、休闲旅游、度假住宿、体育运动等活动

资料来源：《中国海洋统计年鉴》（2010 年）

在厘清海洋经济内容的基础上，本章接下来将对我国海洋经济发展的情况进行描述和分析。

7.2.2 全国海洋经济概况

海洋经济的发展状况可以从多个角度进行分析，本节笔者将主要从海洋经济产出情况、海洋产业发展情况及沿海地区海洋经济发展情况三个方面对我国海洋经济进行一个简要概述。

1. 海洋经济产出情况

在翻阅 1993～2014 年出版的《中国海洋统计年鉴》后可以发现，2005 年及之前的年鉴中一直存在两个海洋产值统计口径，一个是海洋产业总产值，是指各类海洋产业总产值之和，即前文所述的海洋主要产业总产值之和；另一个就是海洋生产总值，它是国民经济中全部涉海经济活动的最终反应，海洋经济核算范围涉及国民经济行业分类的 20 个门类、70 个大类、172 个中类和 313 个小类，将国民经济行业中的所有涉海行业纳入其中。之后的年鉴中仅仅使用海洋生产总值的数据及其地区、产业分布。为了使前后数据保持一致，我们将用海洋生产总值这一指标对海洋经济产出的状况作总要分析。与此同时，由于 2002 年之后相关统计方法有变，之前年份海洋生产总值的数据本章将不作参考，在研究我国海洋经济的变动趋势时，我们只对 2002～2013 年主要海洋经济指标数据进行分析。

2002～2013 年我国海洋生产总值及其增长速度和海洋生产总值占全国生产总值比重可以见表 7-2。从表 7-2 中的相关指标可以清楚地判断出在这 12 年中，全国海洋经济发展在总量上可圈可点，海洋生产总值呈现出一个持续增长的势头，从 2002 年的 11 270.5 亿元到 2013 年的 54 313.2 亿元，海洋生产总值增长了 4 倍左右，并且增长态势比较平稳，期间每五年左右产值就会接近翻一番的水平。同时，海洋总产值占全国的比重由 2002 年的 9.37%到 2013 年的 9.3%，没有明显的变化，这期间海洋生产总值占全国生产总值的比重虽然有一个明显的上升下降过程，但总体起伏并不是非常明显，海洋生产总值占全国生产总产值的比重较稳定。由此可见，全国海洋生产总值增长明显，海洋经济已经成为中国经济增长的重要引擎。

表 7-2　2002～2013 年我国海洋生产总值及其增长速度和占全国生产总值的比重

年份	海洋生产总值/亿元	增长速度/%	占全国生产总值的比重/%
2002	11 270.5	19.8	9.4
2003	11 952.3	4.2	8.8
2004	14 662.0	16.9	9.2
2005	17 655.6	16.3	9.6
2006	21 260.4	16.8	10.0
2007	25 073.0	14.2	9.7
2008	29 718.0	9.8	9.5
2009	32 277.6	9.2	9.5
2010	39 572.7	12.8	9.9
2011	45 496.0	10.4	9.6
2012	50 045.2	7.9	9.6
2013	54 313.2	7.6	9.3

资料来源：《中国海洋统计年鉴》（2003～2014 年）

为了更好地解读表 7-2 中的海洋生产总值增长速度，本章又绘制了图 7-1，图 7-1 清楚地显示了在 2002～2013 年，我国海洋生产总值的增长速度与全国生产总值增长速度之间的关系。其中，除了 2003 年由于“非典”的影响，海洋旅游业等产业遭到重创造成海洋生产总值增速下降明显，2002～2007 年海洋生产总值增长速度总体上都明显快于全国生产总值的增长速度，而 2007 年之后海洋生产总值的增速出现轻微的下滑，增速有所放缓，总体上略高于全国生产总值增长速度，基本处于持平状态，且两者之间的增速波动状况十分吻合。可以预见，在我国总体经济进入一个新常态的发展阶段后，其组成部分之一的海洋经济发展也将呈现出一个新的趋于减速平稳的发展态势。

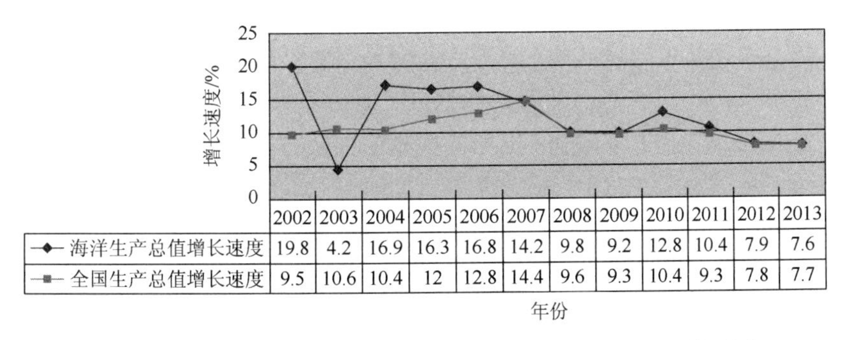

	2002	2003	2004	2005	2006	2007	2008	2009	2010	2011	2012	2013
海洋生产总值增长速度	19.8	4.2	16.9	16.3	16.8	14.2	9.8	9.2	12.8	10.4	7.9	7.6
全国生产总值增长速度	9.5	10.6	10.4	12	12.8	14.4	9.6	9.3	10.4	9.3	7.8	7.7

图 7-1　2002～2013 年我国海洋生产总值与全国生产总值增长速度

资料来源：我国海洋生产总值的数据来源于《中国海洋统计年鉴》（2003～2014 年），全国生产总值统计年鉴来源于《中国统计年鉴 2014》

2. 主要海洋产业发展情况

20 世纪后半叶以来，海洋产业在全球经济发展中起到的作用越来越明显（马仁峰等，2014）。而就海洋产业本身来说，产业结构升级优化又是一个重要的课题，一直备受关注。如果说海洋经济总产出是量的突破，那么海洋产业结构的变化就是质的飞越，因此，本节就围绕我国主要海洋产业进行阐述，具体从海洋各产业比重变化情况、按不同标准划分的海洋产业结构的变化情况及各区域海洋产业发展状况等维度对海洋产业进行剖析。

1）主要海洋产业分布状况

前文所提到的我国主要海洋产业共有 12 种。2002～2013 年，全国主要海洋产业增加值构成如表 7-3 所示，主要海洋产业增加值构成可以直观地看出我国主要海洋产业的分布状况。

表 7-3　2002～2013 年我国主要海洋产业分布状况（单位：%）

年份	海洋渔业	海洋油气业	海洋矿业	海洋盐业	海洋化工业	海洋生物医药业	海洋电力业	海水利用业	海洋船舶业	海洋工程建筑业	海洋交通运输业	滨海旅游业
2002	23.23	3.87	0.04	0.73	1.64	0.28	0.05	0.03	2.50	3.10	32.09	32.44
2003	24.08	5.41	0.07	0.60	2.03	0.35	0.06	0.04	3.21	4.05	36.86	23.26
2004	21.81	5.92	0.14	0.67	2.60	0.33	0.05	0.04	3.50	3.98	34.85	26.12
2005	20.97	7.35	0.12	0.54	2.13	0.40	0.05	0.04	3.83	3.58	33.02	27.97
2006	19.37	7.59	0.07	0.46	2.12	0.32	0.05	0.04	4.32	3.71	32.23	29.71
2007	18.25	6.61	0.07	0.45	2.24	0.42	0.05	0.04	5.26	3.75	32.04	30.82
2008	18.30	8.38	0.29	0.36	3.42	0.46	0.09	0.06	6.10	2.86	28.74	30.93
2009	19.00	4.78	0.32	0.34	3.62	0.41	0.16	0.06	7.68	5.23	24.50	33.89
2010	18.10	8.40	0.30	0.30	3.60	0.40	0.20	0.10	7.60	5.20	24.60	31.20
2011	17.50	9.20	0.30	0.50	8.70	0.50	0.30	0.10	7.70	5.80	21.10	33.40
2012	17.80	7.60	0.30	0.40	3.80	0.80	0.30	0.10	6.50	5.20	23.30	33.90
2013	17.10	7.30	0.20	0.30	4.00	1.00	0.40	0.10	5.20	7.30	22.50	34.60

资料来源：2002～2009 年数据根据《中国海洋统计年鉴》相关数据计算所得，2010～2013 年数据直接来自中国海洋经济统计公报

由表 7-3 可以清楚地看出，在 2002～2013 年，海洋渔业、海洋交通运输业及滨海旅游业的产业增加值占比一直在 15%以上，并且这三大产业增加值构成都呈现波动变化的趋势。具体来说，海洋交通运输业和滨海旅游业的占比均达到 20%以上，产业增加值比重相当大，但是在这几年的时间中，第一产业增加值的头衔已由海洋交通运输业变为滨海旅游业，两者分别向相反的方向发展，海洋交通运输业的占比波动下降，与此同时，滨海旅游业的占比则波动上升，从 2008 年开始滨海旅游业的这种优势就开始一直保持且不断拉开与海洋交通运输业的差距，已经稳居第一。而第三大产业海洋渔业则表现为持续下降的态势，但变动幅度并不大。从数据上看，海洋渔业增加值比重由 2002 年的 23.23%下降到 2013 年的 17.1%，平均每年下降了 0.55 个百分点。而海洋运输业则下降了 0.87 个百分点，滨海旅游业上升了 0.19 个百分点。

除上述三种产业的增加值构成较大以外，海洋油气业、海洋化工业、海洋船舶业及海洋工程建筑业的增加值占比也较为明显且都保持着良好的上升势头，发展前景十分乐观。剩下的产业比重相对来说就比较小，都没有超过 1%的占比，但这几年产业增加值比重都在

增加，除海洋盐业由 2002 年的 0.73%下降到 2013 年的 0.3%，占比较小的产业都表现良好。

2）海洋产业结构状况

根据不同的标准，12 种海洋产业可以进行相应的分类。按照国民经济三次产业分类，海洋产业可以划分为海洋第一产业、海洋第二产业和海洋第三产业。海洋第一产业包括上述产业中的海洋渔业，海洋第二产业则有海洋油气业、海洋矿业、海洋盐业、海洋化工业、海洋生物医药业、海洋电力业、海水利用业、海洋船舶工业和海洋工程建筑业，海洋第三产业有海洋交通运输业和滨海旅游业。

通过上文，我们发现近几年我国海洋经济发展上升势头明显。2002～2013 年，全国海洋生产总值从最初 2002 年的 11 270.5 亿元上升到 2013 年的 54 313.2 亿元。具体来看，海洋第一、第二和第三产业的生产总值也都在增加，第一产业从 2002 年的 730 亿元上升到 2013 年的 2918 亿元，第二产业从 4866.2 亿元上升到 24 909 亿元，第三产业则从 5674.3 亿元上升到 26 486.2 亿元（图 7-2）。

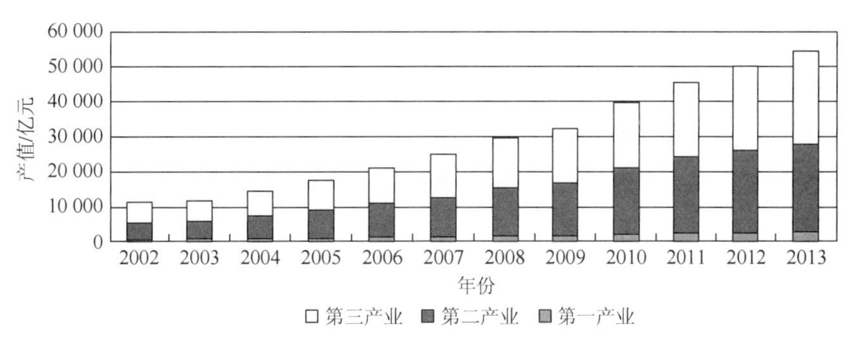

图 7-2　全国海洋生产总值及各产业总值

图 7-3 则显示了 2002～2013 年我国海洋三次产业结构的情况。可以很明显地看出，我国海洋三次产业结构基本上表现为“三、二、一”的状态，海洋交通运输业和滨海旅游业的产值比重较大。在 2002～2007 年，海洋第三产业产值占比一直保持 50%左右的水平，2007 年有轻微下降趋势，但产值比重仍处于高位，第二产业比重与第三产业水平接近，2010～2012 年反超第二产业，之后开始下降，但是，海洋第二、第三产业各自的比重优势没有长期稳定的表现。除此此外，我国海洋第一产业的产值比重则一直处于 10%以下的低位水平，且呈下降走势（图 7-3）。总体上，三次产业的产值比重一直较为稳定，没有剧烈波动的年份。

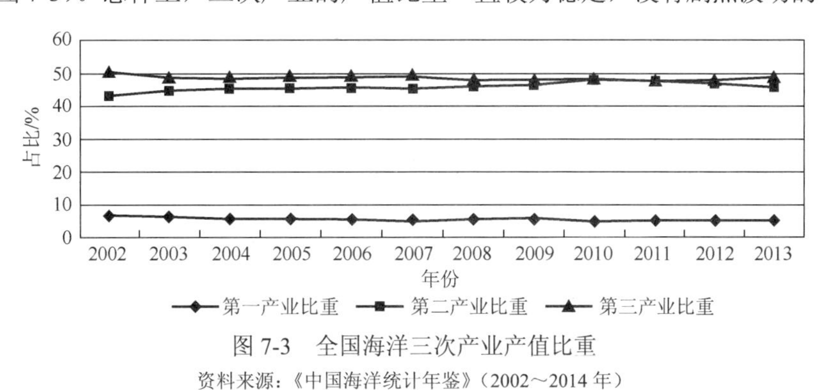

图 7-3　全国海洋三次产业产值比重

资料来源：《中国海洋统计年鉴》（2002～2014 年）

同时，产业结构的变化也反映在全国海洋产业增加值的变化上（表 7-4），从 2004 年开始，滨海旅游业和海洋交通运输业的产值增加值就开始超过海洋渔业，尤其是滨海旅游业增长势头明显，不仅产值位居诸多海洋产业之首，增加值与其他产业的距离更是不断拉大，已经成为海洋重要产业支柱。总体上，海洋产业发展迅速，但三大产业中主导产业的定位还有待时间的检验。

表 7-4　全国海洋主要产业增加值（单位：亿元）

年份	海洋渔业	海洋油气业	海洋矿业	海洋盐业	海洋船舶工业	海洋化工业	海洋生物医药业	海洋工程建筑业	海洋电力业	海水利用业	海洋交通运输业	滨海旅游业
2002	1091.2	181.8	1.9	34.2	117.4	77.1	13.2	145.4	2.2	1.3	1507.4	1523.7
2003	1145	257	3.1	28.4	152.8	96.3	16.5	192.6	2.8	1.7	1752.5	1105.8
2004	1271.2	345.1	7.9	39	204.1	151.5	19	231.8	3.1	2.4	2030.7	1522
2005	1507.6	528.2	8.3	39.1	275.5	153.3	28.6	257.2	3.5	3	2373.3	2010.6
2006	1708.1	668.9	6.6	40.9	380.6	187.2	28.3	327.2	4.4	3.5	2842.1	2619.6
2007	1910	691.6	7.2	47.5	550	234.4	43.7	392.5	5.1	4.2	3353.1	3225.8
2008	2228.6	1020.5	35.2	43.6	742.6	416.8	56.6	347.8	11.3	7.4	3499.3	3766.4
2009	2440.8	614.1	41.6	43.6	986.5	465.3	52.1	672.3	20.8	7.8	3146.6	4352.3
2010	2851.6	1302.2	45.2	65.5	1215.6	613.8	83.8	874.2	38.1	8.9	3785.8	5303.1
2011	3202.9	1719.7	53.3	76.8	1352	695.9	150.8	1086.8	59.2	10.4	4217.5	6239.9
2012	3560.5	1718.7	45.1	60.1	1291.3	843	184.7	1353.8	77.3	11.1	4752.6	6931.8
2013	3872.3	1648.3	49.1	55.5	1182.8	907.6	224.3	1680	86.7	12.4	5110.8	7851.4

资料来源：《中国海洋统计年鉴》（2003～2014 年）

除了上述海洋产业结构分类方法外，根据海洋产业开发的先后顺序及技术进步的程度，可以把海洋产业划分为传统海洋产业、新兴海洋产业和未来海洋产业（吴明忠等，2009）。传统海洋产业主要由海洋捕捞业、海盐业、海洋船舶工业和海洋交通运输业等生产和服务行业组成，这些产业目前还是我国主要的海洋产业。而依赖科学技术的进步和海洋资源的深入开发，一批新兴产业又涌现了出来，如海洋油气业、海水养殖业和滨海旅游业等，此外，海水利用业及海洋生物医药业等也已成长为海洋新兴产业。还有一些处在技术筹备阶段的未来产业一旦成长起来就会列入海洋新兴产业的行列。

根据上述对海洋产业的分类，本章分别计算了 2002 年和 2013 年我国传统海洋产业、新兴海洋产业和未来海洋产业产值在全国海洋生产总值中的比重，并绘制了以下两个饼状图，见图 7-4 和图 7-5。

由图 7-4、图 7-5 可以非常明显地看出，传统海洋产业的产值一直保持领先的地位，新兴产业紧随其后，与两者差距较大的是未来产业。但是仔细观察可以看出，在这 10 年左右的时间里，虽然三种产业的占比排名没有发生实质变化，但是各个产业所占的比重却发生了较为明显变动，首先，我国海洋传统产业产值所占比重下降明显，由 58.13%下降到 45.07%，下降了 22.5%。其次，新兴产业和未来产业产值比重都在上升，前者由 37.25%上升到 42.92%，上升了 15.2%，后者由 4.62%上升到 12.01%，增长了 1.5 倍左右，变化明显。按照这种产业划分方式，可以很直观地看出我国海洋产业结构已经发生了显著的改变，海洋新兴产业和海洋未来产业发展势头迅

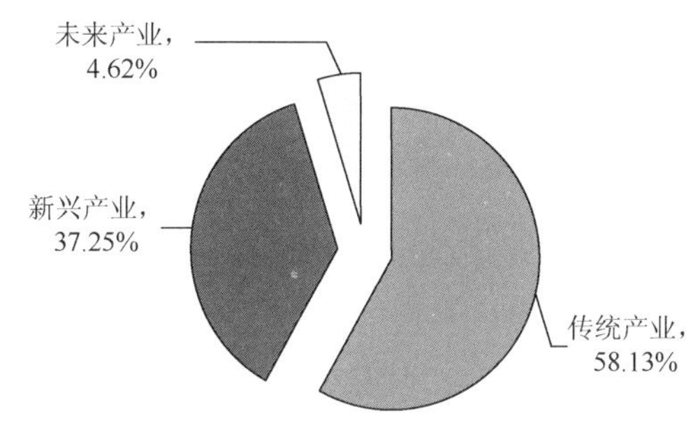

图 7-4　2002 年我国三大产业比重

资料来源：根据 2003 年《中国海洋统计年鉴》相关计算而来

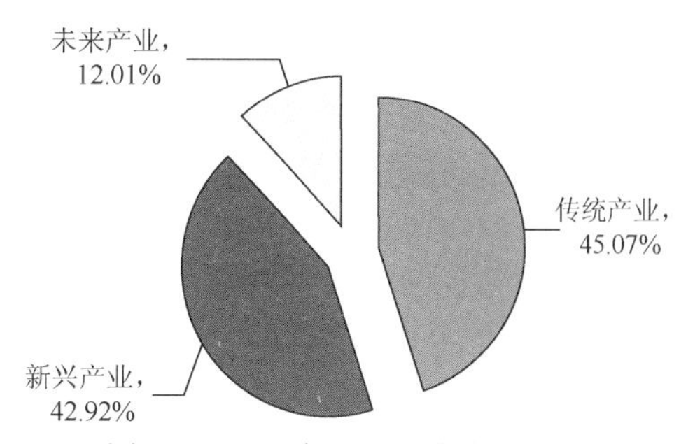

图 7-5　2013 年我国三大产业比重

资料来源：根据 2014 年《中国海洋统计年鉴》计算而来

猛，可以预见，这种发展趋势会改变传统产业一直独占鳌头的局面，优化我国海洋产业结构。

3. 沿海地区海洋经济发展状况

由于海洋经济的发展在某种程度上依赖于区域海洋资源环境、地区经济发展水平及科技发展水平等因素，我国漫长的海岸线也就决定了沿海各个地区的海洋发展基础及先天条件是不同的，因此，海洋经济发展水平也会有所差异。

1）海洋经济总量

海洋生产总值作为衡量经济发展水平最常见的指标，可以直接显示出各地海洋经济在量上的差异。2002～2013 年沿海 12 个省份的海洋生产总值如表 7-5 所示。

表 7-5　2002 ~ 2013 年沿海各地区的海洋生产总值（单位：亿元）

省份	2002 年	2003 年	2004 年	2005 年	2006 年	2007 年	2008 年	2009 年	2010 年	2011 年	2012 年	2013 年
天津	416.1	568.1	1 051.5	1 447.5	1 369.0	1 601.0	1 888.7	2 158.1	3 021.5	3 519.3	3 939.2	4 554.1
河北	127.3	182.5	279.2	324.6	1 092.1	1 232.9	1 396.6	922.9	1 152.9	1 451.4	1 622.0	1 741.8
辽宁	459.3	543.4	932.2	1 039.9	1 478.9	1 759.8	2 074.4	2 281.2	2 619.6	3 345.5	3 391.7	3 741.5
上海	722.0	845.9	1 956.6	2 296.5	3 988.2	4 321.4	4 792.5	4 204.5	5 224.5	5 618.5	5 946.3	6 305.7
江苏	221.5	453.6	565.2	739.6	1 787.0	1 873.5	2 114.5	2 717.4	3 550.9	4 253.1	4 722.9	4 921.2
浙江	1 082.7	1 177.8	1 926.0	2 298.8	1 856.5	2 244.4	2 677.0	3 392.6	3 883.5	4 536.8	4 947.5	5 257.9
福建	1 037.1	1 345.0	1 738.1	1 503.8	1 743.1	2 290.3	2 688.2	3 202.9	3 682.9	4 284.0	4 482.8	5 028.0
山东	994.6	1 477.6	1 938.5	2 418.1	3 679.3	4 477.8	5 346.3	5 820.0	7 074.5	8 029.0	8 972.1	9 696.2
广东	693.7	936.1	2 975.5	4 288.4	4 113.9	4 532.7	5 825.5	6 661.0	8 253.7	9 191.1	10 506.6	11 283.6
广西	150.5	57.7	121.6	147.2	300.7	343.5	398.4	443.8	548.7	613.8	761.0	899.4
海南	109.4	145.9	220.5	250.9	311.6	371.1	429.6	473.3	560.0	653.5	752.9	883.5

资料来源：2003～2014 年《中国海洋统计年鉴》

总量上来看，沿海各省份 2002～2013 年的海洋生产总值都有明显的增长，除了个别省份在个别年份经济总量有所下降外，总体呈现上升趋势。这表明我国沿海地区总体海洋经济发展情况良好。从横向水平的经济总量流量变化上看，这 12 年间，江苏、广东和河北的经济总量增长最为明显，三者的年平均增长率分别为 192.85%、138.78%及 115.28%，这三者可以归类为海洋经济高增长区域；而增长水平较低的三个地区则为广西、浙江及福建，三者的年平均增长率分别为 45.24%、35.06%及 34.98%，均未达到 50%的增长水平，可以归类为低增长区域，其他省份的增长水平在 50%～100%徘徊，总体上增长量都较为可观。从纵向水平的经济总量存量上看，2002 年海洋经济总量最低的是海南，最高的则为浙江，2013 年经济总量最低的是海南，最高的则为广东。由此可知，海南海洋经济发展水平一直不高，在所有沿海地区中海洋发展优势最不明显，而广东则从最初排名第 7 的水平一跃位居到 2013 年的首位，增长势头最为迅猛。经过这几年的发展，沿海各地区的海洋经济总量都在增加，但不同省份的总量差距也不断被拉大。

2）沿海各地区海洋经济贡献度

地区海洋生产总值占地区生产总值的比重可以反映海洋经济对沿海各个省份经济的贡献度。从《中国海洋统计年鉴 2014》可知，2013 年天津的海洋经济占地区 GDP 的比重高达 30%以上，有着较好的海洋经济基础，贡献度相比其他 10 个地区位居第一，海洋经济已经成为天津发展的强劲动力。同时，除了河北、江苏、广西三个地区的海洋经济贡献度低于 10%，其他地区的海洋经济贡献度显示为两位数的比重，海洋经济对我国沿海地区的发展起到了不同程度的作用。

然而，沿海各地区的海洋贡献度虽然存在差异，海洋对地区发展的作用有高有低，但沿海 11 个地区的陆地面积仅占全国总面积的 13%，这不到六分之一的面积集聚全国 40%的人口，却创造了全国 60%的财富，可以说，这其中海洋经济发挥了巨大的作用（王光升，2013），海洋经济是拉开东部地区与中西部地区经济水平非常重要的因素。

3）沿海地区海洋产业结构

表 7-6 显示出 2006 年、2013 年沿海各地区的三次产业结构情况。

从表 7-6 可以清楚地看出，2006 年上海、江苏、浙江、福建、广东及海南这六个地区的产业结构显示出明显的“三、二、一”结构格局，2013 年拥有这种结构格局的地区个数不变，但从具体地区上看，辽宁取代了江苏，成为“三、二、一”结构格局的省份。2006 年和 2013 年相比，虽然期间产业格局变化不大，但可以看出，大部分沿海地区第一产业的比重都有所下降，与此同时第二、第三产业的比重都相应地在上升，产业结构趋于合理化和高级化。尽管第二、第三产业的比重孰高孰低还没有一个明显的表现，但从发展的态势上来看，上海和海南的海洋第三产业的比重已经远远大于海洋第二产业，天津的海洋第二产业又已经远远高于第三产业的比重，这三个地区第二、第三产业的比重特点已经凸显，而且预计会保持较长时间，形成各自地区独特的海洋发展优势。

表 7-6　2006 年、2013 年沿海地区产业结构情况（单位：%）

省份	2006 年			2013 年		
	第一产业	第二产业	第三产业	第一产业	第二产业	第三产业
天津	0.3	65.8	33.9	0.2	67.3	32.5
河北	2.3	50.7	47.0	4.5	52.3	43.2
辽宁	9.9	53.5	36.6	13.4	37.5	49.2

续表

省份	2006 年			2013 年		
	第一产业	第二产业	第三产业	第一产业	第二产业	第三产业
上海	0.1	48.2	51.7	0.1	36.8	63.2
江苏	5.1	42.5	52.4	4.6	49.4	46.0
浙江	7.4	39.7	52.9	7.2	42.9	49.9
福建	9.7	40.2	50.1	9.0	40.3	50.7
山东	8.3	48.6	43.1	7.4	47.4	45.2
广东	4.4	39.9	55.7	1.7	47.4	50.9
广西	15.2	43.1	41.7	17.1	41.9	41.0
海南	18.3	29.2	52.5	23.9	19.4	56.7

资料来源：通过《中国海洋统计年鉴》（2007 年、2014 年）相关数据计算而来

4）海洋劳动生产率

根据 2013 年的相关统计数据，本章进行了沿海各地区的人均海洋生产总值，即海洋劳动生产率状况，见图 7-6。

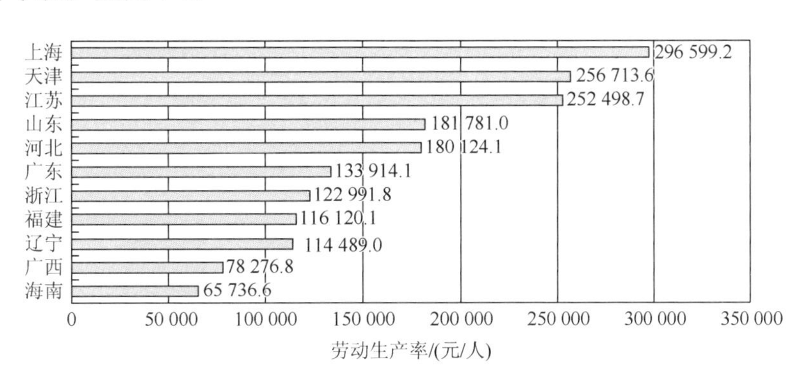

图 7-6　2013 年沿海各地区海洋劳动生产率状况

资料来源：通过 2014 年《中国海洋统计年鉴》计算

图 7-6 显示的比较结果为上海、天津、江苏的海洋产业全员劳动生产率较高，而广西、海南的劳动生产率较低，根据之前分析的各地区海洋生产总量情况来看，全员劳动生产率对各地区的海洋产值有至关重要的影响，两者之间有很强的联系。

7.2.3　小结

进入新千年以后，世界各国都开始着重对海洋进行探索，我国也不例外，尤其在加入世界贸易组织之后，我国的海洋产业更是蓬勃发展了起来。根据上述对近十几年来海洋经济相关指标的分析可以看出，全国海洋经济一直保持着平稳快速的发展势头，总产值不断增加，海洋产业结构不断趋于合理，新兴产业不断涌现，各项指标都显示出我国海洋经济保持了持续快速的发展。但是我国海洋经济仍旧存在许多问题，现阶段我国海洋产业结构单一，海洋新兴产业和未来产业的占比较低，粗放型的海洋生产模式依旧存在，海洋产业

的经济规模不大；海洋科技创新能力不够，海洋产业的发展建立在对海洋资源的无序开采上；海洋管理能力有待加强，统筹协调力度不够，沿海各地区海洋发展水平差异较大。

在简要介绍近几年我国海洋经济的发展之后，本章将对近几年海洋环境质量进行分析，试观察我国海洋环境质量的变化情况。

7.2.4 海洋环境质量内容

海洋环境指的是地球上连续的海和洋的总水域，包括海水、溶解和悬浮于水中的物质、海底沉积物，以及生活于海洋中的生物，海洋是一个非常复杂的系统。

近些年来，海洋环境表现出一系列的变化，海洋自然环境遭到破坏，生态系统变得脆弱不堪，海洋灾害频发，海上重大事故的数量不断增加等，这些变化都需要我们使用客观科学的方式对其进行评估，以判断海洋环境所处的境况。而海洋环境质量是建立在海洋环境监测的标准之上，对海洋环境的好坏所进行的判断，针对海洋环境质量所建立的标准即是衡量海洋环境好坏的有效尺度，可以使用这些标准进行有效评估。同时，根据国家相关法规规定，海洋环境质量标准具有法律约束力，并且一般分为三类，即海水水质标准、海洋沉积物标准和海洋生物体残毒标准。为了更直观地了解海洋环境质量状况变化情况，本章将利用三类标准中的相关指标来分析我国海洋环境质量状况。

7.2.5 海洋环境质量概况

有关海洋环境质量状况的指标繁多，本章由于篇幅限制，仅仅使用其中最具代表性的几项指标来描述海洋环境质量状况，包括海水水质、主要海洋污染物及海洋环境灾害。

1. 海水水质

以海水水质为代表的水环境质量状况是反映海洋环境污染的重要指标，按照海域的不同使用功能和保护目标，海水水质可分为四类：第一类适用于海洋渔业水域，海上自然保护区和珍稀濒危海洋生物保护区。第二类适用于水产养殖区，海水浴场，人体直接接触海水的海上运动或娱乐区，以及与人类食用直接有关的工业用水区。第三类适用于一般工业用水区，滨海风景旅游区。第四类适用于海洋港口水域，海洋开发作业区。

2002～2013 年，我国管辖海域海水水质总体状况并没有多大改善（图 7-7）。未达第一类海水水质标准海域面积呈现波动变化状态，但没有明显的减少或增加趋势，其中，2005～2009 年面积一直稳定在 150 000 平方千米左右，其他年份总体水平则在 130 000～180 000 平方千米徘徊。具体到四类海水水质，第二类海水水质面积面积在这 12 年间表现出减少后增加又减少的倒“N”字形，其他三类海水水质面积则呈现倒“W”形变动。同时，从表 7-7 又可以看出，在未达一类海水水质海域面积总体变化水平不大的情况下，第二类海水海域面积占比有波动下降的趋势，从 2002 年的 63.66%到 2013 年的 32.84%，除此之外，劣于第四类水质海域面积占比上升最多，从 14.75%上升到 30.87%。这说明我国海洋环境污染并未得到有效的控制，整体的污染局面没有改观，相反，情况日趋严重。

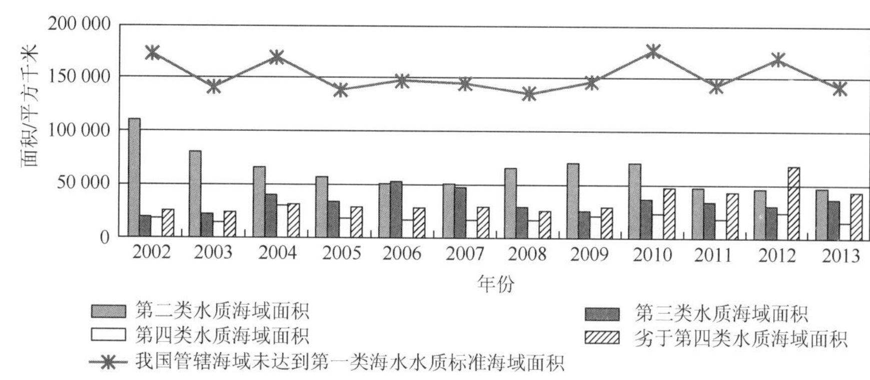

图 7-7　未达第一类海水水质标准海域面积以及四类水质海域面积

资料来源：《中国环境统计年鉴 2014》

表 7-7　各类水质海域面积占比

年份	第二类水质海域面积占比/%	第三类水质海域面积占比/%	第四类水质海域面积占比/%	劣于第四类水质海域面积占比/%
2002	63.66	11.39	10.20	14.75
2003	56.64	15.49	10.49	17.37
2004	38.83	23.96	18.23	18.97
2005	41.50	24.45	13.03	21.02
2006	34.25	35.00	11.71	19.04
2007	35.30	32.70	11.54	20.46
2008	47.80	21.05	12.72	18.44
2009	48.25	17.35	14.18	20.22
2010	39.63	20.36	12.98	27.03
2011	33.16	23.78	12.71	30.36
2012	27.67	17.71	14.57	40.04
2013	32.84	25.41	10.88	30.87

资料来源：依据《中国环境统计年鉴 2014》中的数据计算而来

具体到沿海各个地区的海水水质情况如表 7-8 所示，2013 年，全国沿海各省份中，浙江、上海、广西近海岸的海域水质较差，劣四类海水占比极高，同时第一类海水水域基本消失，而辽宁、山东、河北等地近海域水质较好。

表 7-8　2013 年部分海湾环境质量评价结果

序号	海湾	行政区	水质评价结果（占海湾总面积的比例）/%					沉积物综合质量评价结果
			第一类海水	第二类海水	第三类海水	第四类海水	劣四类海水	
1	辽东湾	辽宁	46.2	14.8	11.5	1.0	26.5	一般
2	渤海湾	天津 河北	27.3	16.1	28.1	13.4	15.1	良好
3	莱州湾	山东	0.0	13.0	46.2	14.5	26.3	良好
4	胶州湾	山东	0.0	12.1	61.9	18.9	7.1	良好

续表

序号	海湾	行政区	水质评价结果（占海湾总面积的比例）/%					沉积物综合质量评价结果
			第一类海水	第二类海水	第三类海水	第四类海水	劣四类海水	
5	杭州湾	上海 浙江	0.0	0.0	0.0	0.0	100.0	良好
6	象山湾	浙江	0.0	0.0	0.0	7.1	92.9	良好
7	三门湾	浙江	0.0	0.1	9.6	14.8	75.5	良好
8	三沙湾	福建	0.0	0.0	6.4	57.2	36.4	良好
9	罗源湾	福建	0.0	1.4	5.7	37.0	55.9	良好
10	福清湾	福建	15.3	20.6	9.0	43.9	11.2	良好
11	泉州湾	福建	45.7	11.0	5.4	2.9	35.0	良好
12	厦门港	福建	0.0	7.0	6.3	17.9	68.8	一般
13	诏安湾	福建	11.7	3.1	3.0	7.0	75.2	良好
14	汕头港	广东	0.0	6.2	6.1	3.5	84.2	良好
15	湛江港	广东	0.0	0.0	2.0	51.5	46.5	良好
16	钦州湾	广西	0.0	0.0	0.7	4.0	95.3	—

资料来源：《中国海洋环境公报》（2013 年）

2. 主要海洋污染物

海洋污染物是指主要经由人类活动而直接或间接进入海洋环境，并能产生有害影响的物质或能量。

根据 2011 年、2012 年和 2013 年中国海洋环境质量公报的相关内容可以知道，2011～2013 年判断全国近海岸主要海洋污染严重程度的指标有全海域海水中无机氮、活性磷酸盐、石油类和化学需氧量含量。

2011 年，主要污染区域分布在黄海北部近岸、辽东湾、渤海湾、江苏沿岸、长江口、杭州湾、浙江北部近岸、珠江口等海域。近岸海域主要污染物质是无机氮、活性磷酸盐和石油类。南海中南部中沙群岛及南沙群岛海域水质状况良好，海水中无机氮、活性磷酸盐、石油类和化学需氧量等指标均符合第一类海水水质标准。

2012 年，主要污染区域分布在黄海北部、辽东湾、渤海湾、莱州湾、江苏沿岸、长江口、杭州湾、珠江口的近岸海域。近岸海域主要污染要素是无机氮、活性磷酸盐和石油类。同样，只有南海中南部中沙群岛及南沙群岛海域水质状况良好，海水中无机氮、活性磷酸盐、石油类和化学需氧量等指标均符合第一类海水水质标准。

2013 年，劣于第四类海水水质标准的区域主要分布在黄海北部、辽东湾、渤海湾、莱州湾、江苏盐城、长江口、杭州湾、珠江口的部分近岸海域。与上年相比，烟台近岸、汕头近岸、珠江口以西沿岸、湛江港、钦州湾的部分海域污染有所加重。近岸海域主要污染要素为无机氮、活性磷酸盐和石油类。

2011～2013 年各项指标的具体数值如表 7-9 所示。

表 7-9　2011～2013 年海洋主要污染物（单位：平方千米）

<table>
<tr><th rowspan="2">海域</th><th colspan="3">无机氮</th><th colspan="3">活性磷酸盐</th><th colspan="3">石油类</th><th colspan="3">化学需氧量</th></tr>
<tr><th>2011 年</th><th>2012 年</th><th>2013 年</th><th>2011 年</th><th>2012 年</th><th>2013 年</th><th>2011 年</th><th>2012 年</th><th>2013 年</th><th>2011 年</th><th>2012 年</th><th>2013 年</th></tr>
<tr><td>渤海</td><td>2 470</td><td>13 030</td><td>8 490</td><td>2 350</td><td>1 280</td><td>90</td><td>6 190</td><td>5 860</td><td>8 230</td><td>13 660</td><td>15 450</td><td rowspan="5">无</td></tr>
<tr><td>黄海</td><td>9 060</td><td>14 530</td><td>3 240</td><td>3 820</td><td>7 620</td><td>260</td><td>5 330</td><td>2 430</td><td>3 630</td><td rowspan="4">超第一类海水水质标准，主要分布在渤海</td><td rowspan="4">超第一类海水水质标准，主要分布在渤海近岸、江苏北部近岸及杭州湾等海域</td></tr>
<tr><td>东海</td><td>25 830</td><td>33 150</td><td>24 210</td><td>13 630</td><td>13 360</td><td>10 220</td><td>5 000</td><td>7 720</td><td>590</td></tr>
<tr><td>南海</td><td>2 770</td><td>4 060</td><td>7 110</td><td>1 050</td><td>990</td><td>1 210</td><td>7 980</td><td>5 880</td><td>4 700</td></tr>
<tr><td></td><td colspan="3">劣于第四类海水水质标准的海域面积</td><td colspan="3">劣于第四类海水水质标准的海域面积</td><td colspan="3">超第一、二类海水水质标准的海域面积</td></tr>
</table>

资料来源：《中国海洋环境公报》（2011～2013 年）

从表 7-9 中可以清楚地看出，无论是哪个年份哪个指标东海的污染状况都是最为严重的，这与东海周边海洋经济活动的频繁性及海洋主要产业的类型有着极为重要的联系。具体来看，2011～2013 年各个海域的无机氮含量基本上都呈现倒“U”形的趋势，以活性磷酸盐为依据的污染情况则有所好转，各大海域含量都有所减轻，而石油类因素导致的污染则表现各异，除渤海外，各大海域的情况都有所缓解，其中东海的石油类污染减轻最为明显，以化学需氧量为表现的污染则主要分布在渤海区域，污染情况有所严重。

海洋环境灾害所包括的内容多种多样，有风暴潮灾害、海浪灾害、海冰灾害、海啸灾害、赤潮灾害、绿潮灾害、海平面变化、海岸侵蚀、海水入侵与土壤盐渍化。这些灾害都是由海洋自然环境发生异常或激烈变化所导致的，会直接造成人员伤亡及财产损失，其中大部分的海洋自然环境异常都是由海洋环境质量恶化所引起，也直接反映了海洋环境质量的变化情况。本节就选取几个具有代表性的海洋灾害来观察近几年海洋环境质量的变化。

1）赤潮灾害

以赤潮为代表的海洋环境灾害也是反映海洋环境污染状况的重要指标之一。赤潮是在特定的环境条件下，海水中某些浮游植物、原生动物或细菌爆发性增殖或高度聚集而引起水体变色的一种有害生态现象。虽然赤潮的发生原因比较复杂，但科学家们目前已知认为，它是由于近海岸海水受到有机物污染所致。

本章绘制了具体到四大海域的赤潮年发生次数以及受灾面积统计图，从图 7-8 可以看出，在 2002～2013 年，我国四大海域的赤潮发生频率总体上有了一个较为明显的下降趋势，由 2003 年最高的 120 次下降到 2011 年的 55 次，这个数据说明这几年间我国近海岸海水有机物污染情况得到了有效的改善。而在这四大海域中东海赤潮发生数减少的量最为可观，从 2003 年最高的 86 次下降到 2011 年最低时的 23 次，虽仍是四大海域中赤潮现象最为严重的海域（这与中国最大的水系长江水系携带大量的富营养物质流入东海及台湾暖流北上或外海海水在浙江沿海形成的锋面有关），但这一变化已经说明东海海洋灾害治理在这十多年间有了非常大的进步。同时，图 7-9 显示的分海域海洋赤潮发生面积柱状图显示出四大海域赤潮受灾面积伴随着赤潮发生次数的减少有波浪下降的趋势，除 2004 年和 2005 年受灾面积超过 25 000 平方千米外，2006 年开始受灾面积就波动下降，这主要归功于东海赤潮次数减少从而受灾面积减少的影响，相应数据显示 2002～2010 年间东海赤潮的受灾面积一直是四大海域中最大的，然而从 2011 年开始东海赤潮面积从上一年的 6550 平方千米下降到 1427 平方千米，这为我国海洋减灾做出了巨大贡献。总而言之从赤潮来判断我国的海洋环境变化趋势是不断改善的。

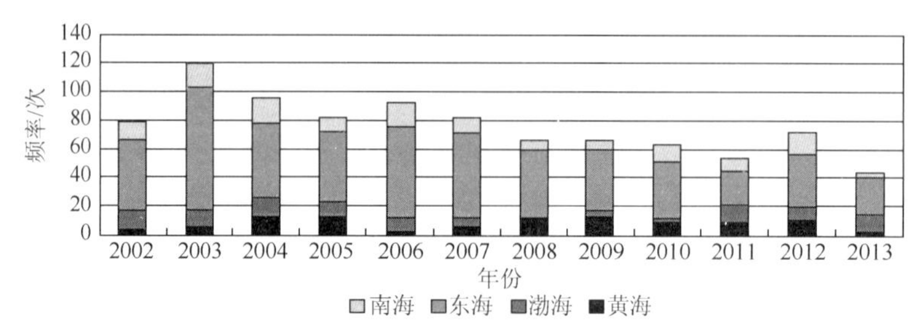

图 7-8　四大海域年赤潮发生频率

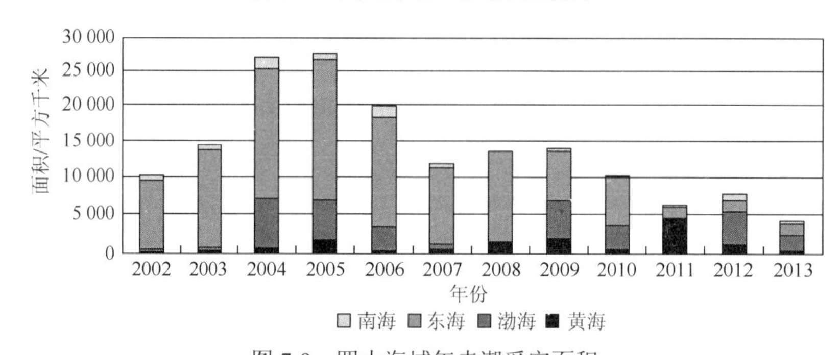

图 7-9　四大海域年赤潮受灾面积

资料来源：《中国海洋环境公报》（2002～2013 年）

2）绿潮灾害

人类向海洋中排放大量含氮和磷的污染物而造成的海水富营养化，不仅是许多赤潮发生的重要原因，也是许多绿潮爆发的重要原因。海藻在铁量增加、阳光照射和其他所有条件同时出现的情况下，便会疯狂生长繁殖，进而形成藻潮。因此绿潮这种灾害与人类活动相关，同时也是判断海洋环境质量的另一个有效指标。

关于绿潮的指标有两种，一个是绿潮最大分布面积，另一个就是绿潮最大覆盖面积。由于 2008 年之前的数据缺失，这里仅使用 2008～2013 年两项指标的数据，具体情况如图 7-10 所示。

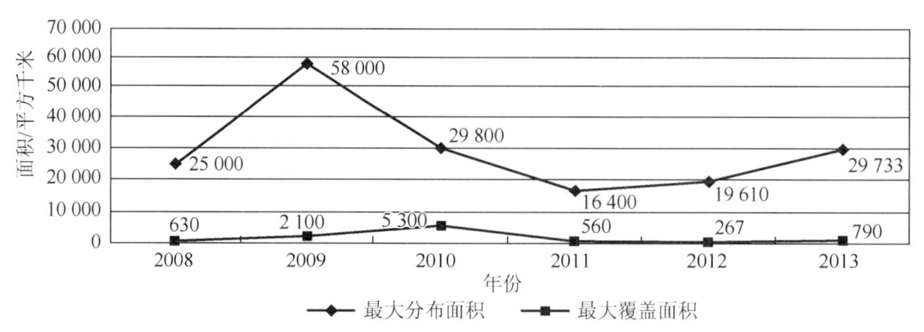

图 7-10　2008～2013 年我国绿潮发生面积

资料来源：《中国海洋灾害公报》（2008～2013 年）

绿潮的最大分布面积呈现不明显的“N”字形，2009 年我国海域绿潮的最大分布面积达到 58 000 平方千米，是 2008～2013 年这 6 年间面积最大的一年，几乎达到其他年份的两倍之多，这主要是因为当年我国近海域大面积漂浮的浒苔集聚在一起形成了高密度、大面积的绿潮，成为历史上之最。2009 年之后最大分布面积有所下降，2011～2013 年绿潮的又开始爆发，面积不断扩大。相对应地，由于其受分布面积的影响，最大覆盖面积也表现为“N”字形，只是其受影响的程度要滞后一点，最大面积年份为 2010 年，也创造了历史之最。与赤潮相同，绿潮的这种表现也说明了近年来海洋环境的质量有所改善，但是这种改善具有一定的不稳定性。

7.2.6　小结

我国的海域面积十分广阔，生态系统也十分复杂。从上面的分析可以看出，近几年来，随着海洋经济的不断发展、海洋产业的不断壮大，沿海地区的海洋环境质量已经开始明显恶化，海水水质总体情况较差，海洋主要污染物影响的海域面积较大，由污染引发的海洋灾害频繁发生。而这种种的表现不仅会危害海洋本身，使海洋生态系统不能正常运行，也会反过来对人类生产生活产生极大的影响。到底人类的海洋活动会对海洋环境产生怎样的影响及所带来的影响程度，还有待我们作进一步的分析。

7.3　中国海洋经济活动对海洋环境的影响

在 7.2 节我们利用相关统计数据描绘出 2002～2013 年我国海洋经济发展状况及海洋环境污染状况，虽不全面，但也能非常直观地展示出近十几年间我国海洋发展走向。总体上，我国海洋经济发展势头明显，海洋产业结构日趋合理，但与此同时海洋环境污染严重，海域污染程度波动较大。人类的一系列海洋活动对海洋环境产生了较大的影响。虽然人类并不生活在海洋中，但随着海洋科技的不断发展，人类开发海洋资源的规模越来越大，对海洋环境的影响也越来越明显。1982 年通过的《联合国海洋法公约》中对“海洋污染”的定义如下：海洋环境污染指的是人类直接或间接地将物质或能量引入海洋环境，其中包括河口湾，以致造成或可能造成损害生物资源或海洋生物、危害人类健康、妨碍包括捕鱼和海洋其他正当用途在内的各种海洋活动、损害海水使用质量和减损环境优美等有害影响。从定义中可以清楚地看出，海洋环境污染与人类活动是息息相关的。与此同时，一些报告也指出中国早期的经济发展都是以环境破坏为代价，人们的经济活动对环境产生了极坏的影响（World Bank，1997）。具体来看，对海洋环境会产生较大影响的人类经济活动繁多，如大型水利工程的建设，会直接破坏水文泥沙和河口湿地，从而间接影响海洋环境；滨海旅游业的过度发展更是直接破坏海洋生态环境；海洋渔业养殖业、采矿业、化工业等产业也将对海洋环境产生不同程度的影响；同时，由于人类与海洋之间只隔着一条海岸带，人类陆上活动产生的污染物对海洋环境的负面影响也逐渐显现，并且破坏力很大，具体表现在陆源污染物成为威胁海洋环境的又一破坏因素。

之前已经有不少学者对人类海洋经济活动对海洋环境质量的影响做过分析，也由此得出了许多重要的结论。例如，徐勇和黄欣（2009）就指出，滨海旅游业的发展会使用到相关的旅游设备，单单就使用的游轮来说，期间产生的各种各样的垃圾、废水、污水都将被直接排入到海洋中，虽然看起来微不足道，但随着数量的增加，在某种程度上回导致海水水质变坏及破坏海洋的生态环境。此外，海水养殖产业的发展也会对海洋环境产生破坏，例如，好比农业生产需要用到农药一样海洋水产品的养殖也需要喷洒药类物质，这些物质的使用会造成水环境的破坏（贾晓平等，1997）。还有一些海洋工程建设，施工过程会改变海洋生态环境，也会使得海洋污染程度加重（孙志霞，2009；孙丽等，2010）。这些学者在这个领域的研究主要是集中在某些海洋产业对海洋环境的影响上，得出的结论比较具体，不具有普遍意义。而本节研究的着重点则针对我国总体的海洋经济活动对海洋环境的影响，范围宽泛，具有概括性的作用。

在本节中我们将要利用实证分析来解决开篇时提出的疑惑，即来探讨我国海洋经济发展与海洋环境质量之间的关系。同时，我们将采取环境库兹涅兹曲线方法（以下简称 EKC 方法）作为分析工具。下面首先对该方法进行简要的介绍。

EKC 方法最早由美国经济学家 Grossman 和 Krueger 于 1991 年提出，当时他们针对北美自由贸易区谈判中，美国人担心自由贸易恶化墨西哥环境并影响美国本土环境的问题，首次实证研究了环境质量与人均收入之间的关系，指出了污染与人均收入间的关系为“污染在低收入水平上随人均 GDP 增加而上升，高收入水平上随 GDP 增长而下降”。1992 年世界银行的《世界发展报告》以“发展与环境”为主题，扩大了环境质量与收入关系研究的影响。1996 年 Panayotou 借用 1955 年库兹涅茨界定的人均收入与收入不均等之间的倒“U”形曲线，首次将这种环境质量与人均收入间的关系称为环境库兹涅茨曲线（EKC）。EKC 揭示出环境质量开始随着收入增加而退化，收入水平上升到一定程度后随收入增加而改善，即环境质量与收入为倒“U”形关系。而随着 EKC 方法的发展，越来越多的环境指标被应用其中，来探讨环境质量与经济指标的关系，如二氧化碳指标（Panayotou，1997；Azomahouta and Laisney，2006）；化工国家原材料（Canas et al.，2003）；汽车尾气排放量（Andreoni and Levinson，2001）等。同时在研究不断深入的情况下 EKC 的曲线形状分析也越来越多样化，除了倒“U”形，还有正“U”形、“N”形、倒“N”形等。EKC 曲线的广泛使用，使我国学者也开始引用该方法来分析我国环境与经济的关系（宋涛等，2007；施平，2010），然而，EKC 方法在我国海洋环境污染研究中出现较少，只有少数学者（秦怀煜和唐宁，2009；王光升，2013；王光升等，2014）将该方法应用到海洋环境中，并且学者们的研究结论相差很大。基于以上研究现状及 EKC 方法本身的价值，本章决定利用它对我国海洋经济活动与海洋环境质量的关系进行分析。

7.3.1 指标选择和数据来源

代表海洋经济增长与环境污染水平的指标有很多，本章选取我国四大海域未达清洁海域水质面积作为海洋环境污染水平的指标，同时选取四大海域的海洋生产总值作为海洋经济增长指标来探讨分海域经济发展与环境质量之间的关系，但由于统计年鉴中没有直接关于四大海域统计的未达清洁海域水质面积及海洋生产总值情况，本章就自行定义了四大海域所包含的省份，例如，渤海包括天津、河北及辽宁；黄海则包括江苏和山东；东海包括上海、浙江、福建和广东；南海则包括广西和海南。当然这样的数据处理方式与实际情况一定存在出入，会导致计算结果存在偏差，这也是本章实证部分存在的一点缺陷。时间上本章则选取海洋经济发展的初级阶段，即 2002～2013 年，所有的数据来源于《中国海洋统计年鉴》《中国环境统计年鉴》《中国海洋环境质量公报》。

7.3.2 模型设定

在进行模型设定之前我们分别考察了渤海、黄海、东海与南海四个海域的海洋生产总值及未达一类清洁海域海水面积，从图 7-11、图 7-12 中可以看出，四大海域海洋生产总值在 2002～2013 年都保持平稳的上升趋势，而伴随着海洋经济的不断增长各海域未达清洁海域海水水质面积的折线图呈现“U”形、“N”形的 EKU 曲线特征。因此，本章回归模型将采用二、三次方函数模型两种形式对两者关系进行全面分析（二次方函数形式简记为模型，三次方函数形式简记为模型 2），如下：

$$y_{it} = \beta_0 + \beta_1 x_{it} + \beta_2 x_{it}^{\ 2} + \beta_3 x_{it}^{\ 3} + X_{it} + \varepsilon_{it} \qquad (7\text{-}1)$$

其中，i 表示各个海区；t 表示时间；y_{it} 表示各海区污染海域面积；β_0、β_1、β_2、β_3 表示不同海域的效应；x_{it} 表示各海域海洋生产总值；X_{it} 表示其他影响海域环境的控制变量，图 7-13、图 7-14 所示分别为各海域第二产业所占比重（结构变量）及各海域沿海地区年末人口数（规模变量）；ε_{it} 为随机干扰项。

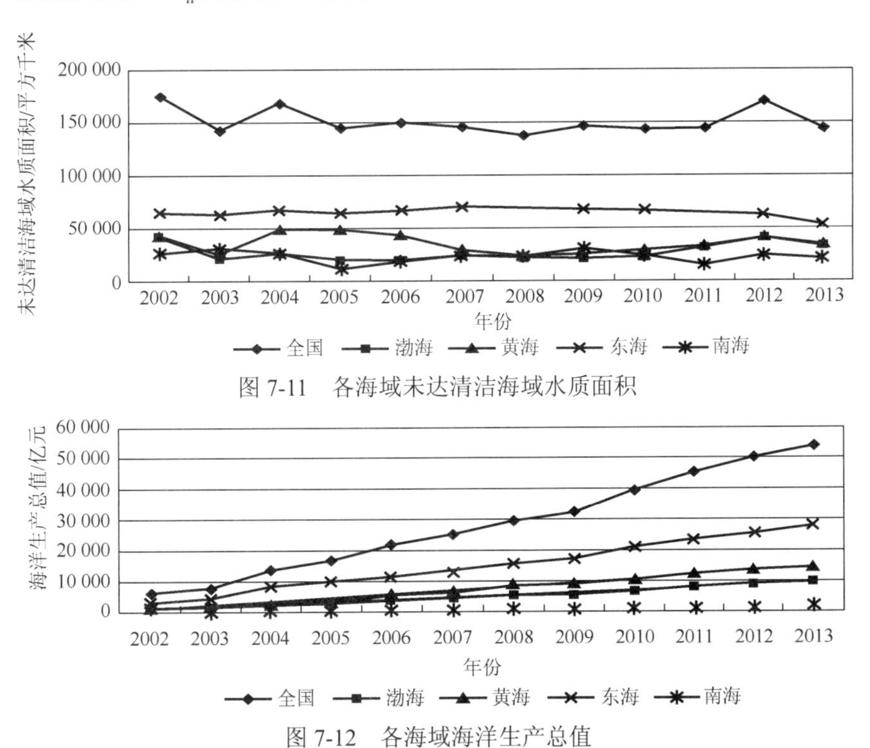

图 7-11 各海域未达清洁海域水质面积

图 7-12 各海域海洋生产总值

资料来源：《中国海洋统计年鉴》（2002～2013 年）

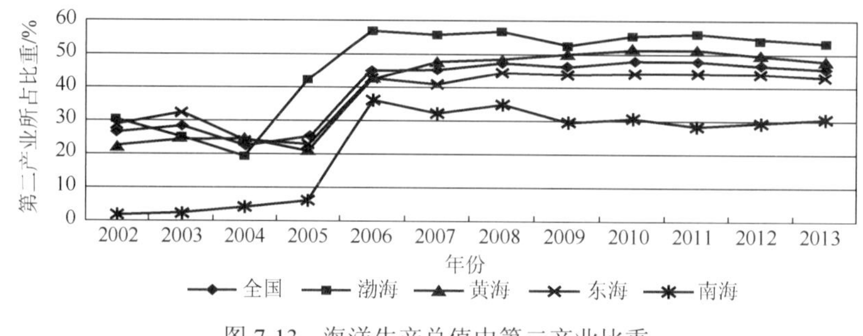

图 7-13　海洋生产总值中第二产业比重

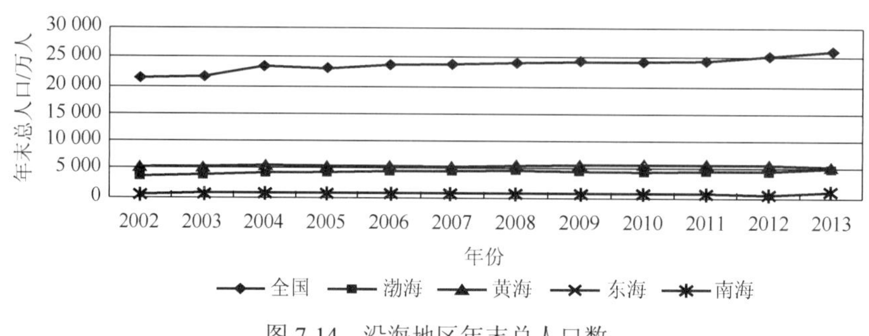

图 7-14　沿海地区年末总人口数

资料来源：《中国海洋统计年鉴》（2002～2013 年）

根据 EKC 理论，模型的结果可以分别表示七种关系，如表 7-10 所示。

表 7-10　EKC 曲线关系类型

β_1	β_2	β_3	关系
>0	=0	=0	经济增长，环境质量恶化
<0	=0	=0	经济增长，环境质量改善
>0	>0	=0	“U”形
>0	<0	=0	倒“U”形
>0	<0	>0	“N”形
<0	>0	<0	倒“N”形
=0	=0	=0	没有联系

由表 7-10 可以知道，模型中系数的取值情况直接影响经济增长与环境质量之间的关系。

7.3.3　平稳性检验和单位根检验

本章使用的数据是面板数据，为避免出现伪回归的现象，我们首先需要使用 EViews7.2 对各个变量进行平稳性检验。检验的结果如表 7-11 所示。

表 7-11　各变量的平稳性检验结果

变量	LLC 检验
各海区污染海域面积	−2.185 08**（0.014 4）
各海域海洋生产总值	3.190 35（0.999 3）
各海域沿海地区年末人口数	−3.973 85**（0.000 0）
各海域第二产业所占比重	−1.499 06*（0.066 9）

注：括号中为 P 值，估计方程包括控制变量

**和*分别代表在 5%、10%水平下平稳，即拒绝存在的单位根原假设

由表 7-11 可知，大部分变量的序列在检验方法中显示为平稳，即不存在单位根，但是各海域海洋生产总值的检验结果显示的是存在单位根的结果。所以，我们需要对各海域海洋生产总值进行一阶差分，结果显示的是一阶差分后拒绝原假设（是单位根），因而一阶差分是平稳的。与此同时，我们对存在单位根的现象进行了协整检验，检验的结果是拒绝原假设，因此，本章仍然选择保留各海域海洋生产总值这一变量。

7.3.4　模型结果分析

在采用面板数据进行线性回归时，我们先对式（7-1）进行了 F 检验分析，由于二次型模型的个体随机检验结果是拒绝原假设，选取个体固定效应模型，由于研究年份是 2002～2013 年，在这期间我国海洋各项指标并未出现较大的结构性变动，这样的选择方式是合理的。而三次型模型的 F 检验结果是接受原假设，则选取混合回归模型。在此基础上，通过上文建立的式（7-1），我们使用 EViews7.2 得到如下估计结果，如表 7-12 所示。

表 7-12　海洋经济发展与海洋环境质量关系（回归分析）

变量	模型 1		模型 2	
	系数	t 值	系数	t 值
截距项	53 042.85***	2.661 101	25 295.77***	8.704 81
海洋生产总值	1.527 85***	2.724 838	−2.218 869	−1.450 821
海洋生产总值的平方	−4.63***	−3.025 383	0.000 258**	2.048 802
海洋生产总值的三次方	—	—	−7.37***	−2.426 034
沿海地区年末人口数	−2.825 341	−0.784 101	3.935 918***	7.636 649
海洋第二产业比重	−131.680 2	−1.400 184	−205.174 3*	−1.860 780
可决系数	0.942 403		0.876 231	
修正可决系数	0.932 324		0.862 385	
F 统计量	93.497 77		59.475 74	
备注	倒“U”形		倒“N”形	

***、**和*分别代表在 1%、5%、10%水平下显著

在表 7-12 中我们对式（7-1）进行了两次估计，第一次估计的是二次函数形式模拟的环境库兹涅兹曲线，第二次估计的是三次函数形式的环境库兹涅兹曲线。这样的处理是为了找到更好的拟合模型，从而对两者关系进行更为科学的分析。

从表 7-12 的估计结果中，我们可以发现，首先，两个回归方程的可决系数、修正可决系数及 F 统计量值均较高，这直接说明了设定模型能较好地拟合实际。并且单从三项指标来看，模型 1 比模型 2 的拟合效果更好。其次，对模型 1 进行估计后，沿海地区年末人口数及海洋第二产业比重两个控制变量的估计值不显著，而其他变量对海洋环境污染有不同程度的显著的影响，其中，海洋生产对环境污染的影响为正，而海洋生产总值的平方对海洋环境污染的影响为负，剔除不明显的变量，我们得到模型 1 的估计结果：在二次型的模型检验中，海洋生产总值与海水污染面积表现为倒“U”形的 EKC 形状，在 2002～2013 年，中国沿海四大海域海洋经济的增长先是导致沿海海洋环境的污染逐渐严重，在到达一定的时间点后海洋环境污染状况有所缓解，逐渐下降，这不仅说明我国海洋经济发展和海洋环境质量之间有紧密的联系，还清楚地展示了两者之间的走向关系，即海洋经济发展对环境的影响是先污染后改善的。

在模型 1 分析的基础上，我们又对模型 2 同样进行了对应的分析：首先，我们发现在模型 2 中除了海洋生产总值，两个控制变量的估计值也都显著。其次，在三次的模型中，海洋生产总值与水污染面积之间表现出由倒“U”形与“U”形组合的倒“N”形 EKC 形状，在海洋经济发展的过程中，污染量并非单纯的下降上升，而是出现了一种反复波动的现象。同时，控制变量的估计值较为显著，东部沿海地区的年末人口数对地区环境污染有加重的影响，可想而知东部沿海地区不断膨胀的人口会带来陆源污染物增多，从而影响近海环境，而地区第二产业结构的比重却与海洋污染呈现反向的关系，但相比人口数这一控制变量 1%的显著性，产业比重 10%的显著性有较大误差存在的可能，并不具有较大的参考价值，同时，第二产业比重实际上变化不大，因此该控制变量解释效果较弱。我们得到模型 1 的估计结果：总体上来说，在 2002～2013 年，东部沿海地区的经济发展和环境质量表现出一种相互影响的关系，即经济的发展会对环境质量产生影响，而这种影响的具体形式又是不断波动的，在海洋开发初期，海洋经济增长对环境影响不大，海洋污染甚至有减少的趋势，随后人类经济活动对环境的恶性影响出现，海洋环境破坏程度不断加剧，之后在污染到达一定数量后又开始下降。

总体上来说，模型 1 和模型 2 都能分析出我国各个海域海洋经济产值与海域污染水域面积之间的关系，且这两者之间的关系形状十分明显，两个模型都能回答出我们之前假设的两者存在一定关系的准确性。

7.3.5　结果解释

实证分析的结果显示在 2002～2013 年，我国海洋经济发展与环境质量之间的 EKU 曲线并不固定。当然，模型的结果与变量选择，数据准确性有很大的关系（彭水军和包群，2006）。但是，虽然沿海各地区海洋经济活动确实会对海洋环境质量状况产生负面影响，这某种程度上已经体现在模型中，两者之间的关系却不是简单的线性上升也不是简单的线性下降，在海洋发展的过程中，保护海洋环境的法律法规以及相关的措施也在跟进。2002～2013 年整个东部沿海地区及海域的这种倒“U”形与倒“N”形的 EKC 曲线在某种程度上也可以反映出我国沿海地区海洋环境保护工作的历程。

首先，从海洋法规建设的角度考虑。我国海洋经济发展起步较晚，早期沿海地区的海洋资源开发水平较低，而受世界海洋经济发展的影响，我国加快发展海洋产业，为使其形成国民经济新的增长点，我国制定并于 2003 年颁布了《全国海洋经济发展规划纲要》（以下简称《纲要》），《纲要》规划期为 2001～2010 年。同时在《纲要》发布之前，国家为规范海洋开发活动，保护海洋生态环境，先后公布实施了《中华人民共和国海洋环境保护法》《中华人民共和国海上交通安全法》《中华人民共和国渔业法》《中华人民共和国海域使用管理法》等一系列法律法规。然而，在我国海洋经济发展初期，由于海洋经济发展缺乏有效的指导和规划，海洋资源开发管理体制并不完善，海洋产业结构性矛盾突出，粗放型生产方式较为普遍，同时部分海域生态环境不断恶化，再加上海洋科技水平较低，整体的利用开发效率不高，导致海洋环境破坏严重，使我国海洋经济发展走上先污染的道路。而可持续发展的方针以及海洋保护的浪潮使我国海洋开发早期的困境有所缓解，根据国家海洋局发布的报告，我国在 2006 年之前采取了诸多海洋环境保护的行动。实行陆源污染物排放的控制，集中整治了沿海地区的生态环境，推进全国渔业五年计划，保护海洋资源，并且不断建立海洋保护区，促进海洋结构合理化。同时推进海洋环境保护的国家计划开始实行，如针对海洋环境最严重的渤海湾地区，就有《渤海碧海行动计划》，国家相关法律法规及管理制度更加全面。除此之外，我国科技部等有关部门为海洋环境保护开展了一系列科学研究活动，并且在加入 WTO 的背景下，我国还积极与联合国环境署合作，卓有成效。我国海洋环境走向合理发展的道路，环境污染的现象在一系列的保护措施下有所缓解。

其次，不断建立海洋类型的自然保护区。我国海洋自然保护区的建设起步较晚，20 世纪 80 年代末开始建立海洋自然保护区，1989 年年初，沿海地方海洋管理部门及有关单位，在国家海洋局统一组织下，进行调研、选点和建区论证工作，选划了昌黎黄金海岸、山口红树林生态、大洲岛海洋生态、三亚珊瑚礁、南麂列岛等五处海洋自然保护区，1990 年 9 月国务院批准为国家级海洋自然保护区。自然保护区的建立时间较晚，但是后续保护区不断增多，对我国海洋环境的保护起到了巨大的作用。截止到 2013 年，我国已有的保护区个数为 113 个，其中，国家级的就有 30 个，总的保护区面积已经达到了 48 503 平方千米。具体的沿海区域海洋类型自然保护区建设情况如表 7-13 所示。

表 7-13 2013 年沿海区域海洋类型自然保护区建设情况

地区	保护区数量/个	按保护级别分/个		按保护类型分/个			保护区面积/平方千米
	已建	国家级	地方级	海洋和海岸生态系统	海洋自然历史遗址	海洋生物多样性	
环渤海经济区	37	11	26	19	3	15	16 101
长江三角洲	12	5	7	2	2	4	2 386
海峡西岸经济区	12	3	9	5	2	5	1 089
珠江三角洲经济区	50	5	45	20	0	28	3 820
环北部湾经济区	22	6	16	2	0	19	25 107

资料来源：《中国海洋统计年鉴 2014》

从保护区的建设上就能看出国家对海洋保护的力度已经不断加大，同时海洋保护的种类趋于多样，如表 7-13 中按保护类型分就有海洋和海岸生态系统、海洋自然历史遗址遗迹海洋生物多样性，保护区的建设确实为缓解海洋经济对海洋环境造成的压力有着直接的正向作用。

最后，我国国家科技部和有关部门，为了保护海洋环境开展了一系列的科技研究。在 1996 年，国家有关部门联合制定了《"九五"和 2010 年全国科技兴海实施纲要》，其中的重要攻关项目就有关于海洋环境的"海岸带环境与资源可持续利用关键技术研究"；在同一年，海洋高新技术列入"863 计划"中，有关海洋环境的问题也被提及；1997 年，国家提出了"973 项目"，项目中若干项关于海洋环境整治的项目，如近海有害赤潮预测防治等；国家"十五"期间提出了有关"海湾系统养殖容量与环境优化技术"的课题；2006 年发布的《国家中长期科学和技术发展规划纲要》对海洋科技关注的同时，特别提及"海洋资源可持续利用以及海洋生态环境保护"；国家"十一五"规划中，明确提出海洋科技对海洋减灾防灾以及海洋管理上的支撑能力；2008 年，国家海洋局印发的《全国科技兴海规划纲要（2008—2015）》中提出了到 2015 年我国海洋科技发展的总体目标中有一条就是海洋开发与海洋生态环境保护协调发展；2011 年，提出了"十二五"期间对海洋发展规划，相比之前的五年计划，海洋环境监测探测技术装备国际化水平显著提高，监测能力初步形成。可以说，不断强调的海洋科技进步及海洋科技发展为我国海洋环境保护提供了手段与工具，也是近几年我国海洋经济发展过程中，人为因素对海洋环境影响减小的重要原因。

7.4　结论和政策建议

本章首先对近几年来中国海洋经济增长与环境质量状况进行了概括性描述。通过有关数据以及趋势图的比较，可以看出从 2002 年开始海洋经济已经进入一个高速发展的时期。然而，海洋经济发展也使得海洋环境受到了不同程度的破坏，一些海洋环境质量指标显示出近几年海洋环境生态异象频发，海洋污染状况呈现阶段性的特征。与此同时，在海洋经济不断发展的背景下，为了进一步探究海洋经济发展与海洋环境之间的关系，本章选用了 2002～2013 年全国四个海区的相关数据，通过分析面板数据，建立模型得出海洋经济发展与环境质量变化之间的动态关系。实证分析的结论如下。

第一，从模型 1 来看，海洋经济增长与环境质量之间存在着显著的关系。我国海洋生产总值以及未达第一类海水水质海域面积的指标可以很好地说明这一点，模型 1 的实证结果显示：首先，我国海洋经济的增长会对海洋环境质量产生影响，然而这种影响并不是普通的线性关系，而是一种先上升后下降的倒"U"形变动趋势。这是因为在海洋经济发展早期，产业结构不合理，生产方式粗放，环保意识不强，法规不健全导致环境恶化，而在经济发展到一定阶段后，经济增长方式日趋合理，经济增长不再以环境破坏为代价，使得环境质量有所好转。

第二，从模型 2 来看，海洋经济增长与环境质量之间并非简单的倒"U"形结构，而是一种"U"形与倒"U"形结合的形式，这进一步完善了模型 1 的结论。实证结果显示：

首先，经济增长会对环境质量产生影响，经济增长的初期，环境污染不明显甚至有所缓解；其次，粗放型的海洋经济增长方式使得海洋环境质量很快恶化，这使得两者表现出明显的反向作用，经济增长以环境恶化为代价；最后，不断完善的海洋环境保护手段与措施，使得海洋环境开始好转。但一方面由于我国海洋经济还处在起步阶段，沿海各地对海洋开发的力度还在不断加大，保护措施很难跟得上，另一方面，人类海洋保护意识还是普遍不高，自上而下的保护措施的持续性值得商榷也说明我国海洋环境质量会有一种不稳定的特点，海洋环境污染将反复发生，并没有得到有效的遏制。根据上文的内容及实证分析的一系列结论，本章针对目前海洋经济发展及环境保护所存在的问题提供以下几条政策建议。

海洋环保意识薄弱，环保投入力度不够。一直以来，我国的环境治理行动一般都是自上而下由政策驱动的，公民的环保意识不强，需要适当地拓宽社会力量自主参与的途径和方式来提升个体责任的水平（赵宗金，2012）。而在公民的海洋环保意识较弱的背景下，很难真正改善海洋环境，毕竟具体参与到海洋经济活动中的都是我们的普通公民，因此我们只有在强调每位公民对海洋环境保护的责任，使大家建立起海洋主人翁的意识后，才能使参与海洋生产实践等各项活动的个人能切身感觉到自己应该对我们所处的海洋环境进行相应的改善以及保护，从而从下到上反逼出一个美好的海洋家园。

此外，本章研究显示，海洋环境质量状况并未得到有效控制，环境质量有可能再次面临恶化，而环境质量变化的循环与环保力度不够是密切相关的，一些学者提到（张真真等，2009），一个国家在经济高速发展的时期，环保投入要占到国内生产总值的1%～1.5%才能有效控制环境污染，超过 3%才能使环境质量有明显的改善。而长期以来，我国总体的环保投入还不到 GDP 的 2%，更不用说海洋环保投入的比重。我国海洋环境污染在目前尚未得到控制，还必须加强环保的资金投入力度，同时应该号召政府、企业及全社会多方力量共同结合来治理污染。

海洋资源开发无序，海洋经济发展规划滞后。从本章可以看出海洋经济发展的重要性日趋显现，海洋经济发展是未来的趋势，虽然实证分析中经济增长会对海洋环境产生不利影响，但并非对海洋资源的开发利用都会造成海洋环境的破坏，在合理有序的开发背景下，海洋环境与经济可以和谐相处。而目前我国海洋开发并没有进入一个有序的轨道，如无视休渔期进行的渔业操作、无序开发海岸线和港口资源，盲目围垦造田，填海造地，粗放型的沿海滩涂养殖，海洋运输等作业及面向海洋排放污染物等，都会使海洋环境不堪重负。这就需要我们做好海洋开发工程项目的有效监督与审查，要加强建设项目对海洋生态环境影响的整体评价，建立相应的追责机制，将海洋合理开发的责任落实到具体的单位、企业甚至个人。同时做好对海洋生态保护的整体规划，统一规划、科学管理，解决盲目开发的格局，并且不断加强人们的“海洋国土”意识，保护我们的海洋家园。

除此之外，我国虽然颁布了相关的海洋经济发展规划纲要，在结合我国海洋经济发展特点和问题上提出了长远的发展目标，但是这发展规划性文件在某种程度上还存有许多缺陷，一方面，发展规划中并没有提出什么具体的措施，没有针对具体问题提出相应的手段；另一方面，由于政策的时滞性，海洋经济的发展面临的外界条件确实是在时刻变化的，纲领性文件的出台需要多方的探讨、长时间的协商，会存在一定的滞后。因此，这些都需要我们对已有的规划不断地更新调整，同时又要具有高瞻远瞩的能力，不断预测出未来海洋的发展趋势，提前做出设想，做到早预防、早治疗、早止损。

海洋法律法规建设不完善，执法力度不够，海洋环境保护与海洋经济发展缺乏保障。虽然上文中我们提到了目前我国针对海洋经济发展、海洋环境保护的众多海洋法律及法规，但总体上我国海洋管理的相关综合法规仍旧十分缺乏。虽然我国很早就开始进行海洋的综合管理，但是与主要发达国家相比，海洋法律法规体系依然不完善，法律法规的实施效果也不尽如人意，立法存在滞后性。而不断完善海洋法律法规政策作为国家发展重要任务之一（Chang et al.，2014b），暗示我们要想有力地保障海洋经济环境的和谐共赢就必须要加强有关海洋的政策制定。我国的海洋立法步伐必须要加快，并提高海洋立法技术，在数量和质量上，缩小与发达国家之间的差距。

与此同时，在海洋法制方面还存在海洋执法力度不够的问题。我国目前的海洋管理体制确实比较混乱，权责不清、执法水平不够是普遍存在的问题，这将非常不利于我国海洋事业的发展。面对这样一个问题，我们必须分步骤采取措施，慢慢解决这一问题，既不急功近利，也不视而不见，通过有效科学的手段逐步打破原来的海洋管理体制，打破原有的局面，使海洋各部门的办事透明度更高，联动性更强，执法手段更为科学有效。

海洋功能区并不健全。本章中的 EKC 曲线可以很好地判断出海洋经济发展与海洋环境保护的关系，然而每个海域的具体情况却有不同的特点，并不是每个海域的海洋经济发展与环境质量都呈现相同的关系。像渤海一直是我国海洋生态环境破坏最为严重的海区，环渤海地区工业发达，人口稠密，每年几十亿吨的工业、生活、市政污水和上百亿立方米的河流径流将上百万吨的污染物无节制地排入渤海近岸海域，这种陆源排污直接导致了渤海近岸海域环境污染严重。同时，作为我国唯一的半封闭型内海和全球一个典型的封闭海之一，渤海自身较弱的水交换能力根本无法消解如此巨大的陆源排污压力。因此，渤海的环境质量状况相比较其他海区更为严重，这就不能将治理南海、东海、黄海的方法用到渤海上，因此各个海区差异的存在就决定了各个海域所应该具有的功能及开发的用途应该有所不同，为各个海区制定不同的海洋发展方针是改变目前海洋状况的前提。因此，在这种背景下，我们要充分考虑各海域的自然属性及社会需要，对我国海区进行功能性划分，这样会使得海洋优势得到充分体现，也可以起到保护海洋环境的效果。

海洋科技水平不高，科技成果较少。虽然我国接二连三地出台相应的政策鼓励我国海洋科技的发展，但是与其他产业类似，海洋领域的科技水平还是很落后，科技成果产业化的水平不高。这一方面是由于我国海洋创新机制并不完善，同时也是因为我国海洋知识储备有限，海洋技术人才非常匮乏。这种海洋科技发展存在的困境不利于海洋产业的升级，也不利于海洋结构的优化，从而会间接影响海洋环境的改善。因此，重视海洋科技发展，完善海洋科技发展体制，培育海洋专业人才十分重要。在当前，我们可以针对海洋技术提出一些具体可行的措施，如促进科学和技术、科学和产业的结合，制订海洋科技人才培养的计划，加强国际交流等（中国科学院国家自然科学基金委员会，2012）。

7.5　案例：山东半岛海洋经济与海洋环境质量的环境分析

近些年来，海洋经济发展与海洋环境质量之间的问题一直为人们所关注。在海洋经济发展初期，由于人们对海洋资源的过度开采和对海洋环保意识较差等多种原因，海洋环境质量较差，但随着产业结构的合理调整，对海洋环境保护力度的加大和人们环境意识的提高，使得海洋环境质量开始发生好转。在作为我国重要的沿海开发省份之一，山东省有着极为丰富的海洋自然资源、广阔的海洋发展空间和巨大的开发潜力。然而，伴随着山东半岛地区海洋经济的迅猛发展，海洋环境质量开始下降。

本案例通过山东半岛地区海洋经济发展历程和当前现状进行简要分析，同时介绍该地区海洋经济发展特色优点及科技创新和海洋新兴产业在经济发展中的重要作用，深刻探讨山东半岛地区发展海洋经济的区位优势，主要包括：区位环境优越、自然资源丰富、科技力量较强等，结合当前山东半岛地区海洋经济发展过程中对环境质量造成的影响和事实，重点分析了海洋经济发展与环境质量之间的问题，从健全环境检测体系、加大海洋环境保护恢复力度、海洋资源产权化、经济建设和产业规划等多个角度，提出相应的建议与意见。

7.5.1　山东半岛海洋经济发展历程及发展现状

1. 发展历程

自山东省在 20 世纪 90 年代初我国第一次大规模海洋工作会议上提出建设“海上山东”的发展战略，其在二十几年内对“海上山东”的建设投资不断增加，政策扶助强度日益增强，提出“开发海上半壁江山，建设海上山东”的战略构想，推动山东半岛海洋经济迅猛发展，使海洋经济成为推动山东社会经济发展的重要增长极。

在总结“海上山东”建设经验的基础上，山东半岛地区的海洋经济得到跨越式发展。如图 7-15 所示，海洋产业总值由 2008 年的 5346.3 亿元增加到 2013 年的 9696.2 亿元，其中海洋经济第一产业产值相对比较稳定，而第二、第三产业产业逐年增加。可以说，该地区坚持立足于海洋经济发展，将海洋经济发展作为新的经济增长极，推动了海洋经济的迅速发展。2008 年山东省开始实施的“一体二翼”战略对海洋经济产业结构产生较大的调整，原先的产业布局得到更好的优化，目前海洋经济产值更多地集中在第二、第三产业。从图 7-16 可以发现，山东省海洋总值占全国海洋总值的比重虽然在 2009～2011 年有所下降，但整体相对比较较为稳定，在 18%附近上下波动，说明山东半岛地区海洋经济的良好发展已成为我国海洋经济增长的重要组成部分。

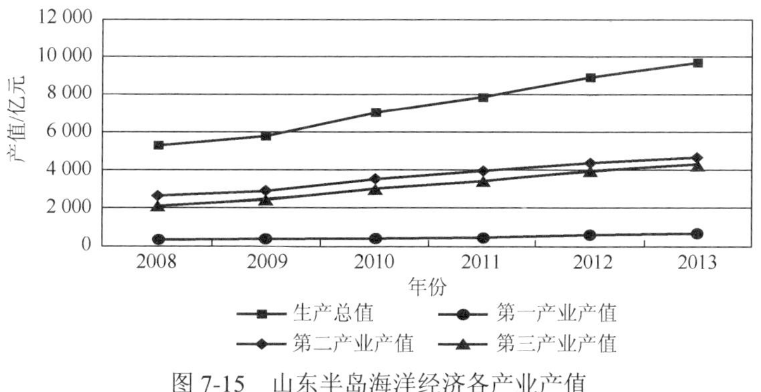

图 7-15　山东半岛海洋经济各产业产值

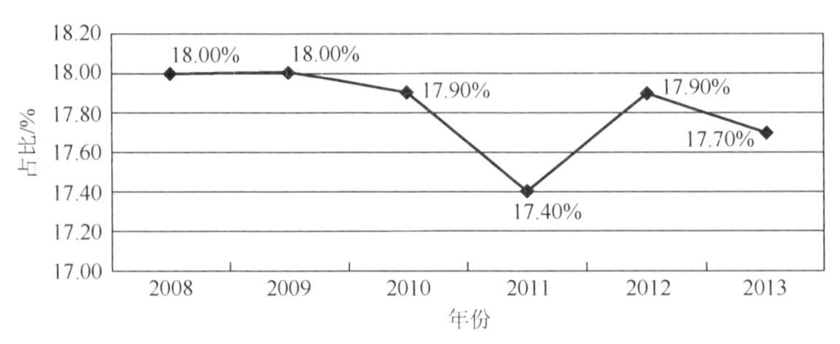

图 7-16 山东省海洋总值占全国海洋总值的比重

资料来源：2008～2013 年《中国海洋统计年鉴》和《山东省统计年鉴》

2. 发展现状

1）地区海洋经济规模迅猛增大

山东半岛地区海洋经济在全国沿海地区扮演着重要的角色，海洋产业规模及总值处于相对较高的水平。自 2008 年起，山东半岛海洋经济在原先的基础上，以每年 8%以上的增长速度迅猛增长。如图 7-17 所示，山东省用了 6 年的时间，使得该地区海洋总值由 2008 年的 5346.30 亿元增长到 9696.20 亿元，山东海洋总值占全省生产总值的比重在 17%上下波动，表明海洋经济已经成为山东国民经济发展的一个稳定增长极。

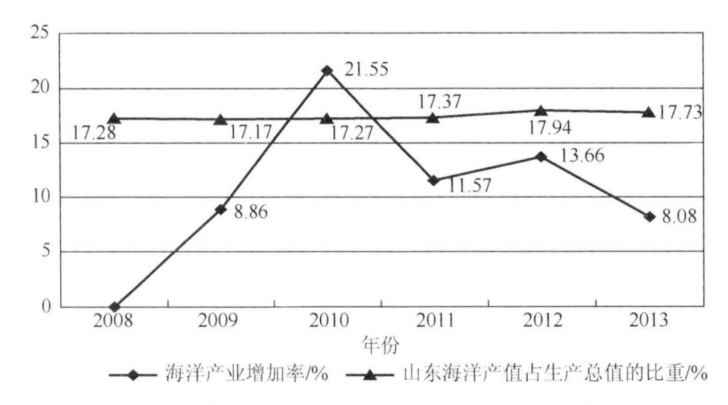

图 7-17 山东半岛海洋产业增长率及山东海洋产值占全国海洋总值的比重

资料来源：2008～2013 年《中国海洋统计年鉴》和《山东省统计年鉴》

2）海洋产业结构不断得到优化调整

山东利用自身的发展优势及极为丰富的海洋资源及一系列创新性政策扶持，积极努力对海洋经济结构进行优化调整。如图 7-18 所示，第一产业产值比重由 2005 年的 50.7%下降到 2013 年的 7.3%，第二、第三产业产值比重分别由 2005 年的 21.6%和 27.7%上升到 2013 年的 47.4%和 45.3%，呈现出稳步上升的态势。9 年间，山东半岛海洋产业结构比重出现较大调整，主导产业由原先的第一产业转移到第二、第三产业，其中以海洋新兴产业为主，如滨海旅游业和海洋生物业等以海洋高新科技为依托的新兴产业。

3）海洋科技创新逐步促进海洋经济发展

海洋产业的发展离不开海洋科技水平的提高，海洋科技创新有助于推动海洋产业的

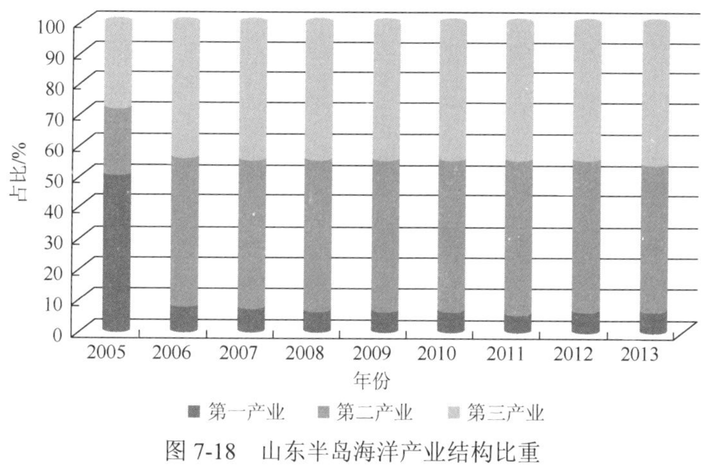

图7-18　山东半岛海洋产业结构比重

资料来源：2005～2013年《山东省统计年鉴》

技术革新，促进海洋经济发展，提高海洋经济发展水平。而海洋科技人才以及海洋科研机构则是海洋科技创新的摇篮和基础，山东作为一个海洋科技人才大省，海洋科研实力居全国首位。目前，山东省拥有涉海科研、教学事业单位60余所，已建成省部级海洋重点实验室29个，国家级科技兴海示范基地10个、12个涉海大型科学数据库和9处海洋科学观测站。已在青岛建成国家海洋科学研究中心。近年来，海洋科技进步对海洋经济发展水平的贡献率不断提升，已经达到60%。广泛而综合地利用高科技创新凸显竞争优势有利于海洋经济的快速发展，如青岛率先建设海洋高科技城，烟台、威海积极发展渔业深加工，东营、潍坊、滨州积极建设滩涂贝类优势产业带等，这对推动山东半岛海洋经济发展具有重要意义。

4）海洋新兴产业成为新的经济增长点

海洋新兴产业是以海洋高新技术为依托的新型海洋产业。近年来，随着大量新兴高端创新科技在海洋相关产业的运用，滨海旅游业、海水利用、海洋环保等新兴海洋产业以较为迅猛的势头进一步发展。在海洋渔业、海洋油气业等传统海洋产业稳步发展的同时，滨海旅游业和海洋交运业等新兴海洋第三产业则是得到高新技术的支持，逐步成为海洋主导产业，而像海洋电力业、海洋生物制药业等高新技术型新兴海洋产业也获得了较大的发展。以海洋高新技术为依托的海洋新兴产业已经逐渐发展壮大起来，为山东省海洋经济发展做出贡献，成为新的经济增长点。

7.5.2　山东半岛海洋经济发展区位优势

山东半岛海洋经济发展区位优势主要体现在以下几个方面。

1. 区位环境优越

山东半岛地区临近环渤海经济圈，有着巨大的经济腹地支持，且与东北老工业基地隔海相望，基础设施较好，同时毗邻朝鲜半岛、日本列岛和俄罗斯远东地区，国际经济交流合作相对方便，利于海洋经济的发展。

2. 资源优势明显

山东半岛拥有丰富的海洋自然资源，据统计，2013 年山东省海洋生产总值占全国海洋生产总值比重为 17.7%，居全国第二位；海洋渔业、海洋盐业、海洋工程建筑业、海洋电力业增加值均居全国首位，海洋生物医药、海洋新能源等新兴产业和滨海旅游等服务业发展迅速。此外，作为我国最大的半岛，山东半岛海洋空间资源类型齐全，可用于开发建设的空间广阔，其拥有 15.95 万平方千米海域面积、6.4 万平方千米的陆域面积，以及丰富的优质沙滩资源、300 余个尚未开发利用的大型海岛，陆地海岸线约占全国的 1/6。这综合表现出山东半岛的资源优势。

3. 科技力量雄厚

山东是全国海洋科技力量的聚集区，是国家海洋科技创新的重要基地。国家级和市属以上的海洋科研、教学机构 55 所，拥有 1 万多名海洋科技人员，占全国同类人员的 40%多。拥有 24 家省部级重点实验室，9 处海洋科学观测站台，20 多艘海洋科学考察船，涉海大型科学数据库 11 个，种质资源库 5 个。另外，还承担了 500 多项“863”计划和国家自然科学基金海洋项目，取得了一系列具有原创性和处于国际前沿科研水平的成果。科技在山东海洋产业中的贡献率达 50%以上。

4. 发展环境有利

山东省实施的半岛城市群建设、半岛制造业基地建设、生态省建设等重大战略决策都与海洋有着密切的关系。从区域经济发展来看，我国经济增长的重心由东南沿海向北扩展的趋势明显，山东地处关键环节，区位条件、生产要素、资源禀赋、产业体系具有明显优势。资本、技术、人才的不断输入，为海洋经济发展创造了有利的环境条件。

7.5.3　山东半岛海洋经济存在的问题

由于本节主要分析山东半岛地区海洋经济与海洋环境质量，故而在这里主要讨论海洋经济增长与环境质量之间的问题。随着山东半岛地区海洋经济的持续迅猛发展，海洋环境污染日益严重，环境质量下降，主要体现在以下几个方面。

1. 水污染、大气污染

通过对山东半岛地区污染指标的分析，可以明显地发现工业废水、废气排放总量呈逐年增长趋势，尤其是废水排放总量，其年增长趋势更为明显，这表明该地区水污染、大气污染在逐年加剧。

2. 海洋污染

虽然山东半岛近岸海域仍主要以清洁和较清洁海域为主，但近岸海域污染日趋严重，局部海域污染程度在加剧，特别是港口、海湾、河口及靠近城市的海域，污染尤为严重。据国家环境保护部公布的《2014 年中国近岸海洋环境质量公报》显示，山东半岛莱州湾地区生态监控区健康状况为亚健康，部分地区监测站气溶液中污染物含量明显增加，尤其是铵盐含量。通过对沿海各省份 432 个日排污水量大于 100 立方米的直排海工业污染源、生活污染源、综合排污口进行检测，结果表明，山东省日排污水量大于 100 立方米的直排海污染源数量较多，占全国的 10.65%。说明山东半岛地区海洋污染较为严重。

另外，海上重大污染事故的发生对海域环境的影响也是至关严重的，如 2011 年 6 月 4 日渤海海域发生的蓬莱 19-3 油田溢油事故，造成 6200 平方千米海面遭受污染，劣四类水质海面超过 870 平方千米，致使渤海海域天然渔业资源受到了严重破坏，对沿岸海水养殖生产造成了严重影响。据国家海洋局公布的《2012 年中国海洋环境质量公报》公布的结果，目前海域海洋环境质量、浮游生物群落继续处于恢复中，但其生态环境影响依然存在。海水中石油类含量符合第一类海水水质标准，个别站位石油类含量超第三类海洋沉积物质量标准，鱼类体内石油烃含量基本与事故前水平持平，甲壳类生物体内石油烃含量略高于事故前水平。浮游生物多样性指数、浮游动物幼虫幼体密度基本与事故前水平持平，但鱼卵仔鱼数量仍未得到恢复。

7.5.4 政策建议

加强对海洋生态环境的保护，既是山东半岛海洋经济持续发展的必要条件，也是山东半岛海洋经济高质高效协调发展的表现。通过生态建设、生态恢复工程，调整产业结构、技术结构布局结构，解决环境生态问题，也能够为引进高端人才与高新技术、发展创新型海洋产业提供良好的生活与生产环境，促进经济社会环境的可持续发展。为了实现以上目标，要做到以下几个方面。

（1）要建立健全环境监测体系，实施海岸带综合管理。在加强可持续发展方面的宣传和普及的同时，结合环境监测重点控制陆源污染物的排放，削减重点污染源、控制重要污染物的入海量，加大沿海城市污水处理力度；严格控制船舶及油气开采平台油类污染物的泄露，同时加强近海环境保护的监督与管理，对半岛新建和扩建的海洋工程项目实行严格的海洋环境影响评价制度。积极推进东营、日照、潍坊、威海、烟台（长岛）海洋生态补偿试点和烟台海岸带综合整治试点工作。

（2）要加大对海洋生态环境、海洋生物资源的保护和恢复工作力度。推进海岸带整治修复工程，加强海岛生态建设，大力发展环境友好型生态养殖，从海洋环境监测、海洋环境保护宣传、产业结构调整等不同角度加强对海洋环境污染的防治，减少对海域生态环境的破坏，调整捕鱼业结构和布局保护海洋生物多样性。抓好重点海域生态环境整治，加快建设日照、威海、长岛三个国家级海洋生态文明示范区和日照、威海大乳山等四个国家级海洋公园。

（3）要将海洋资源进行产权化，将海洋资源的价值纳入资产管理轨道，促使人们改变观念，重视海洋资源所具备的价值，从而拓宽生态环保的筹融资渠道，从根本上转变过去的海洋资源使用情况，必须做到有偿使用，确立并完善海洋资源有偿使用制度。

（4）加快推进交通、能源、水利等重大基础设施建设，进一步提升地区承载能力。充分发挥国家深海基地等重大平台的作用，加大海洋资源勘探开发力度。积极建设连通个城市区域的交通网络，分担个别城市过重的交通负担。兴建环保高效的水利设施，解决半岛亟待解决的水资源短缺问题。

（5）从经济建设和产业规划角度，对各地市的规划，不但要高技术、有特色，还要实现低碳环保。要求政府部门在制定相关规划时需审时度势，具备发展性和前瞻性的眼光，以发展循环经济、知识经济等方式，逐步改善环境资源质量，提升区域环境承载力，经济社会环境协调发展。

参考文献

安徽省土地勘测规划院. 2005. 2005年安徽省关于土地利用与生态环境建设协调发展研究报告[R].

蚌埠市人民政府. 1985. 蚌埠五十年[M]. 北京：中国统计出版社.

蚌埠市统计局. 2009. 蚌埠统计年鉴（2009）[M]. 北京：中国统计出版社.

蚌埠市统计局. 2010. 蚌埠统计年鉴（2010）[M]. 北京：中国统计出版社.

蚌埠市统计局. 2011. 蚌埠统计年鉴（2011）[M]. 北京：中国统计出版社.

蚌埠市统计局. 2012. 蚌埠统计年鉴（2012）[M]. 北京：中国统计出版社.

蚌埠市统计局. 2013. 蚌埠统计年鉴（2013）[M]. 北京：中国统计出版社.

蔡国华. 2011. 论当前矿产资源管理存在的不足及对策[J]. 现代商业，（8）：115-116.

蔡宁，郭斌. 1996. 从环境资源稀缺性到可持续发展：西方环境经济理论的发展变迁[J]. 经济科学，（6）：59-66.

蔡守秋. 1995. 论环境标准与环境法的关系[J]. 环境保护，（4）：22-23.

蔡守秋. 2006. 综合生态系统管理法的发展概况[J]. 政法论丛，（3）：5-18.

曹明，魏晓平. 2012. 资源跨期最优开采路径技术进步影响途径研究[J]. 科学学研究，30（5）：716-720.

陈军，成金华. 2015. 中国矿产资源开发利用的环境影响[J]. 中国人口资源与环境，25（3）：111-119.

陈诗一. 2010. 中国的绿色工业革命：基于环境全要素生产率视角的解释（1980—2008）[J]. 经济研究，11：21-34，58.

陈志刚，黄贤金. 2001. 经济发达地区土地资源可持续利用评价研究——以江苏省江阴市为例[J]. 资源科学，23（3）：33-88.

成金华，李世祥，吴巧生. 2006. 关于中国水资源管理问题的思考[J]. 中国人口·资源与环境，16（6）：162-168.

戴从法. 2001. 德国的农业资源管理和农业环境保护[J]. 中国农业资源与区划，22（6）：39-41.

董锋，谭清美，周德群，等. 2010. 资源型城市可持续发展水平评价——以黑龙江大庆市为例[J]. 资源科学，32（8）：1584-1591.

董海荣. 2005. 社会学视角的社区自然资源管理研究[D]. 中国农业大学博士学位论文.

董海荣，左停，李小云，等. 2004. 社区自然资源管理与社区农业生态系统的稳定性[J]. 农村经济，（7）：34-35.

董小俊. 2012. 《从地方分治到参与共治———中国流域水污染治理研究》读后[J]. 首都师范大学学报，（5）：22-26.

董晓峰，刘理臣，张兵，等. 2005. 基于RS与GIS的兰州都市圈土地利用变化研究[J]. 兰州大学学报（自然科学版），41（1）：8-11.

方平，王玉梅，孙昭宁，等. 2010. 我国海洋资源现状与管理对策[J]. 海洋开发与管理，27（3）：32-34.

冯彦，杨志峰. 2003. 我国水管理中的问题与对策[J]. 中国人口·资源与环境，13（4）：37-41.

符淼. 2008. 全要素生产率和产业结构对能源利用影响的实证分析[J]. 数理统计与管理，3（27）：189-196.

傅勇，白龙. 2009. 中国改革开放以来的全要素生产率变动及其分解（1978～2006年）——基于省际面板数据的Malmquist指数分析[J]. 金融研究，（7）：38-51.

高峰. 1987. 可计算的一般均衡（CGE）模型及其应用[J]. 数量经济技术经济研究，（6）：45-51.

高洪成，徐晓亮. 2012. 资源税改革中的价值补偿问题研究[J]. 软科学，26（5）：36-40.

高强. 2014. 山东半岛蓝色经济区海洋经济发展现状及战略研究[D]. 中国海洋大学硕士学位论文.

顾寒琳，谷国锋，李岩，等. 2010. 基于灰色系统理论的吉林省林业产业结构分析[J]. 东北林业大学学报，38（9）：121-124.

《贵州山区社区自然资源管理》课题组. 1999. 贵州山区社区资源可持续利用行为管理的实证研究[J]. 中国人口·资源与环境，9（4）：22-26.

郭慧芳，莫连光. 2007. 灰色关联理论运用于农民收入分析的研究[J]. 财贸研究，（1）：31-37.

郭伟. 2011. 不同水平的森林可持续经营评价体系研究概述[J]. 林业资源管理，（3）：23-27.

国家海洋局. 2006. 中国保护海洋环境免受陆源污染国家报告[R]. 北京：中国国家海洋局.

国家海洋局. 2011. 中国海洋环境深度报告：可持续发展面临四大危机[R]. 北京：中国国家海洋局.
国家海洋局. 2013. 中国海洋经济发展报告[R]. 北京：中国国家海洋局.
国家海洋局海洋发展战略研究所. 2013. 中国海洋经济发展报告[M]. 北京：经济科学出版社.
国家林业局. 2006. 中国森林资源报告[M]. 北京：中国林业出版社：3.
国家林业局. 2013a. 中国森林可持续经营国家报告[M]. 北京：中国林业出版社：3-10.
国家林业局. 2013b. 退耕还林工程生态效益监测国家报告 2013[M]. 北京：中国林业出版社：21.
国涓，王玲，孙平. 2009. 中国区域能源消费强度的影响因素分析[J]. 资源科学，31（2）：205-213.
韩智勇，魏一鸣，范英. 2004. 中国能源强度与经济结构变化特征研究[J]. 数理统计与管理，23（1）：1-6.
郝永志. 1992. 试论自然资源和环境保护的计划管理[J]. 中国人口 • 资源与环境，2（2）：13-16.
何广顺，王晓惠. 2006. 海洋及相关产业分类研究[J]. 海洋科学进展，（3）：365-370.
何金祥. 2006. 中国矿产资源与矿业管理若干基本政策的回顾[J]. 国土资源情报，（9）：30-38.
何金祥，宋国明. 2003. 美国的国土资源管理体制[J]. 国土资源情报，（3）：54-55.
侯元兆. 1995. 中国森林资源核算研究[M]. 北京：中国林业出版社：16.
胡鞍钢，郑京海，高宇宁，等. 2008. 考虑环境因素的省级技术效率排名（1999—2005）[J]. 经济学（季刊），（3）：933-960.
胡德胜，王涛. 2013. 中美澳水资源管理责任考核制度的比较研究[J]. 中国地质大学学报（社会科学版），13（3）：49-56.
胡定金. 2010. 浅谈我国水污染的主要成因及防治对策[J]. 湖北农业科学，49（9）：2290-2291.
黄建文，胡庭兴，张忠辉. 2012. 天然林资源保护工程监测技术[M]. 北京：中国林业出版社：5.
黄瑞芳，王佩. 2011. 海洋产业集聚与环境资源系统耦合的实证分析[J]. 经济学动态，（2）：39-42.
黄智华，薛滨，逄勇. 2006. 太湖水环境演变与流域经济发展关系及趋势[J]. 长江流域资源与环境，（9）：627-629.
贾绍凤，张杰. 2011. 变革中的中国水资源管理[J]. 中国人口 • 资源与环境，21（10）：102-106.
贾晓平，蔡文贵，林钦. 1997. 我国沿海水域主要污染问题及其对海水增养殖的影响[J]. 中国水产科学，（4）：78-82.
江泽慧. 2008. 中国现代林业[M]. 北京：中国林业出版社：11-41.
姜磊，季民河. 2012. 我国能源强度空间分布的集聚性分析[J]. 财经科学，（2）：119-124.
姜文来. 1998. 水资源价值模型研究[J]. 资源科学，20（1）：35-43.
焦峰，秦伯强. 2002. 太湖水环境污染的社会经济因子分析[J]. 地域研究与开发，21（2）：89-92.
靳利华. 2014. 自然界外部性视域下中国生态文明建设策略选择[J]. 生态经济，30（1）：23-25.
阚大学，罗良文. 2010. 我国城市化对能源强度的影响——基于空间计量经济学的分析[J]. 当代财经，（3）：83-88.
兰德尔，施以正. 1989. 资源经济学：从经济角度对自然资源和环境政策的探讨[M]. 北京：商务印书馆.
李国平，陈晓玲. 2007. 中国省区经济增长空间分布动态[J]. 地理学报，62（10）：1051-1062.
李国平，华晓龙. 2008. 我国非再生能源资源定价改革构想[J]. 华东经济管理， 22（6）：33-38.
李华润，刘炳英. 2000. 山东省森林资源管理现状存在问题和对策[J]. 山东林业科技，（2）：45-48.
李金昌. 1994. 环境价值越来越大[J]. 国际技术经济研究学报，（2）：29-35.
李丽华，郭黄金. 2008. 我国流域水污染研究综述[J]. 中国环境管理干部学院学报，（2）：74-76.
李廉水，周勇. 2006. 技术进步能提高能源效率吗？——基于中国工业部门的实证检验[J]. 管理世界，（10）：82-89.
李万莲，由文辉，郑梅. 2007. 淮河蚌埠段水质演变及其原因[J]. 水资源保护，23（4）：30-32.
李显冬，杨城. 2013. 关于《矿产资源法》修改的若干问题[J]. 中国国土资源经济，26（4）：4-9.
李香菊，祝玉坤. 2012. 我国矿产资源价格重构中的税收效应分析[J]. 当代经济科学，（2）：118-123.
李允武. 2008. 海洋能源开发[M]. 北京：海洋出版社.
刘满凤，唐厚兴. 2010. 基于空间 Durbin 模型的区域知识溢出效应实证研究[J]. 科技进步与对策，27（18）：28-33.
刘满平. 2006. 我国产业结构调整与能源协调发展[J]. 宏观经济管理，（2）：24-27.
刘文俭，张传翔. 2006. 土地资源的节约集约利用与城市经济的持续稳定发展[J]. 现代城市研究，21（5）：53-58.
刘晓星，刘俊超. 2015. 淮河变清 担子不轻？——贯彻落实《水污染防治行动计划》系列报道之四[J]. 中国环境报，（1）：1-4.

刘彦随. 1997. 区域土地利用系统优化调控的机理与模式[J]. 资源科学，21（4）：60-65.

刘震，袁金鸿，张海鹏. 2010. 加拿大卑诗省国有森林管理制度及对我国的启示[J]. 林业经济，（9）：125-128.

吕盈. 2013. 东北、内蒙古地区林业产业结构发展的灰色动态关联分析[J]. 福建农林大学学报（哲学社会科学版），16（2）：37-40.

吕忠梅. 2007. 水污染治理的法律观念更新与机制创新——从滇池污染治理案出发[J]. 河南师范大学学报，34（2）：119.

罗慧，赵奎峰，巩在武，等. 2011. 基于数据包络分析法的陕西气象资源效率评估[J]. 气象，37（11）：1438-1442.

罗扬，佘光辉，刘恩斌. 2007. 基于熵权重的喀斯特地区林业可持续发展评价方法[J]. 南京林业大学学报（自然科学版），31（1）：114-118.

马仁峰，李加林，庄佩君. 2014. 中国海洋资源环境与海洋经济研究40年发展报告（1975—2014）[M]. 杭州：浙江大学出版社：211-226.

孟凡强，赵媛. 2009. 不可再生资源、寡头垄断及税收的影响[J]. 经济科学，（3）：103-118.

孟维华，诸大建，周新宏. 2008. 资源消费弹性系数与降低经济增长中的资源消耗[J]. 中国人口·资源与环境，18（3）：114-118.

倪平鹏，蒙运兵，杨斌. 2010. 我国稀土资源开采利用现状及保护性开发战略[J]. 宏观经济研究，（10）：13-20.

牛海鹏. 2011. 耕地保护经济补偿运行机制及补偿效应分析[J]. 地域研究与开发，30（2）：137-142.

庞军，邹骥. 2005. 可计算一般均衡（CGE）模型与环境政策分析[J]. 中国人口·资源与环境，15（1）：56-60.

彭水军，包群. 2006. 经济增长与环境污染——环境库兹涅茨曲线假说的中国检验[J]. 财经问题研究，（8）：3-17.

齐佳音，陆新元. 2000. 中国水资源管理问题及对策[J]. 中国人口·资源与环境，10（4）：63-66.

齐志新，陈文颖，吴宗鑫. 2007. 工业轻重结构变化对能源消费的影响[J]. 中国工业经济，（5）：8-14.

钱丽苏. 2004. 自然资源管理体制比较研究[J]. 资源·产业，6（1）：11-13.

秦宏，谷佃军. 2010. 山东半岛蓝色经济区海洋主导产业发展实证分析[J]. 海洋科学，34（11）：84-90.

秦怀煜，唐宁. 2009. 海洋经济增长与海洋环境污染关系的EKC模型检验[J]. 当代经济，（9）：158-159.

邱尔发，王成，贾宝全，等. 2007. 国外城市林业发展现状及我国的发展趋势[J]. 世界林业研究，20（3）：40-44.

邱建军，王道龙. 2002. 长江中下游地区水土资源可持续利用与管理研究[J]. 中国人口·资源与环境，12（2）：96-100.

曲格平，李心亮. 2007. 中国水污染之患——访中华环境保护基金会理事长曲格平[J]. 环境保护，（14）：10-11.

邵桂兰，杨志坤. 2012. 山东半岛蓝区海洋优势产业选择及战略定位[J]. 东岳论丛，33（7）：38-45.

邵砾群，陈海滨，刘军弟，等. 2012. 基于灰色理论的陕西省林业产业结构分析预测[J]. 西北林学院学报，27（5）：289-292.

邵晓梅，刘庆，张衍毓. 2006. 土地集约利用的研究进展及展望[J]. 地理科学进展，25（2）85-95.

施昆山，关百钧，魏宝麟. 1997. 21世纪世界林业发展战略和经营模式[J]. 世界林学研究，（3）：1-8.

施平. 2010. 基于空间面板数据的中国环境库兹涅茨曲线分析[J]. 世界经济与政治论坛，（6）：105-115.

史丹. 2003. 我国经济增长过程中能源利用效率的改进[J]. 工业经济，（1）：36-43.

舒基元，姜学民. 1999. 资源代际管理与可持续发展[J]. 中国人口·资源与环境，9（3）：11-13.

宋军继. 2011. 山东半岛蓝色经济区构建现代海洋产业体系的对策研究[J]. 山东社会科学，（9）：8-11.

宋马林，王舒鸿，黄蓓，等. 2012b. 我国中部六省产业集聚与扩散的空间计量[J]. 地理研究，31（3）：534-542.

宋马林，吴杰，杨力，等. 2012a. 非期望产出，影子价格与无效决策单元的改进[J]. 管理科学学报，15（10）：1-10.

宋涛，郑挺国，佟连军. 2007. 基于面板协整的环境库茨涅兹曲线的检验与分析[J]. 中国环境科学，（4）：572-576.

孙大超，魏晓平，卢南. 2010. 基于综合开采率的煤炭资源最优开采问题研究[J]. 经济数学，27（2）：41-44.

孙慧. 2009. 基于相对资源承载力新疆可持续发展研究[J]. 中国人口·资源与环境，19（5）：53-57.

孙丽，刘洪滨，杨义菊. 2010. 中外围填海管理的比较研究[J]. 中国海洋大学学报（社会科学版），（5）：40-46.

孙玉环，宋马林. 2015. 调研与教学经典案例[M]. 北京：科学出版社.

孙志霞. 2009. 填海工程海洋环境影响评价实例研究[D]. 中国海洋大学博士学位论文.

唐茂林，李齐放. 2004. 当前我国自然资源管理问题分析[J]. 经济与管理， 18（9）：33-34.

汪权方. 查书平. 1997. 安徽省自然资源的持续利用问题与对策[J]. 安徽师范大学学报，12（2）：169-175.

汪小英，成金华. 2011. 基于产权约束的中国矿产资源管理体制分析[J]. 中国人口·资源与环境，21（2）：160-166.

王安建，王高尚，陈其慎，等. 2010. 矿产资源需求理论与模型预测[J]. 地球学报，31（2）：137-147.

王本祥，罗富和，陈世清，等. 2014. 1978 年以来我国林业发展战略研究综述[J]. 北京林业大学学报（社会科学版），13（1）：1-8.

王迪，聂锐，王胜洲. 2012. 耕地保护外部性及其经济补偿研究进展[J]. 中国人口·资源与环境，22（10）：131-136.

王凤春. 1999. 美国联邦政府自然资源管理与市场手段的应用[J]. 中国人口·资源与环境，4（2）：95-98.

王光升. 2013. 中国沿海地区经济增长与海洋环境污染关系实证研究[D]. 中国海洋大学博士学位论文.

王光升，郭佩芳，谭映宇，等. 2014. 基于单位根检验的沿海地区经济增长与海洋环境污染面板数据 EKC 分析[J]. 海洋环境科学，（6）：429-430.

王华春，唐任伍. 2004. 中国城市土地资源利用及对策[J]. 北京师范大学学报（社会科学版），（2）：124-131.

王化楠. 2013. 中国整合性巨灾风险管理研究[D]. 西南财经大学博士学位论文.

王建萍，凡得·郝斯特. 2011. 地方制度驱动的社区环境保护和自然资源管理——基于中国和泰国的多案例对比分析[J]. 思想战线，37（1）：33-38.

王俊. 2007. 全面认识自然资源的价值决定——从劳动价值论，稀缺性理论到可持续发展理论的融合与发展[J]. 中国物价，（4）：40-42.

王圣志，杨玉华. 2014. 淮河治理二十年，情况怎么样?[J]. 环境经济，（11）：45.

王舒曼，王玉栋. 2000. 自然资源定价方法研究[J]. 生态经济，（4）：25-26.

王万茂，王群，李俊梅. 2002. 城乡土地资源利用的合理规划研究[J]. 资源科学，24（1）：30-34.

王文刚，宋玉祥，丁四保，等. 2011. 林业资源型城镇可持续发展研究[J]. 经济地理，31（3）：414-419.

王玉潜. 2003. 能源消耗强度变动的因素分析方法及其应用[J]. 数量经济技术经济研究，（8）：151-154.

王玉霞，郭连生. 2010. 运用 AHP 法对大青沟自然保护区进行生态评价[J]. 内蒙古农业大学学报（自然科学版），31（3）：46-51.

王渊，马治国. 2008. 我国水资源管理的改革研究[J]. 科技管理研究，28（6）：43-45.

魏楚，沈满洪. 2007. 能源效率及其影响因素基于 DEA 的实证分析[J]. 管理世界，（8）：66-76.

魏铁军. 2005. 美国矿业法的演进[J]. 中国矿业，14（4）：14-17.

魏晓平，周肖肖，程晓娜. 2013. 中国能源矿产开采路径与最优开采路径相悖原因[J]. 北京理工大学学报（社会科学版），15（3）：1-7.

吴次芳，靳相木. 2009. 中国土地制度改革 30 年[M]. 北京：科学出版社.

吴明忠，晏维龙，黄萍. 2009. 江苏海洋经济对区域经济发展影响的实证分析：1996—2005[J]. 江苏社会科学，（4）：222-227.

吴玉鸣. 2012. 中国区域能源消费的决定因素及空间溢出效应——基于空间面板数据计量经济模型的实证[J]. 南京农业大学学报（社会科学版），12（4）：124-132.

项思可. 2010. 安徽土地资源概况及土地利用结构与状况分析[J]. 广东农业科学，37（8）：349-353.

肖笃宁，王连平. 1993. 论自然资源的合理开发与环境管理[J]. 中国人口·资源与环境，3（3）：11-14.

肖海平. 2012. 区域产业结构低碳转型研究——以湖南省为例[D]. 华东师范大学博士学位论文.

肖文海. 2011. 循环经济的价格支持框架——以资源环境价格改革为视角[J]. 江西社会科学，（2）：92-96.

谢红彬，虞孝感，张运林. 2001. 太湖流域水环境演变与人类活动耦合关系[J]. 长江流域资源与环境，10（5）：393-400.

谢子远. 2014. 中国海洋科技与海洋经济的协同发展：理论与实证[M]. 杭州：浙江大学出版社.

徐斌. 2014. 森林认证对森林可持续经营的影响研究[M]. 北京：中国林业出版社：8-9.

徐铭辰，王安建，陈其慎，等. 2010. 中国能源消费强度趋势分析[J]. 地球学报，31（5）：720-726.

徐绍史. 2007. 认清形势提高认识坚决遏制违规违法用地的势头——在全国土地执法百日行动视频会议上的讲话[J]. 资源与人居环境，（20）：20-22.

徐生钰. 2013. 中国城市地下空间资源的产权模式选择[J]. 中国名城，（10）：9-16.

徐英华. 2005. 我国石油行业的上游监管[J]. 经济管理，26（13）：91-93.

徐勇，黄欣. 2009. 国外大众旅游对海滨环境影响的研究进展[J]. 旅游学刊，（5）：90-95.

许君燕. 2010. 城市化与土地资源利用的耦合协调机制研究[J]. 资源开发与市场，26（10）：929-933.

闫军印，丁超. 2008. 我国矿产资源开发利用的环境影响分析及对策研究[J]. 石家庄经济学院学报，31（5）：28-35.
闫云侠. 2006. 淮河水污染现状及防治[J]. 灾害学，（1）：53-54.
杨昌明，成金华，邵赤平. 2002. 资源环境经济学[M]. 武汉：湖北人民出版社.
杨帆，张驰，程荣竺，等. 2014. 集体林权制度改革前后我国林业产业结构的动态变化分析[J]. 中南林业科技大学学报，（12）：159-164.
杨俊，陆宇嘉. 2012. 基于三阶段 DEA 的中国环境治理投入效率[J]. 系统工程学报，（5）：699-709.
杨勇，周兵. 2012. 试论淮河流域污染及其治理[J]. 长江大学学报，（4）：76-77.
于立，于左，王建林. 2006. 价格歧视下的不可再生资源的开采问题研究[J]. 财经研究，32（8）：53-61.
余甫功. 2007. 我国能源消费强度变化因素分析——以广东作为案例[J]. 学术研究，（2）：74-79.
余江，叶林. 2006. 经济增长中的资源约束和技术进步——一个基于新古典经济增长模型的分析[J]. 中国人口·资源与环境，16（5）：7-10.
袁梁，王军. 2011. 对中国各地区能源强度空间影响的实证研究[J]. 统计与信息论坛，26（6）：71-77.
苑全治，郝晋珉，张玲俐，等. 2010. 基于外部性理论的区域耕地保护补偿机制研究[J]. 自然资源学报，25（4）：529-538.
张浩然，衣保中. 2012. 基础设施、空间溢出与区域全要素生产率：基于中国 266 个城市空间面板杜宾模型的经验研究[J]. 经济学家，（2）：61-67.
张林山. 2011. 我国土地管理制度主要问题分析与政策展望[J]. 宏观经济管理，（3）：24-26.
张秋明. 2008. 国外海洋资源管理经验：美国外陆架环境政策[J]. 国土资源情报，（3）：9-12.
张瑞，丁日佳. 2007. 中国能源强度变动因素分析[J]. 中国矿业，16（2）：31-34.
张体伟. 2001. 2000 年滇池流域水污染的综合治理[J]. 中国农村观察，（2）：32-38.
张天阳. 2012. 促进安徽省林业可持续发展的公共政策研究[D]. 安徽大学硕士学位论文.
张天曾. 1992. 中国水资源管理的一些问题[J]. 自然资源学报，7（1）：10-17.
张樨樨，朱庆林. 2011. 海洋科技人才集聚促进山东蓝色经济增长的效应研究[J]. 东岳论丛，32（9）：143-147.
张贤，周勇. 2007. 外商直接投资对我国能源强度的空间效应分析[J]. 数量经济技术经济研究，24（1）：101-108.
张晓妮. 2012. 中国自然保护区及其社区管理模式研究[D]. 西北农林科技大学博士学位论文.
张兴，王凌云. 2011. 我国矿产资源开发中环境法制建设现实困境与对策[J]. 资源与产业，13（6）：30-33.
张真真，李善同，葛新权. 2009. 中国经济增长与环境质量关系的实证研究[J]. 发展研究，（9）：53-56.
赵晨，王远，谷学明，等. 2013. 基于数据包络分析的江苏省水资源利用效率[J]. 生态学报，33（5）：1636-1644.
赵金宗. 2012. 从环境公民到海洋公民——海洋环境保护的个体责任研究[J]. 南京工业大学学报（社会科学版），（2）：18-22.
赵新宇. 2008. 论代际公平视角下不可再生资源利用的外部性[J]. 当代经济研究，（11）：33-36.
赵元钢. 2003. 蚌埠市水环境污染状况和控制对策[J]. 黑龙江环境通报，（10）：26-28.
赵宗金. 2012. 从环境公民到海洋公民——海洋环境保护的个体责任研究[C] 2012 年中国社会学年会暨第三届中国海洋社会学论坛：海洋社会学与海洋管理论文集：18-22.
郑娟尔，余振国，冯春涛. 2010. 澳大利亚矿产资源开发的环境代价及矿山环境管理制度研究[J]. 中国矿业，（11）：66-69.
郑悦，刘通，史常亮. 2011. 我国林业经济增长影响因素的灰色关联度分析[J]. 中国林业经济，（5）：10-13.
中国环境与发展国际合作委员会林草问题课题组. 2004. 退耕还林和天然林资源保护工程的社会经济影响[M]. 北京：中国林业出版社：5.
中国科学院国家自然科学基金委员会. 2012. 未来 10 年中国科学发展战略[M]. 北京：科学出版社：151-152.
中国林学会森林经理分会. 2006. 森林可持续经营探索与实践[M]. 北京：中国林业出版社：11.
中国林业工作手册编纂委员会. 2006. 中国林业工作手册[M]. 北京：中国林业出版社：66.
仲从生. 2005. 论矿产资源资产化管理的对策[J]. 煤炭经济研究，（1）：14-15.
周海林. 2000. 自然资源可持续利用的制度安排探析[J]. 中国人口·资源与环境，10（3）：10-12.
周景博. 1999. 论社会主义市场经济下我国自然资源管理的方式[J]. 中国人口·资源与环境，9（3）：74-78.

周觅. 2012. 中瑞自然资源管理之比较[J]. 湖南师范大学社会科学学报，41（3）：31-34.

周五七. 2014. 行业特征对低碳约束下工业绿色 TFP 增长的影响[J]. 中国人口 • 资源与环境，24（5）：66-71.

周鑫，王心源. 2007. 巢湖流域水污染防治研究[J]. 资源开发与市场，23（9）：841-842.

朱连奇，高原. 2009. 区域管制在实现国家资源安全过程中的作用研究[J]. 中国人口 • 资源与环境，12（6）：39-41.

朱桑桑. 2012. 不可再生资源的最优开采与利用[J]. 西安财经学院学报，25（2）：36-40.

左停，苟天来. 2005. 社区为基础的自然资源管理（CBNRM）的国际进展研究综述[J]. 中国农业大学学报，10（6）：21-25.

Abadie A，Diamond A，Hainmueller J. 2011. Synth：an R package for synthetic control methods in comparative case studies[J]. Journal of Statistical Software，42（13）：1-13.

Achterman G L，Fairfax S K. 1979. Public participation requirements of the federal land policy and management act[J]. Arizona Law Review，21：501.

Aigbedion I，Iyayi S E. 2007. Environmental effect of mineral exploitation in Nigeria[J]. International Journal of Physical Sciences，2（2）：33-38.

Åkerman M，Peltola T. 2012. How does natural resource accounting become powerful in policymaking? A case study of changing calculative frames in local energy policy in Finland[J]. Ecological Economics，80：63-69.

Alexeev M，Conrad R. 2009. The elusive curse of oil[J]. The Review of Economics and Statistics，91（3）：586-598.

Alfsen K H，Greaker M. 2007. From natural resources and environmental accounting to construction of indicators for sustainable development[J]. Ecological Economics，61（4）：600-610.

Alsharif K A，Fouad G. 2012. Lake performance differences in response to land use and water quality：data envelopment analysis[J]. Lake and Reservoir Management，28（2）：130-141.

Amirteimoori A，Shafiei M. 2006. Characterizing an equitable omission of shared resources：a DEA-based approach[J]. Applied Mathematics and Computation，177（1）：18-23.

Amirteimoori A，Tabar M M. 2010. Resource allocation and target setting in data envelopment analysis[J]. Expert Systems with Applications，37（4）：3036-3039.

Ando A，Camm J，Polasky S，et al. 1998. Species distributions，land values，and efficient conservation[J]. Science，279（5359）：2126-2128.

Andreoni J，Levinson A. 2001. The simple analytics of the environmental Kuznets curve[J]. Journal of Public Economics，（2）：269-286 .

Asmild M，Paradi J C，Pastor J T. 2009. Centralized resource allocation BCC models[J]. Omega，37（1）：40-49.

Atewamba C，Gaudet G. 2014. Prices of durable nonrenewable natural resources under stochastic investment opportunities[J]. Resource and Energy Economics，36（2）：528-541.

Atkins J P，Burdon D. 2006. An initial economic evaluation of water quality improvements in the Randers Fjord，Denmark[J]. Marine Pollution Bulletin，53（1）：195-204.

Azomahou T，Laisney N. 2006. Economic development and CO_2 emissions：a nonparametric panel approach[J]. Journal of Public Economic，（90）：1347-1363.

Baker T J，Miller S N. 2013. Using the soil and water assessment tool（SWAT）to assess land use impact on water resources in an East African watershed[J]. Journal of Hydrology，486：100-111.

Banerjee O，Alavalapati J. 2009. A computable general equilibrium analysis of forest concessions in Brazil[J]. Forest Policy and Economics，11（4）：244-252.

Baskent E Z，Kadiogullari A I. 2007. Spatial and temporal dynamics of land use pattern in Turkey：a case study in Inegöl[J]. Landscape and Urban Planning，81（4）：316-327.

Bateman I J，Cole M A，Georgiou S，et al. 2006. Comparing contingent valuation and contingent ranking：a case study considering the benefits of urban river water quality improvements[J]. Journal of Environmental Management，79（3）：221-231.

Bateman I J，Turner R K. 1993. Valuation of the Environment，Methods and Techniques：the Contingent Valuation Method[M]. London：Belhaven Press：120-191.

Beames A，Broekx S，Heijungs R，et al. 2015. Accounting for land-use efficiency and temporal variations between brownfield remediation alternatives in life-cycle assessment[J]. Journal of Cleaner Production，101：109-117.

Beasley J E. 2003. Allocating fixed costs and resources via data envelopment analysis[J]. European Journal of Operational Research，147（1）：198-216.

Bellamy J A，Johnson A K L. 2000. Integrated resource management：moving from rhetoric to practice in Australian agriculture[J]. Environmental Management，25（3）：265-280.

Benson M H，Garmestani A S. 2011. Can we manage for resilience? The integration of resilience thinking into natural resource management in the United States[J]. Environmental Management，48（3）：392-399.

Benvenisti E. 1996. Collective action in the utilization of shared freshwater：the challenges of international water resources law[J]. American Journal of International Law，90（3）：384-415.

Bi G，Ding J，Luo Y，et al. 2011. Resource allocation and target setting for parallel production system based on DEA[J]. Applied Mathematical Modelling，35（9）：4270-4280.

Bian Y，He P，Xu H. 2013. Estimation of potential energy saving and carbon dioxide emission reduction in China based on an extended non-radial DEA approach[J]. Energy Policy，63：962-971.

Birner R，Wittmer H. 2004. On the efficient boundaries of the state：the contribution of transaction-costs economics to the analysis of decentralization and devolution in natural resource management[J]. Environment and Planning C，22（5）：667-686.

Blanke A，Rozelle S，Lohmar B，et al. 2007. Water saving technology and saving water in China[J]. Agricultural Water Management，87（2）：139-150.

Blomquist G C，Whitehead J C. 1998. Resource quality information and validity of willingness to pay in contingent valuation[J]. Resource and Energy Economics，20（2）：179-196.

Borja Á，Elliott M，Carstensen J，et al. 2010. Marine management-towards an integrated implementation of the European marine strategy framework and the water framework directives[J]. Marine Pollution Bulletin，60（12）：2175-2186.

Boxer B. 2001. Contradictions and challenges in China's water policy development[J]. Water International，26（3）：335-341.

Braimoh A K，Onishi T. 2007. Spatial determinants of urban land use change in Lagos，Nigeria [J]. Land Use Polio，24：502-515.

Branalesz O M. 2005. At a watershed：ecological governance and sustainable water management in Canada[J]. Journal of Environmental Law and Practice，16（1）：79-97.

Brandt S. 2007. Evaluating tradable property rights for natural resources：the role of strategic entry and exit[J]. Journal of Economic Behavior & Organization，63（1）：158-176.

Brookshire D S，Coursey D L. 1987. Measuring the value of a public good：an empirical comparison of elicitation procedures[J]. The American Economic Review，77（4）：554-566.

Brunnschweiler C N，Bulte E H. 2008. The resource curse revisited and revised：a tale of paradoxes and red herrings[J]. Journal of Environmental Economics and Management，55（3）：248-264.

Cai Z F，Yang Q，Zhang B，et al. 2009. Water resources in unified accounting for natural resources[J]. Communications in Nonlinear Science and Numerical Simulation，14（9）：3693-3704.

Canas A，Ferrao P，Conceicao P. 2003. A new environmental Kuznets curves relationship between direct material input and income per capita：evidence from industrialized countries[J]. Ecological Economics，46（2）：217-229.

Cãpãþînã C，Lazãr G. 2008. The study of the air pollution by a surface mining exploitation from Romania[J]. Journal of the University of Chemical Technology and Metallurgy，43（2）：245-250.

Carbonara N，Giannoccaro I. 2011. Interpreting the role of proximity on industrial district competitiveness using a complexity science-based view and Systems dynamics simulation[J]. Journal of Geographical Systems，13（4）：415-436.

Carlson C，Burtraw D，Cropper M，et al. 2000. Sulfur dioxide control by electric utilities：what are the gains from trade?[J]. Journal of Political Economy，108（6）：1292-1326.

Castañeda B E. 1999. An index of sustainable economic welfare（ISEW）for Chile[J]. Ecological Economics，28（2）：231-244.

Chafer M，Wright G L. 1994. An analysis of land capability assessment using remotely sensed date[R]. The Australian Remote Sensing Conference Proceedings.

Chandna P，Ladha J K，Singh U P，et al. 2012. Using remote sensing technologies to enhance resource conservation and agricultural productivity in underutilized lands of South Asia[J]. Applied Geography，32（32）：757-765.

Chang I S，Wu J，Yang Y，et al. 2014a. Ecological compensation for natural resource utilisation in China[J]. Journal of Environmental Planning and Management， 57（2）：273-296.

Chang Y C，Gullett W，Fluharty D L. 2014b. Marine environmental governance networks and approaches：conference report[J]. Marine Policy，（46）：192-196.

Charnes A，Cooper W W，Li S. 1989. Using data envelopment analysis to evaluate efficiency in the economic performance of Chinese cities[J]. Socio-Economic Planning Sciences，23（6）：325-344.

Charnes A，Cooper W W，Rhodes E. 1978. Measuring the efficiency of decision making units[J]. European Journal of Operational Research，2（6）：429-444.

Chen H，Yang Z F. 2009. Residential water demand model under block rate pricing：a case study of Beijing，China[J]. Communications in Nonlinear Science and Numerical Simulation，14（5）：2462-2468.

Chen J，Innes J L. 2013. The implications of new forest tenure reforms and forestry property markets for sustainable forest management and forest certification in China[J]. Journal of Environmental Management，129：206-215.

Chen Y，Chen Z G，Xu G L，et al. 2016. Built-up land efficiency in urban China：insights from the general land use plan（2006-2020）[J]. Habitat International，51：31-38.

Chettri R，Venkatesan R. 1983. Water resource pricing：policy options[J]. Resources Policy，9（4）：288-295.

Chichilnisky G. 1994. North-south trade and the global environment [J]. The American Economic Review，84（4）：851-874.

Chikkatur A P，Sagar A D，Sankar T L. 2009. Sustainable development of the Indian coal sector[J]. Energy，34（8）：942-953.

Christensen N S，Wood A W，Voisin N，et al. 2004. The effects of climate change on the hydrology and water resources of the Colorado River basin[J]. Climatic Change，62（1/2/3）：337-363.

Christie M，Hanley N，Warren J，et al. 2006. Valuing the diversity of biodiversity[J]. Ecological Economics，58（2）：304-317.

Chung Y H，Fare R，Grosskopf S. 1997. Productivity and undesirable outputs：adirectional distance function approach[J]. Journal of Environmental Management，（51）：229-240.

Ciriacy-Wantrup S V. 1947. Capital returns from soil-conservation practices[J]. Journal of Farm Economics，29（4）：1181-1196.

Clarke B. 2006. Australia's coastcare program（1995-2002）：its purpose，components and outcomes[J]. Geographical Research，44（3）：310-322.

Clarke M，Islam S. 2005. Diminishing and negative welfare returns of economic growth：an index of sustainable economic welfare（ISEW）for Thailand[J]. Ecological Economics，54（1）：81-93.

Coase R H. 1960. Problem of social cost[J]. The Journal of Law and Economics，3（1）：1-1.

Cohen S，Neilsen D，Smith S，et al. 2006. Learning with local help：expanding the dialogue on climate change and water management in the Okanagan Region，British Columbia，Canada[J]. Climatic Change，75（3）：331-358.

Cole D H. 2002. Pollution and Property：Comparing Ownership Institutions for Environmental Protection[M].Cambridge：Cambridge University Press.

Coleman E A. 2011. Common property rights，adaptive capacity，and response to forest disturbance[J]. Global Environmental Change，21（3）：855-865.

Cools N，De Pauw E，Deckers J. 2003. Towards an integration of conventional land evaluation methods and farmers' soil suitability assessment：a case study in northwestern Syria[J]. Agriculture，Ecosystems & Environment，95（1）：327-342.

Costanza R，Erickson J，Fligger K，et al. 2004. Estimates of the genuine progress indicator（GPI）for Vermont，Chittenden County and Burlington，from 1950 to 2000[J]. Ecological Economics，51（1）：139-155.

Costello C J，Kaffine D. 2008. Natural resource use with limited-tenure property rights[J]. Journal of Environmental Economics and Management，55（1）：20-36.

Costello C J，Polasky S. 2004. Dynamic reserve site selection[J]. Resource and Energy Economics，26（2）：157-174.

Coursey D L，Hovis J L，Schulze W D. 1987. The disparity between willingness to accept and willingness to pay measures of value[J]. Quarterly Journal of Economics，102（3）：679-690.

Cui X Z，Wang X T. 2015. Urban land use change and its effect on social metabolism：an empirical study in Shanghai[J]. Habitat International，49：251-259.

Daly H E，Cobb Jr J B. 1989. For the Common Good [M]. Boston：Beacon Press.

Daubanes J. 2011. Optimal taxation of a monopolistic extractor：are subsidies necessary?[J]. Energy Economics，33（3）：399-403.

Davenport M A，Leahy J E，Anderson D H，et al. 2007. Building trust in natural resource management within local communities：a case study of the Midewin National Tallgrass Prairie[J]. Environmental Management，39（3）：353-368.

Day J C，Dobbs K. 2013. Effective governance of a large and complex cross-jurisdictional marine protected area：Australia's Great Barrier Reef[J]. Marine Policy，41：14-24.

Dellapenna J，Gupta J. 2008. Toward global law on water[J]. Global Governance：A Review of Multilateralism and International Organizations，14（4）：437-453.

Demsetz H. 1967. Toward a theory of property rights[J]. Law and Economics，1：341-353.

Dietz S，Neumayer E. 2006. Some Constructive Criticisms of the Index of Sustainable Economic Welfare[M]. London：Edward Elgar.

Drechsler M，Wätzold F. 2003. Species conservation in the face of political uncertainty[R]. UFZ-Diskussionspapiere.

Dukhovny V A，Sokolov V I，Ziganshina D R. 2013. Integrated water resources management in Central Asia，as a way of survival in conditions of water scarcity[J]. Quaternary International，311：181-188.

Durucan S，Korre A，Munoz-Melendez G. 2006. Mining life cycle modelling：a cradle-to-gate approach to environmental management in the minerals industry[J]. Journal of Cleaner Production，14（12）：1057-1070.

Dutta M，Banerjee S，Husain Z. 2007. Untapped demand for heritage：a contingent valuation study of Prinsep Ghat，Calcutta[J]. Tourism Management，28（1）：83-95.

Elias A A. 2012. A system dynamics model for stakeholder analysis in environmental conflicts[J]. Journal of Environmental Planning and Management，55（3）：387-406.

Elkington J. 1998. Cannibals with Forks - The Triple Bottom Line of 21st Century Business[M]. New York：New Society Publishers.

Enserink B，Monnikhof R A H. 2003. Impact assessment and public participation：facilitating co-design by information management—an example from the Netherlands[J]. Journal of Environmental Planning and Management，46（3）：315-344.

Fang C H，Guan X L，Lu S S，et al. 2013. Input-output efficiency of urban agglomerations in China：an application of data envelopment analysis（DEA）[J]. Urban Studies，50（13）：2766-2790.

Fang Q X，Ma L，Green T R，et al. 2010. Water resources and water use efficiency in the North China Plain：Current status and agronomic management options[J]. Agricultural Water Management，97（8）：1102-1116.

Farrell M J. 1957. The measurement of productive efficiency[J]. Journal of the Royal Statistical Society，Series A（General），120（3）：253-290.

Fearon J D. 2005. Primary commodity exports and civil war[J]. Journal of Conflict Resolution，49（4）：483-507.

Fernandez L. 2006. Natural resources，agriculture and property rights[J]. Ecological Economics，57（3）：359-373.

Finnveden G，Moberg Å. 2005. Environmental systems analysis tools-an overview[J]. Journal of Cleaner Production，13（12）：1165-1173.

Fisher-Vanden K，Jefferson G H，Jingkui M. 2006. Technology development and energy productivity in China[J]. Energy Economics，28：690-705.

Forrester J W. 1958. Industrial dynamics：a breakthrough for decision makers[J]. Harvard Business Review，36（4）：37-66.

Forrester J W. 1969. Urban Dynamics[M]. Waltham MA：Pegasus Commulations.

Forrester J W. 1973. World Dynamics[M]. 2nd. Cambridge MA：Productivity Press.

Fosgerau M，Bjørner T B. 2006. Joint models for noise annoyance and willingness to pay for road noise reduction[J]. Transportation Research Part B：Methodological，40（2）：164-178.

Friend H D，Coutts S S. 2006. Achieving sustainable recycled water initiatives through public participation[J]. Desalination，187（1）：159-166.

Fulton E A，Link J S，Kaplan I C，et al. 2011. Lessons in modelling and management of marine ecosystems：the Atlantis experience[J]. Fish and Fisheries，12（2）：171-188.

Gázquez-Abad J C，Mondéjar-Jiménez J A，Vargas-Vargas M. 2011. Factors influencing water saving behaviour for Spanish households[J]. Environmental Engineering & Management Journal，10（12）：1873-1881.

Genskow K D. 2009. Catalyzing collaboration：Wisconsin's agency-initiated basin partnerships[J]. Environmental Management，43（3）：411-424.

Gordon H S. 1954. The economic theory of a common-property resource：the fishery[J]. The Journal of Political Economy，62（2）：124-142.

Griffiths H. 1998. Cumulative effects assessment prepared for Alberta environmental protection by Macleod Institute for environmental analysis[R]. Calgary：AB Canada.

Grossman G，Krueger A. 1991. Environment impacts of a North American free trade agreement[R]. NBER Working Paper，No. 3914.

Groth C，Schou P. 2007. Growth and non-renewable resources：the different roles of capital and resource taxes[J]. Journal of Environmental Economics and Management，53（1）：80-98.

Guinée J B，Gorrée M，Heijungs R，et al. 2002. Handbook on life cycle assessment：operational guide to the ISO standards [J]. Dordrecht，Netherlands：Kluwar Academic，7（5）：311-313.

Guinée J B，Udo de Haes H A，Huppes G. 1993. Quantitative life cycle assessment of products：1：goal definition and inventory[J]. Journal of Cleaner Production，1（1）：3-13.

Gupta A S，Jain S，Kim J S. 2011. Past climate，future perspective：an exploratory analysis using climate proxies and drought risk assessment to inform water resources management and policy in Maine，USA[J]. Journal of Environmental Management，92（3）：941-947.

Habbani K，Groot W，Jelovac I. 2006. Household health-seeking behaviour in Khartoum，Sudan：the willingness to pay for public health services if these services are of good quality[J]. Health Policy，75（2）：140-158.

Hadi-Vencheh A，Foroughi A A，Soleimani-damaneh M. 2008. A DEA model for resource allocation[J]. Economic Modelling，25（5）：983-993.

Hagemann S，Chen C，Clark D B，et al. 2013. Climate change impact on available water resources obtained using multiple global climate and hydrology models[J]. Earth System Dynamics，4（1）：129-144.

Hambira W L. 2007. Natural resources accounting：a tool for water resources management in Botswana[J]. Physics and Chemistry of the Earth，Parts A/B/C，32（15）：1310-1314.

Hamilton C. 1999. The genuine progress indicator methodological developments and results from Australia[J]. Ecological Economics，30（1）：13-28.

Hanemann W M. 1991. Willingness to pay and willingness to accept：how much can they differ?[J]. The American Economic Review，81（3）：635-647.

Hart B T，Burgman M，Grace M，et al. 2006. Risk-based approaches to managing contaminants in catchments[J]. Human and Ecological Risk Assessment，12（1）：66-73.

Hassan R，Hertzler G，Benhin J K A. 2009. Depletion of forest resources in Sudan：intervention options for optimal control[J]. Energy Policy，37（4）：1195-1203.

Hausmann R，Rigobon R. 2003. An alternative interpretation of the "Resource Curse"：theory and policy implications[R]. National

Bureau of Economic Research.

Hayati D，Abadi B，Movahedi R，et al. 2009. An empirical model of factors affecting farmers' participation in natural resources conservational programs in Iran[J]. Journal of Food Agriculture and Environment，7（1）：201-207.

He Y，Huo L L. 2012. Research of land use efficiency in mountainous township based on the methods of DEA[J]. Applied Mechanics & Materials，209：507-511.

Heinzerling L，Ackerman F. 2002. Pricing the priceless：cost-benefit analysis of environmental protection[R]. Washington：Georgetown Environmental Law and Policy Institute：1-35.

Hibbard M，Lurie S. 2012. Creating socio-economic measures for community-based natural resource management：a case from watershed stewardship organisations[J]. Journal of Environmental Planning and Management，55（4）：525-544.

Holmes-Watts T，Watts S. 2008. Legal frameworks for and the practice of participatory natural resources management in South Africa[J]. Forest Policy and Economics，10（7）：435-443.

Hong Z，Zhang C，Xie Z，et al. 2006. Disquisition on development of private forest as collective forest property right being reformed in Fujian[J]. Science Technology and Industry，6（2）：6-10.

Huang J，Rozelle S，Rosegrant M W. 1997. China's food economy to the twenty-first century：supply，demand，and trade[J]. International Food Policy Research Institute，47（4）：737-766.

Huang Q，Rozelle S，Howitt R，et al. 2008. Irrigation water pricing policy in rural China[R]. Long Beach：American Agricultural Economics Association Annual Meeting.

Hunkeler D，Lichtenvort K，Rebotzer G. 2008. Environmental Life Cycle Costing[M]. New York：CPC Press.

Iribarren D，Vázquez-Rowe I，Moreira M T，et al. 2010. Further potentials in the joint implementation of life cycle assessment and data envelopment analysis[J]. Science of the Total Environment，408（22）：5265-5272.

Irimie D L，Essmann H F. 2009. Forest property rights in the frame of public policies and societal change[J]. Forest Policy and Economics，11（2）：95-101.

James A，Aadland D. 2011. The curse of natural resources：an empirical investigation of US counties[J]. Resource and Energy Economics，33（2）：440-453.

Jhingran I G. 1997. National mineral policy of India—an overview[J]. Resources Policy，23（1）：91-96.

Jiang S S，Liu S Y. 2008. On using existing lands for construction to promote growth model change：the case of Guangdong Province[J]. China Opening Herald，（1）：20-22.

Jiang W C，Long T R，Li H P. 2006. China's water reform towards integrated water resources management：current situation and problems[J]. Journal of Central South University of Technology，13：179-184.

Jiang Y L，Chen Y S，Younos T，et al. 2010. Urban water resources quota management：the core strategy for water demand management in China[J]. Ambio，39（7）：467-475.

Jim C Y，Chen W Y. 2006. Recreation-amenity use and contingent valuation of urban greenspaces in Guangzhou，China[J]. Landscape and Urban Planning，75（1）：81-96.

Johannesson M，Johansson P O，O'Conor R M. 1996. The value of private safety versus the value of public safety[J]. Journal of Risk and Uncertainty，13（3）：263-275.

Johst K，Drechsler M，Wätzold F. 2002. An ecological-economic modelling procedure to design compensation payments for the efficient spatio-temporal allocation of species protection measures[J]. Ecological Economics，41（1）：37-49.

Jørgensen A，Le Bocq A，Nazarkina L，et al. 2008. Methodologies for social life cycle assessment[J]. The International Journal of Life Cycle Assessment，13（2）：96-103.

Jorgenson D W，Ho M S，Garbaccio R F. 1999. Why Has the Energy-Output Ratio Fallen in China?[J]. General Information，20（3）：63-91.

Kalogirou S. 2002. Expert systems and GIS：an application of land suitability evaluation[J]. Computers，Environment and Urban Systems，26（2）：89-112.

Kamoto J，Clarkson G，Dorward P，et al. 2013. Doing more harm than good? Community based natural resource management and the neglect of local institutions in policy development[J]. Land Use Policy，35：293-301.

Kanellopoulos A，Berentsen P B M，Van Ittersum M K，et al. 2012. A method to select alternative agricultural activities for future-oriented land use studies[J]. European Journal of Agronomy，40：75-85.

Kang M，Stam A. 1994. PAHAP：a pairwise aggregated hierarchical analysis of ratio - scale preferences[J]. Decision Sciences，25（4）：607-624.

Karabati S，Kouvelis P，Yu G. 2001. A min-max-sum resource allocation problem and its applications[J]. Operations Research，49（6）：913-922.

Keller W. 2001. Geographic localization of international technology diffusion[J]. American Economic Review，92（1）：120-142.

Kesler S E. 1994. Mineral Resources，Economics，and the Environment[M]. New York：Macmillan.

Kirchhoff S，Colby B G，LaFrance J T. 1997. Evaluating the performance of benefit transfer：an empirical inquiry[J]. Journal of Environmental Economics and Management，33（1）：75-93.

Kolstad C D. 2000. Environmental Economics[M]. Oxford：Oxford University Press.

Korhonen P，Syrjänen M. 2004. Resource allocation based on efficiency analysis[J]. Management Science，50（8）：1134-1144.

Kuosmanen T，Kortelainen M. 2005. Measuring eco-efficiency of production with data envelopment analysis[J]. Journal of Industrial Ecology，9（4）：59-72.

Lambini C K，Nguyen T T. 2014. A comparative analysis of the effects of institutional property rights on forest livelihoods and forest conditions：evidence from Ghana and Vietnam[J]. Forest Policy and Economics，38：178-190.

Lambooy T. 2011. Corporate social responsibility：sustainable water use[J]. Journal of Cleaner Production，19（8）：852-866.

Lauber T B，Decker D J，Knuth B A. 2008. Social networks and community-based natural resource management[J]. Environmental Management，42（4）：677-687.

Lawn P A，Sanders R D. 1999. Has Australia surpassed its optimal macroeconomic scale? Finding out with the aid of benefit and cost accounts and a sustainable net benefit index[J]. Ecological Economics，28（2）：213-229.

Lebert M，Böken H，Glante F. 2007. Soil compaction—indicators for the assessment of harmful changes to the soil in the context of the German federal soil protection Act[J]. Journal of Environmental Management，82（3）：388-397.

Lee B S，Alexander M E，Hawkes B C，et al. 2002. Information systems in support of wildland fire management decision making in Canada[J]. Computers and Electronics in Agriculture，37（1）：185-198.

Lefcoe G. 1977. The right to develop land：the German and Dutch experience [J]. Or. L. Rev. ，56：31.

Liang X，Lettenmaier D P，Wood E F，et al. 1994. A simple hydrologically based model of land surface water and energy fluxes for general circulation models[J]. Journal of Geophysical Research，99（D7）：14415-14428.

Lin P S，Chang C Y. 2011. Towards sustainable community-based natural resource management in the indigenous Meqmegi community in Taiwan：rethinking impacts of local participation[J]. Natural Resources Forum，35（2）：134-144.

Liu S，Jiang X. 2005. Financial risks of land financing by local governments——case study of a developed area in East China [J]. China Land Science，（5）：3-9

Lockwood M，Davidson J，Curtis A，et al. 2009. Multi-level environmental governance：lessons from Australian natural resource management[J]. Australian Geographer，40（2）：169-186.

Lozano S，Adenso-Díaz B，Barba-Gutiérrez Y. 2011. Russell non-radial eco-efficiency measure and scale elasticity of a sample of electric/electronic products[J]. Journal of the Franklin Institute，348（7）：1605-1614.

Lozano S，Villa G. 2004. Centralized resource allocation using data envelopment analysis[J]. Journal of Productivity Analysis，22（1/2）：143-161.

Lozano S，Villa G. 2005. Centralized DEA models with the possibility of downsizing[J]. Journal of the Operational Research Society，56（4）：357-364.

Lozano S，Villa G，Brännlund R. 2009. Centralised reallocation of emission permits using DEA[J]. European Journal of Operational

Research，193（3）：752-760.

Luo J J，Wu Y Z. 2015. Impact on the Scale Efficiency of Urban Land Caused by Floating Population：Based on DEA Framework[R] Proceedings of the 19th International Symposium on Advancement of Construction Management and Real Estate.

Ma C，Stern D I. 2008. China's changing energy intensity trend：a decomposition analysis[J]. Energy Economics，3（30）：1037-1053.

MacMillan D C，Hanley N，Lienhoop N. 2006. Contingent valuation：environmental polling or preference engine?[J]. Ecological Economics，60（1）：299-307.

Macmillan D C，Philip L，Hanley N，et al. 2002. Valuing the non-market benefits of wild goose conservation：a comparison of interview and group based approaches[J]. Ecological Economics，43（1）：49-59.

Madahian B，Klesges R C，Klesges L，et al. 2012. System dynamics modeling of childhood obesity[J]. BMC Bioinformatics，13（12）：1-2.

Malczewski J. 2004. GIS-based land-use suitability analysis：a critical overview[J]. Progress in Planning，62（1）：3-65.

Malczewski J. 2006. Ordered weighted averaging with fuzzy quantifiers：GIS-based multicriteria evaluation for land-use suitability analysis[J]. International Journal of Applied Earth Observation and Geoinformation，8（4）：270-277.

Mansoorian A. 1991. Resource discoveries and "excessive" external borrowing[J]. Economic Journal，101（409）：1497-1509.

Manzano O，Rigobon R. 2001. Resource curse or debt overhang?[R]. National Bureau of Economic Research.

Martinet V，Blanchard F. 2009. Fishery externalities and biodiversity：trade-offs between the viability of shrimp trawling and the conservation of Frigatebirds in French Guiana[J]. Ecological Economics，68（12）：2960-2968.

Martínez-Fernández J，Esteve-Selma M A，Baños-González I，et al. 2013. Sustainability of Mediterranean irrigated agro-landscapes[J]. Ecological Modelling，248：11-19.

Mataria A，Giacaman R，Khatib R，et al. 2006. Impoverishment and patients' "willingness" and "ability" to pay for improving the quality of health care in Palestine：an assessment using the contingent valuation method[J]. Health Policy，75（3）：312-328.

Matsuyama K. 1992. Agricultural productivity，comparative advantage，and economic growth[J]. Journal of Economic Theory，58（2）：317-334.

Matta J R，Alavalapati J R R. 2006. Perceptions of collective action and its success in community based natural resource management：an empirical analysis[J]. Forest Policy and Economics，9（3）：274-284.

McLain R J，Lee R G. 1996. Adaptive management：promises and pitfalls[J]. Environmental Management，20（4）：437-448.

McLeod D M，Woirhaye J，Menkhaus D J. 1999. Factors influencing support for rural land use control：a case study[J]. Agricultural and Resource Economics Review，28（1）：44-56.

Meadows D H，Meadows D L，Randers J，et al. 1972. The Limits to Growth：A Report for the Club of Rome's Project on the Predicament of Mankind[M]. New York：Universe Books.

Meadows J，Emtage N，Herbohn J. 2014. Engaging Australian small-scale lifestyle landowners in natural resource management programmes-perceptions，past experiences and policy implications[J]. Land Use Policy，36：618-627.

Measham T G，Lumbasi J A. 2013. Success factors for community-based natural resource management（CBNRM）：lessons from Kenya and Australia[J]. Environmental Management，52（3）：649-659.

Miao J J，Zhu L. 2013. Research on efficiency measurement of urban land-use in China[J]. Academic Journal of Interdisciplinary Studies，2（9）：248.

Mielnik O，Goldemberg J. 2002. Foreign direct investment and decoupling between energy and gross domestic product in developing countries[J]. Energy Policy，30（2）：87-89.

Mitchell B，Hollick M. 1993. Integrated catchment management in Western Australia：transition from concept to implementation[J]. Environmental Management，17（6）：735-743.

Moe A，Kryukov V A. 1998. Joint management of oil and gas resources in Russia[J]. Post-Soviet Geography and Economics，39（10）：

588-605.

Mokhatab S，Poe W A. 2012. Handbook of Natural Gas Transmission and Processing[M]. Waltham：Gulf Professional Publishing.

Moon K，Marshall N，Cocklin C. 2012. Personal circumstances and social characteristics as determinants of landholder participation in biodiversity conservation programs[J]. Journal of Environmental Management，113：292-300.

Mosadeghi R，Warnken J，Tomlinson R，et al. 2015. Comparison of Fuzzy-AHP and AHP in a spatial multi-criteria decision making model for urban land-use planning[J]. Computers，Environment and Urban Systems，49：54-65.

Movilla S，Miguel L J，Blázquez L F. 2013. A system dynamics approach for the photovoltaic energy market in Spain [J]. Energy Policy，60：142-154.

Muys J. 1979. Public Land Law Review Commission's Impact on the Federal Land Policy and Management Act of 1976[J]. Arizona Law Review，21：301.

Ness B，Urbel-Piirsalu E，Anderberg S，et al. 2007. Categorising tools for sustainability assessment[J]. Ecological Economics，60（3）：498-508.

Newig J，Gaube V，Berkhoff K，et al. 2008. The role of formalisation，participation and context in the success of public involvement mechanisms in resource management[J]. Systemic Practice and Action Research，21（6）：423-441.

Nian L. 2001. Participatory Irrigation Management：Innovation and Development of Irrigation System [M]. Beijing：China Water Resources and Hydropower Publishing House.

Nilsson M. 2013. Environmental Policy Integration in Practice：Shaping Institutions for Learning[M]. London：Routledge.

Nordhaus W D，Tobin J. 1972. Is growth obsolete?[R] Economic Research：Retrospect and Prospect Vol 5：Economic Growth，Nber：1-80.

O'Grady D. 2011. Sociopolitical conditions for successful water quality trading in the South Nation River watershed，Ontario，Canada1[J]. JAWRA Journal of the American Water Resources Association，47（1）：39-51.

Ogbaharya D，Tecle A. 2010. Community-based natural resources management in Eritrea and Ethiopia：toward a comparative institutional analysis[J]. Journal of Eastern African Studies，4（3）：490-509.

Otto J M. 1997. A national mineral policy as a regulatory tool[J]. Resources Policy，23（1）：1-7.

Pagiola S，Arcenas A，Platais G. 2005. Can payments for environmental services help reduce poverty? An exploration of the issues and the evidence to date from Latin America[J]. World Development，33（2）：237-253.

Pahl-Wostl C，Vörösmarty C，Bhaduri A，et al. 2013. Towards a sustainable water future：shaping the next decade of global water research[J]. Current Opinion in Environmental Sustainability，5（6）：708-714.

Panayotou T. 1997. Demystifying the environmental Kuznets Curve：turning a black box into a policy tool[J]. Environment and Development Economics，（2）：465-484.

Papyrakis E，Gerlagh R. 2007. Resource abundance and economic growth in the United States[J]. European Economic Review，51（4）：1011-1039.

Park A，Rozelle S. 1998. Reforming state - market relations in rural China1[J]. Economics of Transition，6（2）：461-480.

Pauleit S，Ennos R，Golding Y. 2005. Modeling the environmental impacts of urban land use and land cover change— a study in merseyside，UK [J]. Landscape and Urban Planning，71：295-310.

Pedamallu C S，Ozdamar L，Kropat E，et al. 2012. A system dynamics model for intentional transmission of HIV/AIDS using cross impact analysis[J]. Central European Journal of Operations Research，20（2）：319-336.

Petrzelka P，Ma Z，Malin S. 2013. The elephant in the room：absentee landowner issues in conservation and land management[J]. Land Use Policy，30（1）：157-166.

Phuthego T C，Chanda R. 2004. Traditional ecological knowledge and community-based natural resource management：lessons from a Botswana wildlife management area[J]. Applied Geography，24（1）：57-76.

Poppenborg P，Koellner T. 2013. Do attitudes toward ecosystem services determine agricultural land use practices? An analysis of farmers' decision-making in a South Korean watershed[J]. Land Use Policy，31：422-429.

Poteete A R，Ostrom E. 2008. Fifteen years of empirical research on collective action in natural resource management：struggling to build large-N databases based on qualitative research[J]. World Development，36（1）：176-195.

Progress R. 1995. Gross production vs genuine progress[R]. Excerpt from the Genuine Progress Indicator：Summary of Data and Methodology.

Pulselli F M，Ciampalini F，Tiezzi E，et al. 2006. The index of sustainable economic welfare（ISEW）for a local authority：a case study in Italy[J]. Ecological Economics，60（1）：271-281.

Rai S C. 2007. Traditional ecological knowledge and community-based natural resource management in northeast India[J]. Journal of Mountain Science，4（3）：248-258.

Reid H，Sahlén L，Stage J，et al. 2008. Climate change impacts on Namibia's natural resources and economy[J]. Climate Policy，8（5）：452-466.

Ricardo D. 1971. On the Principles of Political Economy and Taxation[M]. Harmondsworth：Penguin Books.

Rounsevell M D A，Berry P M，Harrison P A. 2006. Future environmental change impacts on rural land use and biodiversity：a synthesis of the ACCELERATES project[J]. Environmental Science & Policy，9（2）：93-100.

Royster J V. 1993. Mineral development in Indian country：the evolution of tribal control over mineral resources[J]. Tulsa LJ，29：541-582.

Rubin D M，Richards C L，Keene P A C，et al. 2012. System dynamics in medical education：a tool for life[J]. Advances in Health Sciences Education，17（2）：203-210.

Sabanov S，Pastarus J，Nikitin O. 2006. Environmental impact assessment for estonian oil shale mining systems[R]. Jordan：International Oil Shale Conference.

Sachs J D. 2007. How to handle the macroeconomics of oil wealth[A]//Humphreys M，Sachs J D，Stiglitz J E. Escaping the resource Curse. New York：Columbia Universioty Press：173-193.

Sachs J D，Warner A M. 1995. Natural resource abundance and economic growth[R]. National Bureau of Economic Research.

Sachs J D，Warner A M. 2001. The curse of natural resources[J]. European Economic Review，45（4）：827-838.

Sadorsky P. 2011. Financial development and energy consumption in central and Eastern European frontier economies [J]. Energy Policy，39（2）：999-1006.

Sala-i-Martin X，Doppelhofer G，Miller R I. 2004. Determinants of long-term growth：a bayesian averaging of classical estimates（BACE）approach[J]. American Economic Review，94（4）：813-835.

Sala-i-Martin X，Subramanian A. 2004. Addressing the natural resource curse：an illustration from Nigeria[J]. National Bureau of Economic Research，94（4）：813-835.

Santé-Riveira I，Crecente-Maseda R，Miranda-Barrós D. 2008. GIS-based planning support system for rural land-use allocation[J]. Computers and Electronics in Agriculture，63（2）：257-273.

Schiehlen W. 1997. Multibody system dynamics：roots and perspectives[J]. Multibody System Dynamics，1（2）：149-188.

Scoones I，Graham O. 1994. New directions for pastoral development in Africa[J]. Development in Practice，4（3）：188-198.

Serneels S，Lambin E F. 2001. Proximate causes of land-use change in Narok District，Kenya：a spatial statistical model[J]. Agriculture，Ecosystems & Environment，85（1）：65-81.

Serra P，Pons X，Saurí D. 2008. Land-cover and land-use change in a mediterranean landscape：a spatial analysis of driving forces integrating biophysical and human factors[J]. Applied Geography，28（3）：189-209.

Singh R N. 1999. Environmental catastrophes in the mining industry in Australia and the development of current management practices[J]. Journal of Mines，Metals and Fuels，47（12）：339-343.

Singleton S. 2000. Co - operation or capture? The paradox of co - management and community participation in natural resource management and environmental policy - making[J]. Environmental Politics，9（2）：1-21.

Smith P D，Mcdonough M H，Mang M T. 1999. Ecosystem management and public participation：lessons from the field[J]. Journal of Forestry，97（10）：32-38.

Solow R M. 1956. A contribution to the theory of economic growth[J]. The Quarterly Journal of Economics，70（1）：65-94.

Song M，An Q，Zhang W，et al. 2012. Environmental efficiency evaluation based on data envelopment analysis：a review[J]. Renewable and Sustainable Energy Reviews，16（7）：4465-4469.

Song W L，He G S，McIlgorm A. 2013. From behind the Great Wall：the development of statistics on the marine economy in China[J]. Marine Policy，39：120-127.

Sophocleous M. 2010. Review：groundwater management practices，challenges，and innovations in the High Plains aquifer，USA—lessons and recommended actions[J]. Hydrogeology Journal，18（3）：559-575.

St Germain D J，Cohen D K，Frederick J J. 2008. A retrospective look at the water resource management policies in Nassau County，Long Island，New York1[J]. JAWRA Journal of the American Water Resources Association，44（5）：1337-1346.

Stair A，Rephann T J，Heberling M. 2006. Demand for public education：evidence from a rural school district[J]. Economics of Education Review，25（5）：521-531.

Strijker D，Sijtsma F J，Wiersma D. 2000. Evaluation of nature conservation[J]. Environmental and Resource Economics，16（4）：363-378.

Sui D Z. 1998. GIS-based urban modelling：practices，problems，and prospects[J]. International Journal of Geographical Information Science，12（7）：651-671.

Suich H. 2013. The effectiveness of economic incentives for sustaining community based natural resource management[J]. Land Use Policy，31：441-449.

Sutton-Grier A E，Moore A K，Wiley P C，et al. 2014. Incorporating ecosystem services into the implementation of existing US natural resource management regulations：operationalizing carbon sequestration and storage[J]. Marine Policy，43：246-253.

Swetnam R D. 2007. Rural land use in England and Wales between 1930 and 1998：mapping trajectories of change with a high resolution spatio-temporal dataset[J]. Landscape and Urban Planning，81（1）：91-103.

Tao R，Xu Z G. 2007. Urbanization，rural land system and social security for migrants in China[J]. Journal of Development Studies，43（7）：1301-1320.

Tennent R，Lockie S. 2013. Vale landcare：the rise and decline of community-based natural resource management in rural Australia[J]. Journal of Environmental Planning and Management，56（4）：572-587.

Thackway R，Lee A，Donohue R，et al. 2007. Vegetation information for improved natural resource management in Australia[J]. Landscape and Urban Planning，79（2）：127-136.

Thanassoulis E. 1996. A data envelopment analysis approach to clustering operating units for resource allocation purposes[J]. Omega，24（4）：463-476.

Theobald D M，Spies T，Kline J，et al. 2005. Ecological support for rural land-use planning[J]. Ecological Applications，15（6）：1906-1914.

Thomas J W，Raphael M G，Anthony R G，et al. 1993. Forest ecosystem management：an ecological，economic，and social assessment[R]. Report of the Forest Ecosystem Management Assessment Team（FEMAT）.

Thompson E，Berger M，Blomquist G，et al. 2002. Valuing the arts：a contingent valuation approach[J]. Journal of Cultural Economics，26（2）：87-113.

Tong T T，Yu T E，Cho S，et al. 2013. Evaluating the spatial spillover effects of transportation infrastructure on agricultural output across the United States[J]. Journal of Transport Geography，30：47-55.

Tscharntke T，Tylianakis J M，Rand T A，et al. 2012. Landscape moderation of biodiversity patterns and processes - eight hypotheses[J]. Biological Reviews，87（3）：661-685.

Tyrväinen L. 2001. Economic valuation of urban forest benefits in Finland[J]. Journal of Environmental Management，62（1）：75-92.

Van Kooten G C，Bulte E H. 2000. The Economics of Nature：Managing Biological Assets[M]. London：Blackwell Publishers.

Varian H R，Repcheck J. 2010. Intermediate Microeconomics：A Modern Approach[M]. New York：WW Norton & Company.

Vásquez Cordano A L，Balistreri E J. 2010. The marginal cost of public funds of mineral and energy taxes in Peru[J]. Resources Policy，35（4）：257-264.

Vázquez-Rowe I，Villanueva-Rey P，Iribarren D，et al. 2012. Joint life cycle assessment and data envelopment analysis of grape production for vinification in the RíasBaixas appellation（NW Spain）[J]. Journal of Cleaner Production，（27）：92-102.

Venkatachalam L. 2004. The contingent valuation method：a review[J]. Environmental Impact Assessment Review，24（1）：89-124.

Verburg P H，Soepboer W，Veldkamp A，et al. 2002. Modeling the spatial dynamics of regional land use：the CLUE-S model[J]. Environmental Management，30（3）：391-405.

Vlek C. 2000. Essential psychology for environmental policy making[J]. International Journal of Psychology，35（2）：153-167.

Wang G，Innes J L，Lei J，et al. 2007b. China's forestry reforms[J]. Science，318（5856）：1556-1557.

Wang J，Huang J，Rozelle S，et al. 2007a. Agriculture and groundwater development in northern China：trends，institutional responses，and policy options[J]. Water Policy，9（S1）：61-74.

Wang J，Xu Z，Huang J，et al. 2005. Incentives in water management reform：assessing the effect on water use，production，and poverty in the Yellow River Basin[J]. Environment and Development Economics，10（6）：769-799.

Wang K Y，Zhang P Y. 2013. The research on impact factors and characteristic of cultivated land resources use efficiency—take Henan province，China as a case study[J]. Ieri Procedia，5：2-9.

Ward J，Dillon P. 2012. Principles to coordinate managed aquifer recharge with natural resource management policies in Australia[J]. Hydrogeology Journal，20（5）：943-956.

Warminski J，Kecik K，Mitura A，et al. 2012. Nonlinear phenomena in mechanical system dynamics[J]. Journal of Physics：Conference Series，382（1）：12004-12011.

Wätzold F，Schwerdtner K. 2005. Why be wasteful when preserving a valuable resource? A review article on the cost-effectiveness of European biodiversity conservation policy[J]. Biological Conservation，123（3）：327-338.

Webler T，Tuler S，Krueger R. 2001. What is a good public participation process? Five perspectives from the public[J]. Environmental Management，27（3）：435-450.

Weitzman M L. 2009. Income，Wealth，and the Maximum Principle[M]. Cambridge：Harvard University Press.

Wenzel H，Hauschild M Z，Alting L. 2000. Environmental Assessment of Products：Volume 1：Methodology，Tools and Case studies in Product Development[M]. Springer.

Williamson O E. 1998. Transaction cost economics：how it works；where it is headed[J]. De Economist，146（1）：23-58.

Williamson O E. 1999. Public and private bureaucracies：a transaction cost economics perspectives[J]. Journal of Law，Economics，and Organization，15（1）：306-342.

Wondolleck J M，Manring N J，Crowfoot J E. 1996. Teetering at the top of the ladder：the experience of citizen group participants in alternative dispute resolution processes[J]. Sociological Perspectives，39（2）：249-262.

World Bank. 1993. Water resources management：a world bank policy paper[R]. The World Bank Policy Paper No. 12335.

World Bank. 1997. Clear water，blue skies[R]. World Bank Working Paper.

Wu Y. 2009. China's capital stock series by region and sector[R]. The University of Western Australia Discussion Paper 09. 02.

Xie H L，Wang W. 2015. Spatiotemporal differences and convergence of urban industrial land use efficiency for China's major economic zones[J]. Journal of Geographical Sciences，25（10）：1183-1198.

Xie R，Pang Y，Li Z，et al. 2013. Eco-Compensation in Multi-District River Networks in North Jiangsu，China[J]. Environmental Management，51（4）：874-881.

Yang X J，Ming L. 2006. Reform of forest property and forestry factor market construction[J]. Commercial Research，（4）：187-190.

Yu D，Zhou L，Zhou W，et al. 2011. Forest management in northeast China：history，problems，and challenges[J]. Environmental Management，48（6）：1122-1135.

Yu N N, Jong M D, Storm S, Mi J. 2013. Spatial spillover effects of transport infrastructure: evidence from Chinese regions[J]. Journal of Transport Geography，28：56-66.

Zacharias S，Bogena H，Samaniego L，et al. 2011. A network of terrestrial environmental observatories in Germany[J]. Vadose Zone Journal，10（3）：955-973.

Zhang B，Bi J，Fan Z，et al. 2008. Eco-efficiency analysis of industrial system in China：a data envelopment analysis approach[J]. Ecological Economics，68（1）：306-316.

Zhang T. 2000. Land market forces and government's role in sprawl：the case of China[J]. Cities，17（2）：123-135.

Zhang Y. 2001. Carefully implement the fifth national conference，promoting the development of water resources into a new stage[J]. Journal of China Water Resources，450：9-10.

Zhang Z，Guo J，Qian D，et al. 2013. Effects and mechanism of influence of China's resource tax reform：a regional perspective[J]. Energy Economics，36：676-685.

Zhao R，Chen S. 2008. Fuzzy pricing for urban water resources：model construction and application[J]. Journal of Environmental Management，88（3）：458-466.

Zhao R，Hynes S，He G S. 2014. Defining and quantifying China's ocean economy[J]. Marine Policy，43：164-173.

Zhou M. 2015. An interval fuzzy chance-constrained programming model for sustainable urban land-use planning and land use policy analysis[J]. Land Use Policy，42：479-491.

Zolåotas X E. 1981. Economic Growth and Declining Social Welfare[M]. New York：New York University Press.